流计算和视频编码

张春元　文　梅　苏华友　伍　楠　任　巨　著

科学出版社

北　京

内 容 简 介

本书主要阐述一种众核并行编程思想——流计算思想,并以典型视频编码标准 H.264 为例,详细论述具有普适性的流化方法。全书共分 7 章。第 1 章主要介绍视频编码的基本内容、视频编码并行化的潜力和挑战。第 2 章介绍流计算的基本原理,包括流计算思想、流体系结构、编程模型和流应用等。第 3 章详细论述面向媒体处理的流化方法并提出程序结构的优化方法。第 4 章以 H.264 编码器为实例,阐述利用流化方法将串行编码器转换为并行流化编码器框架 S264。第 5 章系统地阐述 S264 框架在 SIMD 并行处理器上的映射过程和全高清实时的 H.264 编码器 S264/S 在 STORM 流处理器上的实现。第 6 章从多线程执行的角度描述了 S264 框架在 GPU 上的实现。第 7 章从视频编码应用的角度对未来视频编码的发展与基于流计算的并行化研究进行讨论。

本书是作者及其研究团队十余年科研经验和成果的总结,可供并行处理器体系结构、并行编程、视频编码等方向的研究人员参考,也可作为计算机科学与技术等专业高年级本科生和研究生的教材。

图书在版编目(CIP)数据

流计算和视频编码/张春元等著. —北京:科学出版社,2013.1
ISBN 978-7-03-036000-7

Ⅰ.①流… Ⅱ.①张… Ⅲ.①视频编码-研究 Ⅳ.①TN762

中国版本图书馆 CIP 数据核字(2012)第 268687 号

责任编辑:张 濮 陈 静 / 责任校对:张小霞
责任印制:张 倩 / 封面设计:迷底书装

科 学 出 版 社 出版
北京东黄城根北街 16 号
邮政编码:100717
http://www.sciencep.com

双 青 印 刷 厂 印刷
科学出版社发行 各地新华书店经销

*

2012 年 11 月第 一 版 开本:B5(720×1000)
2014 年 1 月第二次印刷 印张:17 1/4
字数:345 000
定价:72.00 元
(如有印装质量问题,我社负责调换)

序

Stream processing is a powerful computing abstraction that laid the groundwork for the GPU computing revolution. By decomposing a program into streams of data flowing between kernels, a stream program expresses available control and data parallelism and exposes locality — including producer-consumer locality. Professor Zhang and his colleagues at NUDT are among the foremost researchers in stream processor technology having developed the MASA-1 processor and many original streaming software techniques. In this book they share their experience with stream processing, sharing many of the nuances of its methodology and application.

In this book, Professor Zhang gives a survey of stream processing technology and illustrates its power via an extended example of an H. 264 video CODEC implemented as a stream program. The survey includes a discussion of stream architecture, stream programming, and the evolution of stream processors including the Stanford Imagine processor, the commercial offerings of the SPI STORM, IBM Cell, and GPUs, and the MASA-1. To exploit the benefits of stream processing programs must be converted to streams and kernels. This process of *streamification* is covered in detail.

The book focuses on an extended example of an H. 264 encoder. This example serves to bring together the concepts of stream architecture, stream software, and streamification introduced in the overview chapters. The resulting stream program is mapped to several different stream processors to illustrate the process of mapping and the portability of a stream program. Overall the book gives an excellent treatment of the current state of the art in stream processing and its application to video coding.

William J. Dally
Stanford University

NVIDIA 公司首席科学家、美国斯坦福大学 William J. Dally 教授和本书作者张春元教授合影

前　　言

· **写作背景**

强大、真实的应用需求永远是计算机体系结构的第一推动力。作为体系结构的研究人员，我们一直对各式有着高性能计算需求的应用怀有高度的敏感，特别是从 2003 年 MASA 课题组开始流体系结构研究之后。我们希望能够像斯坦福大学的 Dally 教授领导的研究小组提出流体系结构那样，有相当的应用研究背景。而除了一些核心（Kernel）级的测试 Benchmark，如快速傅里叶变换（Fast Fourier Transformation，FFT）、矩阵乘、离散余弦变换（Discrete Cosine Transform，DCT）等之外，真实的应用是很难获得的，只能靠自己去研究开发。从哪个应用，甚至从哪个应用领域开始研究，成为困扰课题组的一个很大的难题。

而这时，H.264 压缩编码标准进入了我们的视线。从各个角度，它都符合我们的要求：

（1）H.264 编码属于媒体处理领域，是流体系结构的典型处理领域。随着沉浸通信（immersive communication）的兴起，视频压缩与解压缩（video compression & decompression）扮演越发重要的应用角色。

（2）H.264 是 ITU-T 的视频编码专家组（Video Coding Experts Group，VCEG）和 ISO/IEC 的运动图像专家组（Moving Pictures Experts Group，MPEG）的联合视频组（Joint Video Team，JVT）于 2003 年正式发布的最新的视频编码标准，具有足够的权威性和相当广阔的应用前景，并有公开的 x264 代码作为实现参考。

（3）H.264 编码是一个完整的应用，其计算量大、复杂度高，涵盖了运动搜索、熵编码、量化与反量化、滤波等经典媒体处理的模块。掌握这个应用对其他媒体处理的应用具有一定程度的借鉴意义。

（4）当时通用 CPU 的计算能力无法满足甚至是较低分辨率图像的实时编码处理，更不用说全高清（1080P）图像的实时处理，它只能是用 ASIC 实现。因此，软件并行处理具有很高的学术前沿研究价值。

因此，从 2005 年中开始，结合前沿体系结构平台研究，我们投入了多名研究生对 H.264 编码的软件并行实现进行了持续的研究，取得了丰硕的成果。我们在 ACM Multimedia 等重要学术会议上发表了一系列学术论文，并获得专家同行的认可。2009 年底，在世界上第一款流 DSP——STORM-I 上开发出了全高清

H.264实时编码程序。2010年底，又在图形处理单元（Graphic Processing Unit，GPU）上用CUDA开发出了全高清H.264实时编码程序，领先于NVIDIA公司在2011年公开的H.264实时编码库。

六年的研究过程中，我们目睹了通用图形处理（GPGPU）、异构编程、流式并行处理、显式存储层次管理等新概念从初生到兴盛，从被怀疑到广为接受的过程。可以预见，将来必是众核处理器的天下，而众核并行编程，仍是目前的一个研究热点。我们有理由相信，在将来的并行编程中，必然会看到流处理的身影。希望本书能给国内同行起到抛砖引玉的作用。

· 内容安排

在处理器平台拥有数百个核的今天，如何发挥其计算效率，是一个重大挑战。本书的主要宗旨就是介绍流计算的主要思想，并以典型视频编码标准H.264为例，详细论述流化方法。所谓流计算，其实就是一种以流模型为基础的并行计算。流计算的产生和推广，一方面，源于其本身起源自媒体处理应用，迎合了应用本身的特征，如生产者-消费者局域性、大量的数据并行性等；另一方面，源于新兴体系结构，如流体系结构等，着力于数据级并行的开发。

本书还结合课题研究，比较全面地反映了我们在流计算领域，包括流计算原理、视频编码应用、流化方法、基于单指令多数据（Single Instruction Multiple Data，SIMD）和GPU的流化实现等方面取得的研究成果。

全书共分7章，内容安排如下。

第1章主要阐述了视频编码的基本内容，同时介绍了视频编码并行化的潜力及其在未来发展中面临的挑战。并以H.264编码为例，重点介绍了视频编码的基本原理。

第2章介绍了流计算的基本原理。从流计算思想、流体系结构、编程模型和流应用等几个方面进行了阐述，让读者对流计算有全面的认识。

第3章详细介绍了面向媒体处理的流化方法，从基本流化方法到高级流化方法，向读者介绍了面对不同问题可以采取的技术手段。在此基础上，本章还介绍了程序结构的优化方法。

第4章以H.264编码器的实现x264为实例，向读者阐述了如何利用第3章提出的流化方法将一个串行的编码器转换为一个并行流化的编码器框架S264。

第5章系统地阐述了流化的编码器框架S264在SIMD并行处理器上的映射过程，并在STORM流处理器上实现了全高清实时的H.264编码器S264/S。

第6章从多线程执行的角度描述了S264编码器框架在GPU上的实现考虑，针对不同的编码器模块，给出了不同的设计考虑，包括平衡线程与并行粒度、多级并行等。

第 7 章从视频编码应用的角度出发,对未来视频编码的发展及基于流计算的并行化研究进行了讨论。

本书由 MASA 课题组成员合作完成,由张春元教授、文梅副教授策划和统筹,并与苏华友、伍楠、任巨三位博士共同执笔完成。第 1 章由张春元撰写,第 2 章由文梅撰写,第 3 章由伍楠撰写,第 4 章和第 5 章由任巨和苏华友撰写,第 6 章由苏华友和文梅撰写,第 7 章由苏华友和伍楠撰写。李海燕、荀长庆、吴伟为本书提供了丰富的素材。管茂林、杨乾明、荀长庆、柴俊、全巍、黄达飞、乔寓然、蓝强和薛云刚等博士(硕士)研究生收集和整理了大量的资料,提供了良好的素材。本书在写作过程中,参阅了国内外许多作者的论文和著作,吸取了其中部分材料,在此向这些文献的作者深表谢意。

感谢国家自然科学基金项目、863 项目、国家教育部博士点基金项目的支持。

感谢吴伟为 H.264 编码的流化研究做出的卓越贡献。

本书试图在前人的研究基础上,结合我们多年科研工作的体会,向同行介绍我们的研究成果。由于作者的能力和知识面有限,疏漏和错误难免,恳请读者批评指正。

有关 MASA 课题组的情况,读者可参见课题组的主页 http://masa. nudt. edu. cn。

MASA 课题组　张春元

于湖南长沙国防科技大学

2012 年 5 月

目　　录

第1章 视频压缩编码

随着计算机技术与互联网技术的飞速发展,多媒体内容急剧增长,多媒体应用日益广泛。媒体处理应用已经成为主流计算应用,其中视频压缩编码是媒体处理的重要应用之一,视频编码技术已经成为数字视频广播、数字媒体存储和多媒体通信等应用的基础性、核心共性技术。

1.1 概 述

在当前的信息时代中,对信息准确、及时地获取是至关重要的。人们每天获取的信息大部分是视觉信息。统计数据表明,人们每天通过视觉获取的信息占外界信息总量的 70% 左右,而视频信息以其直观性、高效性成为信息时代中获取视觉信息的重要途径。随着计算机和互联网技术的发展,视频信息的处理和传输技术不断进步,使视频信息在人们工作、学习和生活的各个方面迅速普及,目前已广泛应用于视频会议、远程医疗、远程教学、网络视频点播、高清数字电视广播、数字电影、数字视频存储等领域,涉及政府工作、医疗、教育、媒体传播、娱乐、消费电子等各行各业中。上述领域的视频应用迅猛发展,未来前景十分广阔。例如,视频会议正在全球普及,2010 年后视频会议市场仍保持 20% 的年增长率;数字电视正在取代模拟信号电视,并由标清(Standard Definition,SD)向高清(High Definition,HD)、全高清(Full High Definition,FHD)甚至超高清晰视频(Super Hi-Vision,SHV)发展;2007 年,平均每天有长达 8600 小时的视频信息通过互联网被上传到 YouTube,2010 年 3 月这一数字上升到 35000 小时;至 2009 年初,我国网络视频用户超过 2 亿户;在无线通信领域,使用移动终端来传输视频是 3G 以及未来 4G 时代的主体业务之一;数码相机和数码摄像机正逐步走入每个家庭。

视频应用在高速发展的同时,也面临着一些必须解决的问题,这主要是原始视频信息量太大造成的。例如,高清晰度电视(High Definition Television,HDTV)业务中一帧原始的全高清视频图像(1920×1080 像素)的数据量约为 3MB,以每秒 30 帧计算,一秒钟的视频数据量约为 90MB,一小时视频的数据量超过 300GB。即使对于低分辨率视频会议采用的 CIF 格式(分辨率仅为 352×288 像素),其原始视频的码率约为 36Mbit/s,已经是我国普及宽带网络带宽的十倍左右。可见,原始视频巨大的数据容量对网络带宽和数据存储都提出了极高的需求,而这些要求显然无法在短期内获得实际应用。为了解决这一问题,视频压缩编码和解码应运而生。视频压缩编解码是指对视频先压缩，然后传输或存储至目的地再解压缩的过程。

　　视频压缩就是采用特定的编码方案，去除视频信息中的某些冗余内容，在不影响人们对视频的感观效果的约束下将数字视频压缩到几十分之一、几百分之一甚至几千分之一，大幅度节省存储空间、传输带宽和处理能力。人类视觉感知系统是非线性敏感的，自然视频序列具有时空相关性，压缩过程就是依据这两个特性，去除原始视频数据中的冗余，包括空域冗余、时域冗余、编码冗余和视觉冗余。

　　空域冗余是指在同一幅图像中相邻像素点之间往往存在着空间连贯性，而基于离散像素采样来表示像素点的方式通常没有利用这种连贯性。空域冗余表现为像素点的颜色值或亮色度分量接近，各像素点的数值可以通过其相邻像素预测出来。

　　时域冗余是指一组连续的图像之间往往存在着时间连贯性，而基于离散时间采样来表示运动图像的方式通常没有利用这种连贯性。对于静止不动的场景，当前帧与前一帧的图像内容是完全相同的；对于场景中的运动物体，如果知道它的运动规律，那么也可以很容易地从前一帧图像推算出它在当前帧中的大致位置。

　　编码冗余是指图像数据编码的平均码长不能达到或接近信息熵而形成的冗余，是一种由编码表示方法引起的符号相关性。其冗余大小与编码信息中每个符号的出现概率有关。

　　视觉冗余是由于人类视觉系统对图像的敏感性是非均匀和非线性而造成的。例如，对亮度变化敏感，而对色度的变化相对不敏感；在高亮度区，人眼对亮度变化敏感度下降；对物体边缘敏感，而对内部区域相对不敏感；对整体结构敏感，而对内部细节相对不敏感等。可以根据这些视觉特性对图像信息进行取舍。

　　视频编码方法与所采用的信源模型有关[1]。如果采用"一幅图像由若干像素构成"的信源模型，其模型参数为每个像素的亮度与色度的幅度值，那么对应的压缩编码技术称为基于波形的编码；如果采用"一个图像区域由几个物体构成"的信源模型，其模型参数为各个物体的形状、纹理和运动，那么对应的压缩编码技术称为基于内容的编码。视频压缩编解码系统的基本结构如图 1.1 所示。编码过程由编码器完成，原始视频信号经过信源编码（分析过程）得到量化前的参数；然后使用有损的量化编码，用二进制码表示其量化值；再经过无损的熵编码进一步压缩码率，生成码流。解码器对码流的解码过程是上述编码过程的逆过程。一般情况下，编码过程比解码过程复杂，而且基于重建参考帧的编码技术包含解码过程，因此大部分视频编解码的研究工作都是关于视频编码的。

　　表 1.1 列出了面向不同应用的原始视频及压缩后的码率估计值，涉及电影、高清电视、视频电话等多种分辨率与帧率需求的视频应用。表中数据表明，视频压缩编码能够使码率降低几十倍甚至几百倍，具有显著的压缩效果。

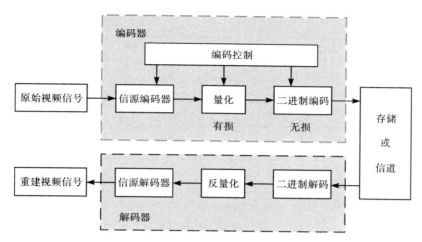

图 1.1 视频压缩编解码系统的基本结构

表 1.1 视频压缩前和压缩后的码率估计值

视 频 应 用	分辨率(像素)与帧率(fps)	压缩前码率	压缩后码率
电影(美国与日本)	480×480@24	66Mbit/s	3～6 Mbit/s
CCIR 数字电视	720×576@30	150Mbit/s	4～15Mbit/s
HDTV 视频	1920×1080@30	747Mbit/s	18～30Mbit/s
HDTV 视频	1280×720@60	664Mbit/s	18～30Mbit/s
ISDN 视频电话	352×288@29.97	36Mbit/s	64～1920kbit/s
PSTN 视频电话	176×144@29.97	9Mbit/s	10～30kbit/s

国际标准化组织(International Organization for Standardization,ISO)的运动图像专家组先后提出了 MPEG 系列标准,而国际电信联盟标准化部门(International Telecommunication Union Telecommunication Standardization Sector, ITU-T)的视频编码专家组(Video Coding Experts Group,VCEG)先后提出了 H.26x系列标准。这两个主要的视频编码标准化组织联手组成了联合视频组(Joint Video Team,JVT)。除此之外,中国自主研发的数字音视频编解码技术标准(Audio Video coding Standard of China,AVS)[2-4]以及由美国电影和电视工程师协会(The Society of Motion Picture and Television Engineers,SMPTE)颁布的 VC-1[5-6]视频编码标准也在近几年涌现出来。图 1.2 是现行视频压缩标准的发展过程,其中 MPEG-4[7]是独特地采用基于内容的编码方法,其余各标准多是采用基于波形的编码,即预测编码与变换编码相结合的基于块的混合编码方法。具体的视频压缩技术是采用预测编码方法去除时域冗余,用分块变换结合量化的方法去除空域冗余,用变长编码方法去除编码冗余。由预测编码、变换编码和熵编码

共同构成了当前视频编码标准化组织普遍认可的编码器经典框架。

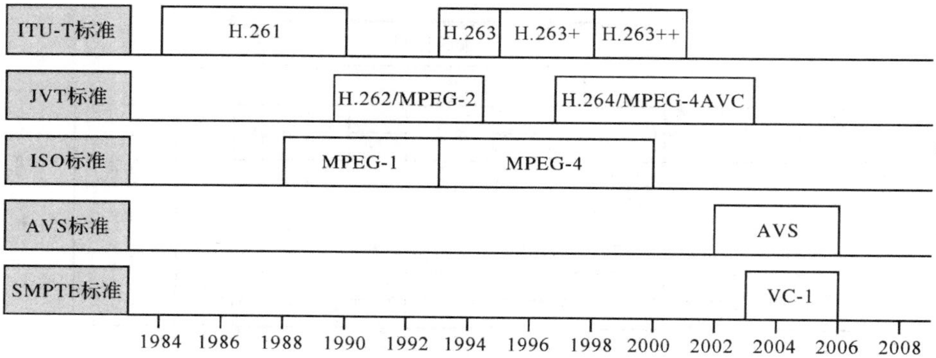

图 1.2　视频编码标准概况

视频系统的发展,依赖于超大规模集成电路(Very Large Scale Integrated circuit, VLSI)技术、通信技术和计算机技术的不断进步。视频采集的分辨率越来越高,压缩算法的效率也越来越高。在 1993 年,飞利浦公司曾报道他们的 CD-I 视频系统使用 MPEG-1 标准来压缩 1min 运动视频需要 80min 计算机时间[8]。而现在无论计算机硬件还是视频编码算法本身都有了很大的改变。继以 MPEG-2 为核心的第一代编码标准之后,第二代基于分割、分形、模型等原理的新型视频编码标准,包括 H.264/AVC[9-11](本书简称 H.264)、AVS、VC-1 和 MPEG-4 等,它们提供了更高的分辨率和压缩比,能够在低码率(low bit rate)的情况下提供更好的图像质量,带来更加精细的主观视频体验。实际上,传输码率下降和算法的计算复杂性上升是完全相关的。据统计,H.264 的编码器比 MPEG-2 约复杂 9 倍,AVS 的编码器复杂度约为 MPEG-2 的 6 倍[12]。

通常,视频编码器的数据层次是基于视频元素的,如图像帧、宏块等,所以有必要介绍视频编码器的几个重要的视频元素定义。

(1) 帧(frame)、场(field)。视频的一帧或一场可用来产生一个编码图像。场多数用于电视信号,为减少电视中大面积闪烁现象,将一帧分成奇数行与偶数行组成的两个隔行的场交替显示。简单地说,视频帧可以是逐行或者隔行的视频,而场一定是隔行的视频。

(2) GOP(Group Of Pictures)、图像帧(picture frame)、片(slice)。GOP 是一组连续的编码视频图像帧的集合,而一个编码视频图像帧通常可以划分为一个或几个片,每个片包含着若干个宏块。

(3) 宏块(Macro Block, MB)、块(block)。通常,宏块是视频编码的基本单位。每个宏块是由一个 16×16 亮度 Y 像素块以及对应的一个 8×8 色度 U 像素块和一个 8×8 色度 V 像素块组成。同时,一个宏块又可以将亮度分量进一步细分,如 H.264 标准包含 16×16 至 4×4 范围内的不同子块尺寸(对应色度分量的尺寸为8×8至2×2),这些子块简称为块。

(4) I 帧、P 帧、B 帧。图像帧可以分为 I、P、B 三种,I 帧是内部编码帧,P 帧是前向预测帧,B 帧是双向预测帧。简单地讲,I 帧是一个完整的图像或者是根据自身压缩的视频数据,而 P 帧和 B 帧记录的是相对于前面帧或者前后帧的运动变化。

(5) 参考图像(reference picture)。为了提高预测精度,视频编码器可从一组前面或者后面已编码图像中选出一个或两个与当前最匹配的图像作为帧间编码的参考图像。H.264 标准支持最多 16 个参考图像的帧间编码。

1.2　视频压缩编码面临的新挑战

视频压缩编码是媒体处理的重要应用之一,视频编码技术已经成为数字视频广播、数字媒体存储和多媒体通信等应用的基础性、核心共性技术[13-14]。为了确保在一定图像质量的前提下获得高压缩比,视频编码采用了多种高计算复杂度的编码技术,对处理器性能需求很高。然而,现有通用处理器无法满足较高清晰度视频编码的性能要求;专用硬件设计虽然满足了视频压缩编码的性能需求,但是设计周期长,缺乏灵活性,不能适应编码算法的快速发展。另外,人们对质量和性能的追求永无止境。在多领域的数字视频应用中,视频图像的清晰度需求持续提高,正在从普通分辨率向标清、高清甚至超高清发展,随之而来的是视频压缩编码算法复杂度和计算性能需求的全面提升。因此,迫切需要为视频编码加速寻求新的解决方案。

视频压缩编码获得的高压缩比是以编码算法的高复杂度为代价的。视频压缩编码的高计算复杂度对处理器的处理能力提出挑战,通用可编程处理器通常无法满足高分辨率视频实时压缩编码的性能需求。而高清视频的实时编码对处理器性能提出了更苛刻的需求。例如,对于 HDTV 720P(1280×720 像素)@30fps 规格的 H.264 编码器,需求达到 3600GIPS(Giga Instructions Per Second)的处理速度和 5570GB/s 的访存带宽[15-16],如此巨大的计算负载远超过当前通用处理器的计算能力。而且,人们对视频清晰度的追求使视频分辨率越来越高,以 HDTV 业务为例,日本多家著名厂商已经宣布支持清晰度为 3840×2160 像素的视频,并计划开发清晰度高达 7680×4320 像素的超高清视频业务,如此高分辨率的视频使压缩编码计算量大的问题雪上加霜。以目前处理器的处理能力,采用传统串行处理方式远远达不到实时编码的性能。因此,必须采用各种方法对视频编码器进行加速。目前对于视频压缩编码加速的研究主要集中在算法加速、专用硬件加速和软件并行加速三个层次。

算法加速的目的在于从算法设计角度减小计算量,提高编码速度。视频编码中的多个模块具有计算复杂的特征,因此针对各个模块的快速算法伴随着视频编码标准的发展被不断开发出来,它们包括钻石搜索算法[17]、非对称十字型多层次六边形格点算法[18]等针对运动估计的快速算法,自适应模式选择算法[19]等针对帧内预测的快速算法。算法层加速的效果是比较好的,尤其是针对某些单个模块的快速算法,在稍微牺牲视频质量的前提下有效降低了编码时间。例如,针对运动估计的非对称十字型多层次六边形格点算法与全搜索算法相比,可以降低运动估计中80%的计算量。但是,算法加速往往针对的是视频编码中的部分模块(如熵编码),而不是从整体考虑的加速,受摩尔定律影响,基于模块的算法加速无法有效地提高整体编码器的加速比。

专用硬件加速是指为了达到高速视频压缩的性能需求,通常设计专门的硬件负责完成视频编码处理过程。研究者通常首先分析视频编码的特征,然后根据这些特征为编码器量身定制专用的硬件处理器,包括针对运动估计[20-21]、帧内预测[22-23]、离散余弦变换[24]、小波变换[25]、变长编码[26]等模块或核心算法的硬件加速,以及整体编码[16]的硬件加速。由于编码标准普遍采用基于块的编码方式,大多数情况下对各个块的处理模式是相同的,因此这些专用硬件处理器一般采用宏块或块的流水执行方式,通过保持高吞吐率来获得加速。针对编码模块的专用硬件设计,通常关注编码模块中最细微的运行时特征,从底层的设计上对编码性能进行优化,这样做的优势是能够以较小的硬件开销获得极大的性能提升。但是,硬件设计的精巧性也降低了其灵活性,编码算法或视频分辨率的变化经常导致原有的硬件设计无法奏效,必须重新进行设计。另外,硬件设计的研发周期也比较长,不能适应各类编码算法的快速发展。

由于以上两种方式都难以获得令人满意的结果,因而通过软件并行的方式对视频编码技术进行加速就显得十分迫切。已有基于并行方式的视频编码加速的研究已经取得了很好的效果。然而,面对视频编码的高速发展,现行的并行加速实现方式面临严峻挑战。

首先,当前视频编码器结构和组成各异、图像规模不同、硬件处理平台也有区别,能否灵活面对这些问题是并行编码器设计的关键。其次,受限于压缩编码理论原理,视频编码具有种种约束,与并行计算模型不适配,难以有效地发挥并行计算的高性能。第三,实时视频编码的性能需求随着分辨率的升高而增大,超高分辨率视频实时编码的性能需求过高,超过并行处理器的计算能力。同时,部分并行处理器的执行效率低,也造成了计算性能的下降。这些都是基于并行计算模型的视频编码器所必须面对的问题。

综上所述,基于并行计算模型的视频编码面临的新问题可以归结为以下三类。

（1）扩展性问题。当前的视频编码领域存在图像规模不同、硬件执行平台各异、编码器结构和组成也有区别的现象,视频编码器必须面对这些方面的扩展。基于并行计算模型的视频编码面临的扩展性问题包括并行粒度扩展性、并行度扩展性、图像规模扩展性和编码模块扩展性等四个方面。

（2）相关性问题。相关性问题的存在源于视频压缩的理论原理,即利用图像内部、图像之间或其他方面的相关性对视频图像进行压缩。因此,相关性问题广泛存在于视频编码的多个模块中,包括帧间预测、帧内预测、熵编码和去块滤波在内的核心编码模块都有各种不同的相关性问题。这些相关性问题在处理顺序上形成了优先约束,将视频编码限制在串行执行模式内,阻碍了视频编码的并行化进程。

（3）计算性能问题。高分辨率视频编码对性能的极致需求迫使计算性能成为基于并行计算模型的视频编码器所必须关注的关键问题。例如,HDTV 720P@30fps 规格的 H.264 编码器需要 3.6TIPS(Tera Instructions Per Second)的计算性能,而 7680×4320 像素@60fps 的超高清视频实时编码所需的计算性能将达到 720P@30fps 的 40 倍以上。然而,现有的并行处理器的性能仍然不够。例如,AMD 公司于 2009 年发布的高性能 GPU 芯片 HD5870 标称的峰值性能为 544GFLOPS(Giga Floating Point Operations Per Second),而 NVIDIA 公司发布的 Tesla C2050 的峰值性能也不过 1TOPS(Tera Operations Per Second)。如果仅采用软件并行方法而不使用专门硬件加速,则远远不能满足高清实时编码的性能需求。

1.3　视频编码并行化潜力

国际上通行的视频编码标准包括 H.26x 系列、MPEG 系列等,它们的推出都顺应了时代的需求,但在编码模块的构成和编码模块的具体实现上都有差别。例如,H.264 和 AVS 变换块的大小分别是 4×4 像素和 8×8 像素;MPEG-4 则支持面向图像内容的编码方法和离散小波变换方法;H.264 采用了可变块大小的运动补偿,多参考帧等预测技术。但是,总体而言这些视频编码标准都采用了混合编码框架,如图 1.3 所示。该框架包括预测编码模块、变换量化编码模块、熵编码模块和去块滤波模块等,是视频编码器的一般框架,也是经典框架。

下面以 H.264 编码为例介绍视频编码流程。为了利用时间上和空间上的相关性,编码流程分为前向通路和后向通路。前向通路负责根据参考帧对当前帧进行预测、变换、量化、熵编码,然后生成当前帧的码流。后向通路负责生成重构帧,作为后续编码过程的参考帧。

（1）前向通路编码过程。当前待编码的图像帧 F_n 首先进入预测编码模块,

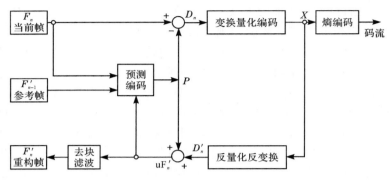

图 1.3　视频编码器的一般框架

被划分成若干宏块,经预测后生成预测宏块 P。预测编码分为帧间预测和帧内预测。帧间预测中,通过运动估计、运动补偿技术在参考帧中为当前宏块 C 寻找最佳匹配,获得预测宏块 P;在帧内预测中,根据当前帧中已经编码并经后向通路重构的宏块,对当前宏块 C 进行多种模式的预测,获得预测宏块 P。当前宏块 C 与预测宏块 P 的差值称为残差(residual data)D_n。残差进入变换和量化模块,经过变换、量化生成量化后的变换系数 X。将 X 进行重新排序,并与为了从压缩码流中正确解码所需的必要相关信息(如宏块预测模式、量化步长、运动矢量等)共同进入熵编码模块,经编码后生成最终的码流。

（2）后向通路编码过程。对经过预测、变换量化后的宏块系数 X 进行反量化和逆变换,生成 D'_n。将 D'_n 和 P 相加生成重构宏块 uF'_n,uF'_n 进入去块滤波模块来去除因编码造成的块失真效应后就成为重构帧中的宏块。在后续编码过程中,重构帧被作为参考帧使用。

对上述视频编码框架及其编码模块进行分析,发现采用经典视频框架的视频编码器普遍具有如下特点。

（1）计算量大且计算密集。高清视频实时编码性能需求就已经达到 TOPS 量级,而超高清视频编码则有更高的性能需求,计算量可达几十 TOPS。同时,视频编码具有计算密集度高的特点。文献[27]提出了一组流化特征指标用于衡量应用程序是否适合流化,其中包括计算强度。计算强度是指在一个计算窗口上的计算量与该计算窗口大小的比值,单位为 ops/byte。计算强度体现了计算和访存的关系,计算强度越大,则计算访存比越高,也就说明该应用的计算密集性越好。视频编码中的运动估计、变换和量化等模块均是典型的计算密集型程序,在 H.264 编码器中其计算强度分别达到了 68ops/byte 和 39ops/byte[28]。

（2）可预知的计算模式。在整个视频编码框架中,大部分编码模块都具有可预知的计算模式。以变换和量化为例,编码过程中对每个数据的计算操作是确定的、事先完全可预知的。当然,编码模块中也存在不可预知的计算和访存,如分支、查表操作。

（3）"生产者-消费者"局域性好。从图 1.3 可见,图像数据在视频编码器中按顺序被各个编码模块依次处理。各个编码模块之间联系紧密,上一个编码模块产生的数据立即被下一个编码模块所使用,具有良好的"生产者-消费者"局域性。

（4）丰富的数据级并行。图 1.3 的编码器的一般框架显示,视频编码器对视频图像序列采用逐帧编码的方式,在帧内则采用基于块的编码方式,对同种类型的帧的编码过程完全相同（如对 I 帧、P 帧的编码各自相同）,在同一帧内,对不同宏块或块的编码过程也基本相同。因此,大部分编码模块存在块级、宏块级、片级、帧级和图片组级等不同数据粒度的数据级并行。

综上所述,视频编码具有大计算量、高计算强度、可预知的计算模式、良好的"生产者-消费者"局域性和丰富的数据级并行性的特点。

1.4　H.264 编码标准

H.264 视频编码标准是目前国际上最流行的视频编码标准,它采用基于块的预测与变换混合编码,一方面具有卓越的压缩性能和网络亲和力,在视频编码应用领域应用广泛,尤其适用于高清视频编码;另一方面,H.264 编码器算法复杂度高、计算量大,编码器中各编码模块的算法特征差异明显,可以涵盖大部分编码特征。因此,本书以 H.264 视频编码器为研究对象,阐述基于流模型的视频编码并行技术。

1.4.1　基本概况

H.264 是一种高性能的视频编解码技术。目前国际上制定视频编解码技术的组织有两个,一个是 ITU-T,它制定的标准有 H.261、H.263、H.263＋等,另一个是 ISO,它制定的标准有 MPEG-1、MPEG-2、MPEG-4 等。H.264 则是由这两个组织联合组建的联合视频组共同制定的新数字视频编码标准,所以它既是 ITU-T 的 H.264,又是 ISO/IEC 的 MPEG-4 高级视频编码（Advanced Video Coding,AVC）,而且它将成为 MPEG-4 标准的第 10 部分。因此,不论 MPEG-4 AVC、MPEG-4 Part 10,还是 ISO/IEC 14496-10,都是指 H.264。1998 年 1 月开始草案征集,1999 年 9 月完成了第一个草案,2001 年 5 月制定了其测试模式 TML-8,2002 年 6 月 JVT 第 5 次会议通过了 H.264 的 FCD 版,2003 年 3 月正式发布。

随着 HDTV 的兴起,H.264 规范频频出现在我们眼前,HD-DVD 和蓝光均计划采用这一标准进行节目制作。而且自 2005 年下半年以来,无论 NVIDIA 公司还是 ATI 公司都把支持 H. 264 硬件解码加速作为自己最值得夸耀的视频技术。

　　H. 264 最大的优势是具有很高的数据压缩比率,在同等图像质量的条件下,H. 264 的压缩比是 MPEG-2 的 2 倍以上,是 MPEG-4 的 1. 5～2 倍。举个例子,如果原始文件的大小为 88GB,那么采用 MPEG-2 标准压缩后其大小变成 3. 5GB,压缩比为 25∶1,而采用 H. 264 标准压缩后其大小变为 879MB。从 88GB 到 879MB,H. 264 的压缩比达到 102∶1。H. 264 有如此高的压缩比,低码率起了重要的作用。和 MPEG-2、MPEG-4 ASP 等压缩技术相比,H. 264 压缩技术大大节省用户的下载时间和数据流量费用。尤其值得一提的是,H. 264 在具有高压缩比的同时还拥有高质量流畅的图像。

　　H. 264 的颁布是视频压缩编码学科发展中的一件大事,它优异的压缩性能也在数字电视广播、视频实时通信、网络视频流媒体传递和多媒体短信等各个方面发挥重要作用。

　　数字电视的优越性已是公认的,但它的广泛应用依赖于高效的压缩技术。例如,利用 MPEG-2 压缩的一路 HDTV,约需 20Mbit/s 的带宽。有人做过初步试验,如果利用 H. 264 进行一路 HDTV 的压缩,那么大概只需 5Mbit/s 的带宽。美国已在 2010 年(我国约在 2015 年)停止模拟电视广播,全部采用数字电视广播。如果 HDTV 要获得迅猛发展,那么必须要降低成本。以传输费用而言,采用 H. 264,可使传输费用降为原来的 1/4,这是一个十分诱人的前景。

　　视频通信是 H. 264 又一个重要应用。20 世纪 90 年代初以来,会议电视在我国获得了迅速发展,主要是利用它召开行政会议。其优点是能节省大量旅途出差时间、出差费用,还争取了时间及时作出重大决策。短短几年,全国已建立了几千个会议电视室,并在国民经济的发展中发挥了重要作用。其不足之处为:①不方便。必须到电信局专门的电视会议室才能参加会议,这对一些领导同志来说十分不便;②价格昂贵。当时采用 H. 261 作为视频压缩编码标准,压缩比不高,图像质量也不够好,设备价格和传输费用昂贵。可视电话是视频通信的另一个重要应用,人们一直把它作为可实现"千里眼、顺风耳"的一种理想通信工具。可是直到今天,它尚未被很好地、广泛地应用,其中一个重要原因是视频质量不理想,这与视频压缩技术有密切关系。特别是随着互联网在 20 世纪 90 年代的迅猛发展,人们已实现利用 IP 技术传输视频,在网络流量不大时,人们看到的可视电话质量尚能接受(尽管也不是很好)。由于 IP 数据流的突发性,当流量大时,网络会发生拥塞,这时经常发生丢包、误码等现象并看到图像中带有不少方块,这样的视频质量是无法让人们接受的。于是,对视频编码的要求,不仅要有高压缩比,而且应在恶劣的传输条件下(包括移动网络的衰落)具有抗阻塞、抗误码的鲁棒性。

　　H. 264 不仅具有优异的压缩性能,而且具有良好的网络亲和性,这对实时的视频通信是十分重要的。现在已有基于数字信号处理(Digital Signal Processing, DSP)器件且采用 H.264 编码的可视电话出现在市场上,进一步说明了 H.264 标准在视频通信中的重要应用价值。

1.4.2　编码器结构

H.264 不仅采用混合编码技术,而且使用帧内和帧间图像数据压缩技术。其中,帧内压缩采用基于 DCT 的变换编码,以减少视频图像在空间域上的冗余信息;而帧间压缩则采用预测编码,以减少视频图像在时间域上的冗余信息。H.264 编码器的结构[1]如图 1.4 所示。

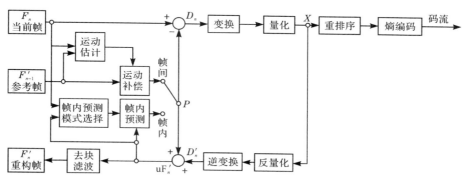

图 1.4　H.264 编码器结构

从图 1.4 中可以看出,H.264 编码器包含以下几个组成部分:①码率控制模块;②运动估计模块;③变换量化模块;④解码模块,又分为逆变换与反量化、去块滤波器、帧内预测、运动补偿;⑤熵编码模块。

通常情况下,H.264 视频编码器的编码过程主要分为前向通路和后向通路。在前向通路上,F_n 为待编码视频帧,它首先被划分为 16×16 像素的基本宏块单元。每个宏块可以进行帧内或帧间编码。图 1.4 中 P 为预测宏块,它是在重构帧基础上形成的。当采用帧内编码时,首先选择相应的帧内预测模式,P 是由当前帧中已经编码、解码再重构的像素进行基本的帧内预测得到的。当采用帧间编码时,P 是由当前帧从先前的一个或几个参考帧中进行帧间运动估计、运动补偿后得到的。当前编码宏块减掉预测宏块 P 产生一个差值,即预测残差 D_n。D_n 经过变换、量化后得到 X,即一组量化了的变换系数。这些系数按照某种顺序重新排序后和一些为了从压缩码流中正确解码所需的附加信息(如宏块预测模式、量化步长、运动矢量等)一起被送到熵编码器进行编码,生成最终编码码流输出或存储。在后向通路上,为了得到进一步编码所需的重构参考帧,量化的宏块系数 X 经过反量化、逆变换产生 D_n'。D_n' 加上预测宏块 P 产生重构宏块 uF_n'。去块滤波用来消除重构帧的块失真效应,经过滤波的重构帧可以作为参考帧参与后面的编码。

　　H.264 采用层次化结构,在视频编码层(Video Coding Layer,VCL)和网络提取层(Network Abstraction Layer,NAL)之间进行概念性分割。前者是视频内容的核心压缩内容的表述,在 VCL 数据传输或存储之前,这些编码的 VCL 数据先被映射或封装进 NAL 单元中;后者是通过特定类型网络进行传递的表述,这样的结构便于信息的封装和对信息进行更好的优先级控制。其层次结构[29]如图 1.5 所示。

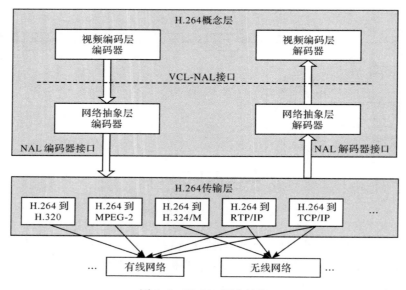

图 1.5　H.264 层次结构

　　档次(profile)规定了编码器所采用的编码工具与算法组合,每一档次都支持一组特定的编码功能。H.264 定义了三个不同的档次[1],每个档次支持一组特定的编码功能并指出编解码器在该档次上所需要的参数内容。

　　(1) Baseline(基本)档次。支持帧内和帧间编码(使用 I 帧和 P 帧),并采用基于上下文的自适应可变长编码(Context-based Adaptive Variable Length Coding,CAVLC)进行熵编码。

　　(2) Main(主要)档次。包括隔行扫描视频,使用 B 帧的帧间编码,带加权预测的帧间编码,采用基于上下文的自适应二进制算术编码(Context-based Adaptive Binary Arithmetic Coding,CABAC)。

　　(3) Extended(扩展)档次。不支持隔行扫描和 CABAC,但它增加了一些模式,用于在编码的比特流长度和改进的恢复错误能力之间进行有效地切换。

图 1.6 给出了 H.264 各档次之间的关系。其中,各个档次具有不同的功能,扩展档次包含了基本档次所有的功能,而不能包含主要档次的全部功能。本书中涉及的内容均属于基本档次。

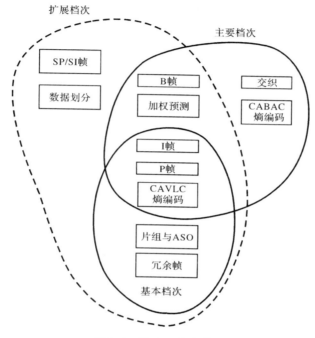

图 1.6　H.264 档次关系

尽管各档次有所区别,但每个档次都能灵活地用于多种应用,如表 1.2 所示,因此某一应用并不属于某一特定的档次。

表 1.2　H.264 标准的不同档次及其应用

档　　次	应 用 领 域
Baseline	可视电话、视频会议和无线通信
Main	电视广播和视频存储
Extended	流媒体应用

级别(level)定义了编码器的性能,对每一个级别的取值范围都作了限制。这些限制主要根据图像分辨率和帧率而定。

1.4.3　特点和关键技术

H.264 在充分吸取以往成功的编码标准的基础上,致力于在相同的重建图像质量的前提下，获得比其他现有标准更高的压缩效率，使之适合于在无线或者互连网络中低码率下的实时视频应用。为此，相对于先期的视频压缩标准，H.264 引入了很多先进的技术，包括 4×4 整数变换、空间域内的帧内预测、1/4 像素精度的运动估计、多参考帧与多种大小块的帧间预测技术等。总地来说，H.264 标准具有以下特点[30-31]：

（1）低码率。同 MPEG-2 和 MPEG-4 ASP 等压缩技术相比，在同等图像质量下，采用 H.264 技术压缩后的数据量只有 MPEG-2 的 1/8，MPEG-4 的 1/3。

（2）高质量的视频画面。H.264 能够在低码率情况下提供高质量的视频图像，在较低带宽上提供高质量的图像传输是 H.264 的应用亮点。

（3）网络适应性强。H.264 提供了网络适应层（network adaptation layer），使得 H.264 的文件能很容易地在不同网络（如互联网、CDMA、GPRS、WCDMA、CDMA2000 等）上传输。

（4）采用混合编码结构。同 H.263 相同，H.264 也采用 DCT 变换编码加差分脉冲编码调制（Differential Pulse Code Modulation，DPCM）的混合编码结构，还增加了如多模式运动估计、帧内预测、多帧预测、基于内容的变长编码、4×4 二维整数变换等新的编码方式，提高了编码效率。

（5）编码选项较少。在 H.263 中编码时往往需要设置相当多的选项，增加了编码的难度，而 H.264 力求简洁，降低了编码时的复杂度。

（6）可以应用在不同场合。H.264 可以根据不同的环境使用不同的传输和播放速率，并且提供了丰富的错误处理工具，可以很好地控制或消除丢包和误码。

（7）容错能力强。H.264 提供了解决在不稳定网络环境下容易发生的丢包等错误的必要工具。

（8）较高的复杂度。H.264 性能的改进是以增加复杂性为代价的。据估计，H.264 编码的计算复杂度约为 H.263 的 3 倍，解码复杂度约为 H.263 的 2 倍。

之所以具有上述特点，是因为 H.264 编码标准中采用了很多新技术和关键技术，主要包括以下方面。

（1）帧内预测编码。帧内编码用来缩减图像的空间冗余。为了提高 H.264 帧内编码的效率，在给定帧中充分利用相邻宏块的空间相关性，即相邻的宏块通常含有相似的属性。因此，在对一给定的宏块编码时，首先根据周围的宏块预测（典型的是根据左上角的宏块，因为此宏块已经被编码处理），然后对预测值与实际值的差值进行编码。这样，相对于直接对该帧编码而言，可以大大减小码率。H.264 提供了 9 种模式进行 4×4 像素宏块预测，从而对图像中非平坦区域进行较为精确的预测。对于图像中含有很少空间信息的平坦区，H.264 也支持 16×16 像素的帧内编码。

（2）帧间预测编码。帧间预测编码利用连续帧中的时间冗余来进行运动估计和补偿。H.264 的运动补偿支持以往的视频编码标准中的大部分关键特性，而且灵活地添加了更多的功能。H.264 的运动估计有以下 4 个特性。

① 不同大小和形状的宏块分割。对每一个 16×16 像素宏块的运动补偿可以采用不同的大小和形状，H.264 支持 7 种模式。小块模式的运动补偿为运动详细信息的处理提高了性能，减少了方块效应，提高了图像的质量。

② 高精度的亚像素运动补偿。在 H.263 中采用的是半像素精度的运动估计，而在 H.264 中可以采用 1/4 或者 1/8 像素精度的运动估值。在要求相同精度的情况下，H.264 使用 1/4 或者 1/8 像素精度的运动估计后的残差要比 H.263 采用半像素精度运动估计后的残差来得小。这样在相同精度下，H.264 在帧间编码中所需的码率更小。

③ 多帧预测。H.264 提供可选的多帧预测功能，在帧间编码时，可选 5 个不同的参考帧，提供了更好的纠错性能，这样更可以改善视频图像质量。这一特性主要应用于周期性的运动、平移运动、在两个不同的场景之间来回变换摄像机的镜头。

④ 去块滤波器。H.264 定义了自适应去除块效应的滤波器，可以处理预测环路中的水平和垂直块边缘，大大减少了方块效应。

（3）整数变换。在变换方面，H.264 使用了基于 4×4 像素块的类似于 DCT 的变换，但使用以整数为基础的空间变换，不存在逆变换因取舍而存在误差的问题。与浮点运算相比，整数 DCT 变换会引起一些额外的误差，但因为 DCT 变换后的量化也存在量化误差，所以整数 DCT 变换引起的量化误差影响并不大。此外，整数 DCT 变换还具有运算量少和复杂度低，有利于向定点 DSP 移植的优点。

（4）量化。H.264 中可选 32 个不同的量化步长，这与 H.263 中有 31 个量化步长很相似。但是在 H.264 中，步长是以 12.5％的复合率递进的，而不是一个固定常数。在 H.264 中，变换系数的读取方式也有两种，之字形（之字形）扫描和双扫描。大多数情况下使用简单的之字形扫描，双扫描仅用于使用较小量化级的块内，有助于提高编码效率。

（5）熵编码。视频编码处理的最后一步就是熵编码，在 H.264 中采用了两种不同的熵编码方法，通用可变长编码（Universal Variable Length Code，UVLC）和CABAC。在 H.263 等标准中，根据要编码的数据类型（如变换系数、运动矢量等），采用不同的 VLC 码表。H.264 中的 UVLC 码表提供了一个简单的方法，不管符号表述什么类型的数据，都使用统一变字长编码表。其优点是实现简单；缺点是单一的码表是从概率统计分布模型得出的，没有考虑编码符号间的相关性，在中高码率时效果不是很好。因此，H.264 中还提供了可选的 CABAC 方法。算术编码使编码和解码两边都能使用所有句法元素（变换系数、运动矢量）的概率模型。为了提高算术编码的效率，通过内容建模的过程，使基本概率模型能适应随视频帧而改变的统计特性。内容建模提供了编码符号的条件概率估计:利用合适的内容模型,存在于符号间的相关性可以通过选择与目前要编码符号邻近的已编码符号的相应概率模型来去除,不同的句法元素通常保持不同的模型。

1.4.4　帧间预测

统计表明,同一帧内的邻近像素之间存在相关性,邻近图像帧之间也存在相关性。因为视频图像中物体的运动一般是连续的位移过程,所以邻近图像帧之间表示同一个运动物体的图像区域之间必然存在明显的相关性。研究表明,剧烈变化 256 亮度值的彩色图像序列,帧间差超过阈值 6 的像素平均只占一帧像素的7.5%;而缓慢变化 256 级灰度的黑白图像序列,帧间差超过阈值 3 的像素平均只占一帧像素的 4%。这说明邻近帧间的相关性很强。因此,除了帧内预测外,还有另外一种预测编码方式,称为帧间预测编码。帧间预测编码利用相邻图像帧之间的相关性进行预测,传输的是残差信息,消除时间上的冗余度,降低视频传输的比特数。由于帧间的相关性更强,所以帧间预测编码的效率一般比帧内预测编码效率高。

视频编码标准一般采用运动估计(Motion Estimation,ME)与运动补偿(Motion Compensation,MC)来完成帧间预测编码。下面重点介绍支持 P 帧的预测工具。

1. 运动估计

通过对实际视频的研究可知,在视频图像的场景中一般有多个物体做各种不同的运动,因此按照不同运动类型来分割图像是一个复杂且较难实现的过程。当然,可以采用像素表示法,直接对图像的每个像素都指定运动矢量。这种方法理论上是有效的,但是由于像素点过多而需要大量的估计计算,而且由于单个像素点携带的信息量过小,导致基于像素的运动估计经常是不准确的。因此,大多数视频编码标准都采用基于块的运动表示法,即块匹配法(block matching)来实现运动估计。块匹配法是基于空间域的搜索算法,它将当前待预测的帧分成若干个不重叠的块(或宏块),采用一定方法搜索出每个块在邻近帧中的位置,并得出两者之间的空间位置相对偏移量。这个相对偏移量就称为运动矢量(Motion Vector,MV),而获得运动矢量的过程就称为运动估计。

运动估计的一般方法:设当前帧为 frame_cur,参考帧为 frame_ref。依次对当前帧中的每个块进行运动估计。设当前块是 block_cur,在参考帧中一个预先设定好大小的搜索区域(w,h)内,采用一定的搜索规则为 block_cur 在多个候选块中寻找与之最匹配的块,搜索获得最佳匹配块 block_best。根据 block_cur 和block_best 在帧中的位置,就可以得到相应的运动矢量。运动矢量通常以像素为单位,用(dx,dy)表示。图1.7给出了帧间预测中的运动估计。

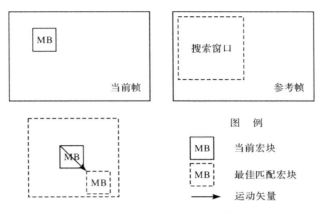

图 1.7 帧间预测中的运动估计

其中,参考帧的搜索区域称为搜索窗口(search window),相邻两个候选块在水平或垂直方向上的距离称为水平或垂直搜索步长(step size),搜索得到的最佳匹配块称为预测块(prediction block),预测块与当前块的差值称为残差。搜索窗口一般是关于当前块对称的,左边和右边各有 Rx 个像素,上边和下边各有 Ry 个像素。搜索步长通常以像素为单位,最普遍的情况下搜索步长是一个像素。最佳匹配块对应于残差最小的情况,一般来说残差值越接近于零,则说明预测块与当前块的差别越小,也就是预测得越准确。

运动估计的精度与搜索块大小、搜索窗口大小和搜索步长有关。搜索块较大,则在固定大小的搜索窗口内执行匹配的次数较少,但是大搜索块降低了运动矢量的候选范围,预测效果差;搜索块较小,则可以提高搜索效果,但是增加了匹配计算的次数。搜索窗口较大,增加了候选块数量,则寻找到最佳匹配的概率较高,但是同样增加了匹配计算量;搜索窗口较小,降低了匹配计算量,但是当运动范围较大,图像内运动信息较多时,搜索结果可能是局部最佳匹配。搜索步长较长,说明候选块的数目减少,降低匹配计算次数,同样地也降低了搜索到最佳匹配的概率;搜索步长较小,增加了搜索精度,但同时增加了搜索计算量。

在搜索窗口中搜索最佳匹配块的方法有很多种,主要包括全局搜索算法和各种快速搜索算法。全局搜索算法在预先定义的搜索窗口内,将当前块与搜索窗口内的全部候选块进行比较,找出其中具有最小匹配误差的块。因为全局搜索算法采用穷举法搜索了全部候选块,所以一定能找到搜索窗口中的最佳匹配块,从而获得最好的预测效果。但是,全局搜索算法的计算量显然是极大的,采用全局搜索算法将使运动估计的计算量轻易超过整个 H.264 编码器计算量的 60%[32]。因此,多年来研究者们一直致力于开发快速搜索算法。快速搜索算法虽然可能只得到次最佳的匹配结果,但是在减少运算量方面效果显著。其中比较经典的快速算法包括二维对数搜索法、三步搜索法、钻石搜索法、分级范围搜索算法、非对称十字型多层次六边形格点运动搜索法等。这些搜索算法的基本思想是根据一定的规则(如增大搜索步长)降低搜索点的数目,从而达到在搜索窗口和搜索块大小固定的情况下,减少匹配计算的次数。

由于物体运动具有连续性的特点,所以块在相邻图像帧之间的运动矢量可能不是以整像素为基本单位的,而是以 1/2 像素、1/4 像素甚至是 1/8 像素等亚像素为基本单位的。因此,除了整像素运动估计外,还有亚像素运动估计。因为亚像素位置的亮度和色度并不真正存在于图像中,所以需要利用邻近像素点进行内插获得。一般而言,为了实现 $1/n$ 像素搜索,需要对参考帧进行 n 倍内插。图 1.8 给出了 1/2 像素搜索的例子。使用亚像素搜索可以提高运动估计的精度,尤其是对于较低分辨率的视频。同时,亚像素搜索也显著地增加了运动估计的复杂度,在1/2 像素搜索中,搜索点的总数达到整像素搜索的 4 倍。另外,获得亚像素的内插操作也增加了计算量。

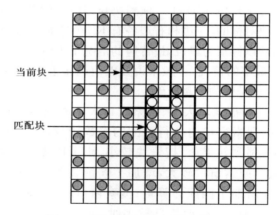

图 1.8 帧间预测中的 1/2 像素搜索

2. 运动补偿

运动补偿是在运动估计获得最佳运动矢量后,根据该运动矢量,将参考帧中对应的最佳匹配块(即预测块)补偿过来的过程。补偿过来的预测块与当前块的残差将进入下一个编码环节进行变换编码。

H.264 的帧间预测对运动估计和运动补偿做了进一步的增强,即采用了可变尺寸块的运动估计和运动补偿。

可变块运动估计和运动补偿是指当前块的运动矢量搜索以及最佳匹配块的

补偿都不是以整个块的形式参与计算的,而是采用块分割的方式独立计算的。以 16×16 亮度宏块为例,每个宏块以 4 种方式分割,分别是 16×16、16×8、8×16 和 8×8,如图 1.9 的第 1 行所示。每个 8×8 子宏块又能进一步形成 4 种分割方式,分别是 8×8、8×4、4×8 和 4×4,如图 1.9 的第 2 行所示。这些分割经过组合,使一个 16×16 宏块可能具有各种分割方式。按照对宏块的分割,每个宏块在运动估计时,将为每个分割搜索独立的最佳运动矢量,然后根据匹配计算找出最佳分割方式。在传输过程中将把最佳分割方式以及对应其中每个分割的最佳运动矢量编码入比特流中进行传输。运动补偿中也将按照每个分割的运动矢量从参考帧中将对应的分割块补偿过来。

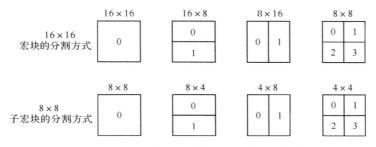

图 1.9　H.264 编码标准中的可变块划分方式

采用可变块运动估计提高了帧间预测的灵活度,因为大尺寸分割(如 16×16 分割)中运动补偿残差在图像中多细节区域的值较大,但只需要少量的位(bit)表示 MV 和分割类型,因此适合于图像中平坦的区域;小尺寸分割(如 4×4 分割)需要较多的位来表示 MV 和分割类型,但是运动补偿残差值较小,因此适合于图像中细节较多的区域。

同时,可变块运动估计也导致了帧间预测巨大的计算量,在运动估计中需要为每个 16×16 宏块在参考帧中的每个搜索点上计算 41 个分割块的运动矢量。运动估计在高分辨率视频编码中所占比重大的问题更为严重。对于同一场景,采用高分辨率视频,其运动物体在相邻帧之间的运动矢量跨像素的数目更多。例如,设在 320×180 像素分辨率的视频图像中一个物体的运动矢量长度为 2 像素,那么同一场景的 1280×720 像素分辨率的视频图像中该物体的运动矢量长度将达到 8 像素。所以要想在高分辨率视频编码中获得同样的运动估计效果,需要按图像分辨率差异等比例地增大搜索窗口大小。在上例中,搜索窗口需要在水平和垂直方向各增大到原来的 4 倍,面积就增加到 16 倍,搜索点的个数就增加 16 倍,导致运动估计的计算量增加 16 倍。

1.4.5 帧内预测

帧内预测包含多模式预测和预测决策两个阶段。

多模式预测是指 H.264 标准的帧内预测支持多种不同块大小的预测方式,包括 4×4 亮度预测、16×16 亮度预测和 8×8 色度预测。其中,4×4 亮度预测对宏块中的每个 4×4 亮度子块进行预测,适用于图像细节较多的情况;16×16 亮度预测对整个亮度宏块进行预测,适用于图像比较平坦、细节较少的情况。

4×4 亮度预测的参考像素数据和待预测像素数据如图 1.10(a)所示。其中,16 个白色小正方形表示当前 4×4 块的待预测像素,参考数据则包括当前块上面块的边缘像素(A、B、C、D),右上块边缘像素(E、F、G、H),左边块的边缘像素(I、J、K、L)以及左上块的角像素(M)。

4×4 亮度帧内预测共有 9 种模式,其中 8 种模式采用方向预测的方式,如图 1.10(b)所示,模式 2 为 DC 预测,根据 A~L 中的已编码像素进行预测。这 9 种模式分别是垂直预测、水平预测、DC 预测等,如图 1.11 所示。图中 A~M 代表参考像素,箭头代表预测方向。对于每种预测模式,根据参考像素按照箭头的方向对当前块像素进行预测,然后比较 9 种预测模式产生的预测块,选出与当前块最匹配的预测模式作为该块的最佳帧内预测模式。

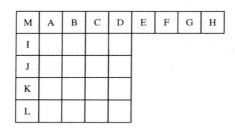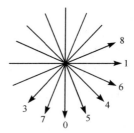

(a)4×4 亮度预测的参考像素数据和待预测像素数据 　　(b)4×4 亮度帧内预测的 8 种预测方向

图 1.10　帧内 4×4 亮度预测参考像素数据、待预测像素数据和 8 个预测方向

16×16 亮度预测有 4 种预测模式,分别是垂直预测、水平预测、DC 预测和平面预测,如图 1.12 所示。每种预测方式依然根据参考数据像素按箭头方向计算出待预测像素。此时的待预测像素是整个亮度宏块的像素,而参考像素是左边相邻宏块和上面相邻宏块的边缘像素。

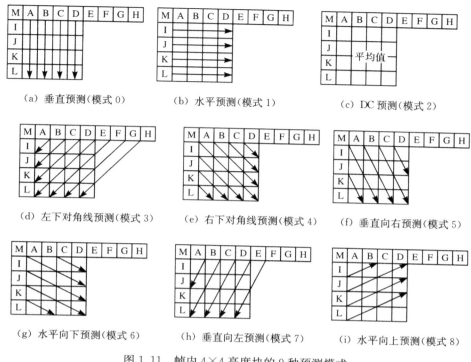

图 1.11　帧内 4×4 亮度块的 9 种预测模式

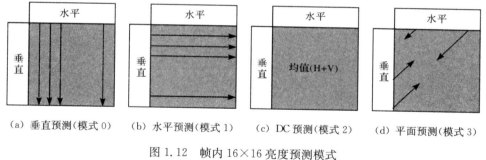

图 1.12　帧内 16×16 亮度预测模式

　　8×8 色度预测也有 4 种模式,与 16×16 亮度预测模式基本类似。

　　预测模式决策是指预测结束后需要从中选择最佳帧内预测模式。H. 264 标准的帧内对一个宏块的预测包括亮度和色度共计 17 种预测模式,H. 264 标准采用基于拉格朗日率失真优化(Rate Distortion Optimization,RDO)的预测模式决策。该方法对多模式预测中的每种预测方式采用式(1.1)计算其率失真(Rate Distortion,RD)代价,最后选择最小率失真代价的预测模式作为最佳预测模式。式中,D 代表失真代价,R 代表编码码率值。H. 264 标准对式(1.1)的具体实现方法包含两种复杂度：一种是较低复杂度实现，另一种是较高复杂度实现。在较低复杂度实现中，失真代价 D 是通过计算原始块和预测块之间的绝对差之和（Sum of Absolute Difference，SAD）或经阿达马（Hadamard）变换后的绝对差之和（Sum of Absolute Transformed Difference，SATD）得到的；R_E 是头信息编码比特数的估计值，此时计算公式变形为式(1.2)或式(1.3)[33]。在较高复杂度实现中失真代价 D 是通过计算原始块和重建块之间的差值平方和（Sum of Squared Difference，SSD）得到的；R_{res} 是头信息和量化残差系数编码比特数的实际值，此时计算公式变为式(1.4)。

$$J = D + R \tag{1.1}$$

$$J = SAD + R_E \tag{1.2}$$

$$J = SATD + R_E \tag{1.3}$$

$$J = SSD + R_{res} \tag{1.4}$$

使用式(1.1)～式(1.4)对亮度宏块帧内预测模式的决策过程如下。

（1）对当前宏块的一个 4×4 块，按照式(1.1)分别计算 9 种 4×4 帧内预测模式的率失真代价 J。

（2）选择最小 J 的模式作为该 4×4 块的最佳预测模式。

（3）对宏块内 16 个 4×4 块重复上述步骤，计算每个 4×4 块的最佳预测模式及对应的最小率失真代价 J。

（4）累加计算得出的 16 个 4×4 块的最小率失真值，得到当前宏块的 4×4 帧内预测率失真值。

（5）按同样的方法计算当前宏块 4 种 16×16 预测模式下的宏块率失真值，同样选择宏块率失真值最小的模式为最佳帧内 16×16 预测模式。

（6）比较步骤(4)和步骤(5)得到的最小率失真值，然后决定亮度宏块是采用 4×4 还是 16×16 帧内预测模式。

色度宏块的帧内预测模式与此类似。

1.4.6 变换量化

在视频编码中，为了进一步节省图像的压缩空间，一般方法为去除图像信号中的相关性，以及减小图像编码的动态传输码率，通常采用变换编码和量化技术。变换编码将图像时域信号变换成频域信号。在频域中，图像信号的能量大部分集中在低频区域，相对于时域信号，码率有较大的下降。H.264对图像或预测残差采用了 4×4 整数离散余弦变换技术，避免了以往标准中使用的通用 8×8 离散余弦变换、逆变换经常出现的失配问题。另外，如果输入块是色度块或帧内 16×16 预测模式的亮度块，则将宏块中各 4×4 子宏块的整数离散余弦变换的直流分量组合起来再进行 Hadamard 变换,进一步压缩其码率。图 1.13 给出了变换编码与量化过程的数据流程图。

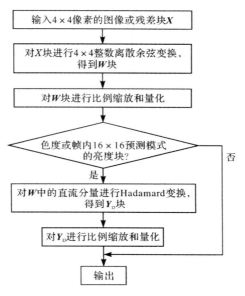

图 1.13　变换编码与量化过程[1]

1.　整数 DCT 变换

在图像编码中,变换编码和量化从原理上来讲是两个独立的过程,但 H.264 的整数变换是将 DCT 变换涉及浮点运算的部分,通过等价变换集中到一个点乘矩阵当中,并将其集成到量化器中,从而使得变换过程的所有操作完全使用整数运算。H.264 对 4×4 像素块进行操作,对应的整数 DCT 变换矩阵为

$$\boldsymbol{Y}=\boldsymbol{A}\boldsymbol{X}\boldsymbol{A}^{\mathrm{T}}=\begin{bmatrix} a & a & a & a \\ b & c & -c & -b \\ a & -a & -a & a \\ c & -b & b & -c \end{bmatrix}\boldsymbol{X}\begin{bmatrix} a & b & a & c \\ a & c & -a & -b \\ a & -c & -a & b \\ a & -b & a & -c \end{bmatrix} \quad (1.5)$$

式中,$a=1/2,b=\sqrt{1/2}\cos(\pi/8),c=\sqrt{1/2}\cos(3\pi/8)$。

式(1.5)可以改为式(1.6)所示的尺度因子变换等式

$$\boldsymbol{Y}=(\boldsymbol{C}\boldsymbol{X}\boldsymbol{C}^{\mathrm{T}})\otimes\boldsymbol{E}$$

$$=\left(\begin{bmatrix} 1 & 1 & 1 & 1 \\ 1 & d & -d & -1 \\ 1 & -1 & -1 & 1 \\ d & -1 & 1 & -d \end{bmatrix}\boldsymbol{X}\begin{bmatrix} 1 & 1 & 1 & d \\ 1 & d & -1 & -1 \\ 1 & -d & -1 & 1 \\ 1 & -1 & 1 & -d \end{bmatrix}\right)$$

$$\otimes \begin{bmatrix} a^2 & ab & a^2 & ab \\ ab & b^2 & ab & b^2 \\ a^2 & ab & a^2 & ab \\ ab & b^2 & ab & b^2 \end{bmatrix} \tag{1.6}$$

式中,$\otimes$ 表示矩阵点乘,即两个矩阵的对应元素相乘;$\boldsymbol{W}=\boldsymbol{CXC}^{\mathrm{T}}$ 是二维变换的核心;$\boldsymbol{E}$ 是尺度因子矩阵;a 和 b 的取值同式(1.5);d 是 c/b 的近似,约为 0.414。

为了简化和保留变换的正交性,a、b、d 可修改为 $a=1/2$,$b=\sqrt{2/5}$,d 近似取值为 $1/2$。

若矩阵 $\boldsymbol{C}$ 的第 2 行和第 4 行乘以尺度因子 2,且 $\boldsymbol{C}^{\mathrm{T}}$ 的第 2 列和第 4 列也乘以尺度因子 2,在矩阵 $\boldsymbol{E}$ 上加以补偿,则式(1.6)可变为

$$\boldsymbol{Y} = (\boldsymbol{C}_{\mathrm{f}}\boldsymbol{X}\boldsymbol{C}_{\mathrm{f}}^{\mathrm{T}}) \otimes \boldsymbol{E}_{\mathrm{f}} = \left(\begin{bmatrix} 1 & 1 & 1 & 1 \\ 2 & 1 & -1 & -2 \\ 1 & -1 & -1 & 1 \\ 1 & -2 & 2 & -1 \end{bmatrix} \boldsymbol{X} \begin{bmatrix} 1 & 2 & 1 & 1 \\ 1 & 1 & -1 & -2 \\ 1 & -1 & -1 & 2 \\ 1 & -2 & 1 & -1 \end{bmatrix} \right)$$

$$\otimes \begin{bmatrix} a^2 & ab & a^2 & \dfrac{ab}{2} \\[2mm] \dfrac{ab}{2} & \dfrac{b^2}{4} & \dfrac{ab}{2} & \dfrac{b^2}{4} \\[2mm] a^2 & ab & a^2 & \dfrac{ab}{2} \\[2mm] \dfrac{ab}{2} & \dfrac{b^2}{4} & \dfrac{ab}{2} & \dfrac{b^2}{4} \end{bmatrix} \tag{1.7}$$

如上所示的这种近似的整数 DCT 变换与 DCT 变换的区别在于 b 和 d 的取值不同。但其压缩效果与 DCT 近似,并且有很多的优点,主要是:变换的核心运算 $\boldsymbol{CXC}^{\mathrm{T}}$ 只涉及加法、减法、移位(乘以 2)运算,有利于软硬件加速实现,也避免了对浮点数据的处理。虽然尺度因子矩阵 $\boldsymbol{E}$ 对每一个系数都有一个乘法运算,但是把这部分运算融合在量化器中,可以减少乘法运算。

2. 量化

量化过程根据图像动态范围的大小来确定量化参数,既保留了图像中必要的细节,又减少了码流。量化过程在不降低视觉效果的前提下不仅减少了图像编码长度,也减少了视觉恢复中不必要的信息。H. 264 采用的尺度量化器,避免了浮点和除法运算,缩短了计算时间,同时也考虑了与尺度因子矩阵 $\boldsymbol{E}$ 的融合,其原理为

$$\mathrm{FQ} = \mathrm{round}(y/\mathrm{Qstep}) \tag{1.8}$$

式中,y 是输入的待量化的系数,Qstep 是量化步长,round 是取整函数。Qstep 决

定了量化器的编码压缩率和图像精度。如果 Qstep 较大,则量化值 FQ 的动态范围较小,其相应的编码长度较小,但反量化时损失较多的图像细节;如果 Qstep 较小,则量化值 FQ 的动态范围较大,其相应的编码长度较大,但图像细节信息损失较小。如果编码器根据图像值实际的动态范围自动改变 Qstep 的值,在编码长度和图像精度之间折中,那么整体能达到最佳效果。

　　H.264 编码器就是根据图像值动态选择 Qstep 值的。在 H.264 中,Qstep 有52 个值,如表 1.3 所示。其中,QP 是量化参数,是 Qstep 的序号。当 QP 取最小值 0 时,代表最精细的量化;当 QP 取最大值 51 时,代表最粗糙的量化。

表 1.3　H.264 编码器中量化步长表

QP	Qstep	QP	Qstep	QP	Qstep	QP	Qstep	QP	Qstep
0	0.625	12	2.5	24	10	36	40	48	160
1	0.6785	13	2.75	25	11	37	44	49	176
2	0.8125	14	3.25	26	13	38	52	50	208
3	0.875	15	3.5	27	14	39	56	51	224
4	1	16	4	28	16	40	64	—	—
5	1.125	17	4.5	29	18	41	72	—	—
6	1.25	18	5	30	20	42	80	—	—
7	1.375	19	5.5	31	22	43	88	—	—
8	1.625	20	6.5	32	26	44	104	—	—
9	1.75	21	7	33	28	45	112	—	—
10	2	22	8	34	32	46	128	—	—
11	2.25	23	9	35	36	47	144	—	—

　　前面已经提到,H.264 量化过程还要同时完成整数 DCT 变换中“$\otimes \boldsymbol{E}_f$”乘法运算,那么量化表达式变为

$$Z_{ij} = W_{ij} \frac{\mathrm{PF}}{\mathrm{Qstep}} \tag{1.9}$$

式中,$\boldsymbol{W}_{ij}$ 是矩阵 $\boldsymbol{W} = \boldsymbol{CXC}^{\mathrm{T}}$ 中的转换系数;PF 是矩阵 $\boldsymbol{E}_f$ 中的元素,根据样本点在图像块中的位置 (i, j) 取值。

　　从表 1.3 可以看出,QP 每增加 6,Qstep 就增加一倍。利用该特性还可以进一步简化计算。设 qbits $= 15 + \mathrm{floor}(\mathrm{QP}/6)$,$\mathrm{MF} = \dfrac{\mathrm{PF}}{\mathrm{Qstep}} 2^{\mathrm{qbits}}$,则式(1.9)可写为

$$Z_{ij} = \mathrm{round}\left(W_{ij} \frac{\mathrm{MF}}{2^{\mathrm{qbits}}} \right) \tag{1.10}$$

式中,MF 可以取整数,而量化过程就只剩整数运算,可以避免使用除法,MF 的取

值见表 1.4。

表 1.4 H.264 中 MF 值

样点位置 QP	(0,0)(2,0)(2,2)(0,2)	(1,1)(1,3)(3,1)(3,3)	其他样点位置
0	12107	5243	8066
1	11916	4660	7490
2	10082	4196	6554
3	9362	3647	5825
4	8192	3355	5243
5	7282	2893	4559

最终量化过程的运算表达式为

$$|Z_{ij}| = (|W_{ij}| \times \mathrm{MF} + f) \gg \mathrm{qbits}, \quad \mathrm{sign}(Z_{ij}) = \mathrm{sign}(W_{ij}) \qquad (1.11)$$

式中，f 为偏移量，其作用是改善恢复图像的视觉效果。

从原理上来说，在进行整数 DCT 变换和量化之后的数据，经过扫描，最后进行熵编码就算是对视频进行了压缩处理。在 H.264 编码器中加入逆变换反量化处理主要是为了重建编码后的图像，以备后续图像预测使用，其目的是提高图像压缩质量。

3. 直流系数的 Hadamard 变换与量化

在 H.264 中，如果输入图像宏块是色度块或 16×16 预测模式的亮度块，则还需要对各图像块的整数 DCT 变换后的系数矩阵的直流分量进行 Hadamard 编码和量化。这样，在前面所述的量化处理中就不必再对这些直流分量进行量化了。对于每一个 16×16 的图像宏块数据，处理时都是分成 16 个 4×4 子宏块，而对于 16×16 预测模式的亮度块，在进行整数 DCT 变换后每一个子宏块的直流分量就是其第一个元素 W_{00}。这样，每一个 16×16 的亮度块的直流分量正好组成一个 4×4 直流子宏块 $\boldsymbol{W}_\mathrm{D}$。这些 W_{00} 在 $\boldsymbol{W}_\mathrm{D}$ 中的位置跟其对应的子宏块在宏块中的位置一样，各子宏块在宏块中的位置如图 1.14 所示。其中，大方块表示各子宏块在宏块中被处理的顺序，大方块左上方的小方块的数字代表该子宏块在宏块中的行与列，同时也是对应子宏块中直流分量在重组后的直流子宏块 $\boldsymbol{W}_\mathrm{D}$ 中的位置。对亮度块直流分量矩阵 $\boldsymbol{W}_\mathrm{D}$ 的 Hadamard 变换为

$$\boldsymbol{Y}_\mathrm{D} = \frac{1}{2}\left(\begin{bmatrix} 1 & 1 & 1 & 1 \\ 1 & 1 & -1 & -1 \\ 1 & -1 & -1 & 1 \\ 1 & -1 & 1 & -1 \end{bmatrix} \boldsymbol{W}_\mathrm{D} \begin{bmatrix} 1 & 1 & 1 & 1 \\ 1 & 1 & -1 & -1 \\ 1 & -1 & -1 & 1 \\ 1 & -1 & 1 & -1 \end{bmatrix} \right) \qquad (1.12)$$

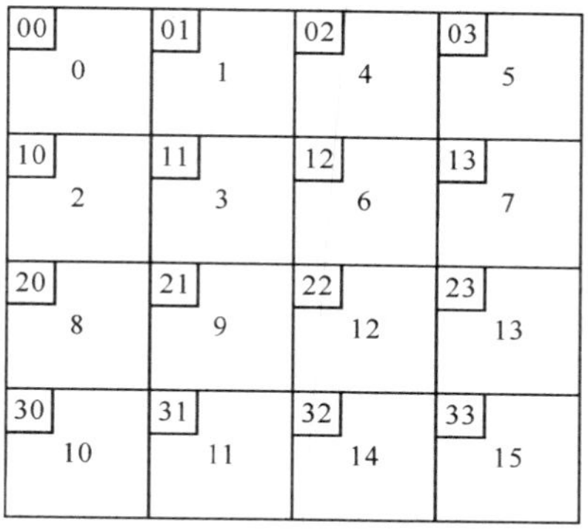

00	01	02	03
0	1	4	5
10	11	12	13
2	3	6	7
20	21	22	23
8	9	12	13
30	31	32	33
10	11	14	15

图 1.14　各子宏块在宏块中的位置[1]

式中,Y_D 是 Hadamard 变换的结果。接着就要对 Y_D 进行量化输出,量化过程与前面论述的量化基本一致,即

$$|Z_{D_{ij}}| = (|Y_{D_{ij}}| \times MF + f) \gg (qbits + 1), \quad sign(Z_{D_{ij}}) = sign(Y_{D_{ij}}) \qquad (1.13)$$

式中,MF 为对应子宏块中(0,0)位置的 MF 系数值。

在 H.264 编码标准中,为了提高预测精度,进而提高图像压缩比,编码的时候往往会对编码的图像进行解码重建和滤波,其中解码重建的流程如图 1.15 所示。

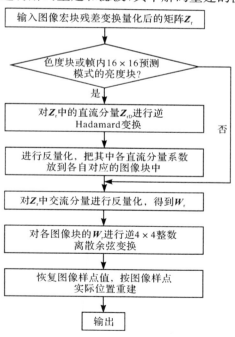

图 1.15　解码重建流程

重建过程是前面编码过程的逆过程,其基本原理与正向编码原理类似,下面简要介绍与解码重建相关的逆过程。

4. 直流系数的逆 Hadamard 变换与反量化

如果当前是对 16×16 预测模式的亮度块图像进行处理,那么在进行 4×4 逆变换和反量化之前还得先恢复各图像块的整数 DCT 变换的直流系数,也就是进行逆 Hadamard 变换和量化。与一般的逆向处理过程的顺序有所不同,直流系数是先进行逆变换,然后再进行反量化。逆 Hadamard 变换可表达为

$$
Z_D = \begin{bmatrix} 1 & 1 & 1 & 1 \\ 1 & 1 & -1 & -1 \\ 1 & -1 & -1 & 1 \\ 1 & -1 & 1 & -1 \end{bmatrix} W_D \begin{bmatrix} 1 & 1 & 1 & 1 \\ 1 & 1 & -1 & -1 \\ 1 & -1 & -1 & 1 \\ 1 & -1 & 1 & -1 \end{bmatrix} \tag{1.14}
$$

式中,Z_D 为恢复宏块中的 4×4 个亮度块的整数 DCT 变换直流系数值,W_D 为直流系数经过 Hadamard 变换和量化后的值。

逆 Hadamard 变换后,根据亮度的量化参数 QP 进行反量化和比例缩放,具体过程为

$$
Z_{rD_{(i,j)}} = \begin{cases} ((Z_{D_{(i,j)}})V_{00}) \ll (QP/6-2) & (QP \geqslant 12) \\ ((Z_{D_{(i,j)}})V_{00} + 2^{1-QP/6}) \gg (2-QP/6) & (QP < 12) \end{cases} \tag{1.15}
$$

式中,V 是融合在反量化过程中的逆整数 DCT 的比例变换系数,其定义类似于 MF 系数,V_{00} 是对应在 $(0,0)$ 位置上的值。

5. 反量化

同量化过程一样,反量化过程也融合了逆变换中的乘法运算,可表达为

$$
W'_{ij} = Z_{ij} \times Qstep \times PF \times 64 \tag{1.16}
$$

但实际实现时,并不是直接给出 QP 和 PF,而是借助一个中间变量 $V(V=Qstep \times PF \times 64)$,将反量化表达式变为

$$
W'_{ij} = Z_{ij} \times V_{ij} \times 2^{floor(QP/6)} \tag{1.17}
$$

6. 逆变换

从原理上来说,在进行整数 DCT 变换和量化之后的数据,在经过之字形扫描后,再进行熵编码就算是对视频进行了压缩处理。在 H. 264 编码器中加入逆变换、反量化处理主要是为了重建编码后的图像,以备后续图像预测使用,其目的是提高图像压缩质量和降低压缩率。逆变换表达式为

$$X_r = \boldsymbol{C}_i^T (\boldsymbol{W} \otimes \boldsymbol{E}_i) \boldsymbol{C}_i$$

$$= \begin{bmatrix} 1 & 1 & 1 & \frac{1}{2} \\ 1 & \frac{1}{2} & -1 & -1 \\ 1 & -\frac{1}{2} & -1 & 1 \\ 1 & -1 & 1 & -\frac{1}{2} \end{bmatrix} \left(\boldsymbol{W} \otimes \begin{bmatrix} a^2 & ab & a^2 & ab \\ ab & b^2 & ab & b^2 \\ a^2 & ab & a^2 & ab \\ ab & b^2 & ab & b^2 \end{bmatrix} \right) \begin{bmatrix} 1 & 1 & 1 & 1 \\ 1 & \frac{1}{2} & -\frac{1}{2} & -1 \\ 1 & -1 & -1 & 1 \\ \frac{1}{2} & -1 & 1 & -\frac{1}{2} \end{bmatrix}$$

$$(1.18)$$

类似整数变换过程，逆变换中的"$\otimes \boldsymbol{E}_i$"操作已经在反量化过程中完成，所以逆变换中只需做如下运算

$$\boldsymbol{X} = \boldsymbol{C}_i^T \boldsymbol{Y} \boldsymbol{C}_i = \begin{bmatrix} 1 & 1 & 1 & \frac{1}{2} \\ 1 & \frac{1}{2} & -1 & -1 \\ 1 & -\frac{1}{2} & -1 & 1 \\ 1 & -1 & 1 & -\frac{1}{2} \end{bmatrix} \begin{bmatrix} \boldsymbol{Y} \end{bmatrix} \begin{bmatrix} 1 & 1 & 1 & 1 \\ 1 & \frac{1}{2} & -\frac{1}{2} & -1 \\ 1 & -1 & -1 & 1 \\ \frac{1}{2} & -1 & 1 & -\frac{1}{2} \end{bmatrix} \quad (1.19)$$

变换矩阵 $\boldsymbol{C}_i$ 的所有系数都是整数，显然，逆变换能够得到与原始数据完全相同的输出，从而避免了整数 DCT 变换中浮点运算带来的误差匹配现象。

1.4.7　熵编码

H.264 标准针对不同的待编码语法元素采用了不同的熵编码方案。对于片（slice）级以上的语法元素采用定长或变长的二进制编码，而对于片级和片级以下的语法元素则根据熵编码模式选择变长编码或算术编码。H.264 标准中的变长编码和算术编码主要包括 CAVLC 和 CABAC。H.264 标准的 Baseline 档次、Main 档次和 Extended 档次均支持 CAVLC 编码。其中，Main 档次还支持 CABAC 编码。本书以 CAVLC 编码算法为参考解释熵编码的并行流化方法。

CAVLC 用于对经过变换量化后的残差数据进行变长编码。其基本原则与一般的变长编码相同，即用较短的编码串表示出现概率较大的符号，而用较长的编码串表示出现概率较小的符号。但是，为了获得更高的压缩比，CAV-LC 在变长编码的基础上增加了上下文自适应的方法，即利用已经编码元素的信息（即上下文信息）动态调整编码中使用的码表，自适应地为当前待编码元素选择合适的码表以降低符号间的冗余度。下面对 H.264 编码中的 CAVLC

算法进行介绍。

变换和量化后的残差数据具有非常鲜明的特征:在每个 4×4 块中,在高频部分,大多数系数为零,少数非零系数的值一般是 1 或 −1;在低频部分,非零的系数相对集中,而且幅值较大。另外,相邻块的非零系数数目之间有相关性。CAVLC正是充分利用这些特征对块中的数据进行压缩的。

CAVLC 的输入数据的单位是 4×4 块,其计算过程如图 1.16 所示,包括系数扫描、系数信息编码和码流输出 3 个主要部分。

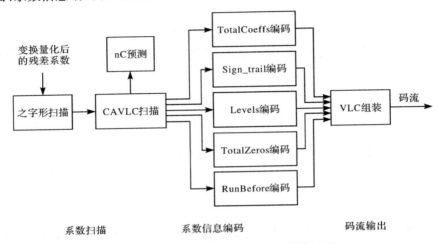

图 1.16　H.264 编码的 CAVLC 计算过程

首先,CAVLC 按照图 1.17 所示的之字形扫描顺序将 4×4 块内的数据重新排序。这样转换成线性排列以后,可以使非零值相对集中在前部,零值相对集中在中后部,而末尾则通常包含少量的 1 或 −1 值。然后,CAVLC 按图中所示的逆序对排序后的数据通过查表的方式进行编码。

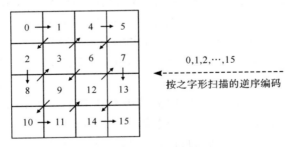

图 1.17　块内元素的之字形扫描顺序和逆序编码

CAVLC 中被编码的语法元素包括如下 5 种。

（1）非零系数的数目（TotalCoeffs）和拖尾系数的数目（TrailingOnes）。显然对于 4×4 块而言，TotalCoeffs 的取值范围是[0,16]，而 TrailingOnes 的取值范围被规定为[0,3]，最多只有最后 3 个 1 或 −1 值被视为拖尾系数。对这二者的编码可通过查表完成，有 4 个变长表格和 1 个定长表格供选择。CAVLC 使用基于上下文的思想选择码表，而选择码表所依赖的变量值是通过其相邻块的非零系数数目计算而得的。

（2）拖尾系数的符号（TrailingSigns）。按照反向之字形扫描顺序，对每个拖尾系数符号编码。由于拖尾系数的幅值一定是 1，因此只需要使用 1bit 来表示每个拖尾系数的符号即可。其中，0 表示正，1 表示负。

（3）除拖尾系数外的非零系数幅值（Levels）。非零系数的幅值由前缀（level_prefix）和后缀（level_suffix）组成。为编码幅值，需要首先计算参数 suffixLength，此参数是基于上下文更新的，与当前的 suffixLength 值和已经编码好的非零系数幅值相关。

（4）最后一个非零系数前面零的个数（TotalZeros）。对正序扫描方向的最后一个非零系数前零的个数 TotalZeros 编码。CAVLC 根据非零系数数目 TotalCoeffs 的值对码表进行优化。

（5）每个非零系数前面零的个数（RunBefores）。反序扫描，从高频位置开始，对每个非零系数前面零的个数依次编码。低频位置方向的最后一个非零系数不编码。

CAVLC 按照上面的顺序依次对这 5 个语法元素编码，实际的编码过程通常是先将上述语法元素编码所需的参数计算出来，然后依次查码表并输出到码流结构中去。CAVLC 对一帧数据的编码顺序是按扫描顺序依次对每个宏块处理的，而在每个宏块内部则依次对每个 4×4 块处理，每个 4×4 块生成的码流拼接在一起，形成最终输出的码流。

1.4.8　去块滤波

去块滤波包括后处理滤波和环路滤波[34]，H.264 编码标准采用环路去块滤波器处理编码环路中的数据。被滤波的是重构帧，滤波后将作为下一帧的帧间预测中的参考帧使用。H.264 标准使用的环路去块滤波器对重构帧中的宏块亮度分量和色度分量数据进行滤波，经过滤波后的宏块会使块间的数据过渡更加平滑，能有效降低块间数据的不连续性，从而提高图像的逼真度。

基于宏块的去块滤波顺序是按光栅扫描的顺序依次对图像中的每个宏块进行滤波。在宏块内部则分为对若干边界（boundary）的滤波，滤波的顺序如图 1.18 所示。例如，VLB1，VLB2，VLB3，VLB4 是宏块亮度分量 4 个垂直边界，HLB1，

HLB2，HLB3，HLB4 是宏块亮度分量的 4 个水平边界，相应地色度分量的垂直和水平边界各有两个。以亮度分量数据为例，去块滤波首先对宏块的垂直边界按照从左到右的顺序依次滤波，再对水平边界按自顶向下的顺序依次滤波。每个边界又细分成 4 条边（edge），每条边是两个相邻 4×4 块之间的边界。每条边界的滤波方式如图 1.19 所示，在同一条直线上的边界两侧各有 4 个样点，分别是 p_0，p_1，p_2，p_3 和 q_0，q_1，q_2，q_3，滤波器将对这些值重新计算然后更新。

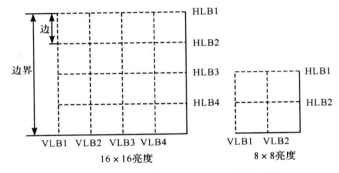

图 1.18　去块滤波的宏块中边界滤波顺序

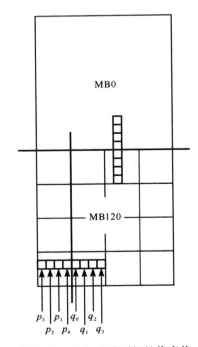

图 1.19　边界滤波更新的像素值

　　在具体滤波之前,去块滤波将根据每个边两侧的块数据以及块的相关信息来判断是否执行滤波,以及采用何种滤波模式。决定是否滤波的判断条件有两条:首先,根据边界强度(Boundary strength,Bs)的值决定所使用的滤波模式。然后,再根据边界两侧样点值的抽样梯度与量化参数阈值的大小关系来决定是否滤波。

　　Bs 是反映边性质的参数,用来控制去块滤波的程度。对每条 4×4 块间的边,Bs 的取值范围是 0～4 之间的整数值,数值越大则滤波强度越大。表 1.5 反映了边界性质与 Bs 的关系,根据表中的条件,去块滤波过程按表中从上到下的顺序进行判断,直到满足某一条件就将 Bs 赋相应的值。实际的算法中,不同的 Bs 值只对应两种滤波器。当 Bs 值为 4,使用最强滤波模式,因为块效应主要来源于帧内预测,基于宏块的处理使得宏块边界的不连续性最明显。当 Bs 值为 1～3 时,都采用标准滤波模式,此时不同的 Bs 值决定了对样点的修正程度。当 Bs 值为 0时,不进行滤波[35]。

表 1.5　边界两侧图像模式与边界强度的关系

图像块模式与条件	Bs 值
边界两边一个图像块为帧内预测并且边界为宏块边界	4
边界两边一个图像块为帧内预测	3
边界两边一个图像块对残差编码	2
边界两边图像块运动矢量差不小于 1 个亮度图像点距离	1
边界两边图像块运动补偿的参考帧不同	1
其他	0

　　抽样梯度与量化参数阈值的关系用来决定在 Bs 不等于 0 的情况下,是否真地进行滤波。这是因为在去块滤波中需要区分图像中真实的边界和由于变换量化造成的边界。真实的边界是不应该被滤波的,以免因失误的滤波操作而使得真实边界模糊;同时,变换量化形成的边界应该被滤波。判断这两种边界的依据是真实边界两侧像素值的梯度差大于非真实边界。因此,去块滤波使用一对与量化有关的参数 α 和 β 来判断边界的真实性。对于 Bs 值非零的边界,只有同时满足式(1.20)的三个条件[1],直线上的抽样点才需要滤波,即

$$\begin{cases} |p_0 - q_0| < \alpha\,(\text{Index}_A) \\ |p_1 - p_0| < \beta\,(\text{Index}_B) \\ |q_1 - q_0| < \beta\,(\text{Index}_B) \end{cases} \qquad (1.20)$$

第 2 章　流计算原理

随着视频逐渐向高清、超高清发展,视频压缩编码对计算性能的需求越来越高,已经达到每秒万亿次级。现有的运行于通用处理器上的串行结构编码器已经不能满足高性能视频编码的需求,而专用硬件实现的编码器又具有灵活性差、开发周期长、成本高等缺点。因此,在高性能视频压缩编码领域,可编程处理器上基于并行计算模型的编码器成为新的研究方向。流计算模型是近年来新兴的一种并行计算模型,已经在包括视频编码在内的媒体处理、信号处理、科学计算等密集计算应用的加速领域获得了成功。流计算模型通过对计算密集性、多级并行性、多层次局域性的充分挖掘,使视频编码应用获得显著的性能提升。

2.1　流计算思想

流(stream),是不间断的、连续的、移动的记录队列,队列长度可以是定长或不定长的。流记录的组成可以复杂或简单。例如,在视频编码中,将图像的亮度像素数据按一定顺序组织起来,形成一个队列,那么这就是一个亮度像素流。在这个流中,数据元素就是亮度的像素数据,而流的数据元素类型是十分丰富的,可以是一个像素点的亮度数据,也可以是图像中的一个 4×4 块的数据,还可以是程序中需要传递的变量,甚至是一个复杂的数据结构体。

实际上,流是一种对数据的组织形式,它具有同构性、顺序性和移动性的特点。

(1) 同构性。同构性是指在同一条流中,各个数据元素的结构是相同的,要么都是一个整型变量,要么都是同一个结构体。例如,在亮度像素组成的流中,每个元素都是一个亮度像素数据。同构性的特点保证了对一条流中的所有数据元素可以使用同一种方式进行处理,这是通过 SIMD 方式开发数据级并行的必要条件。

(2) 顺序性。作为一种数据的组织形式,流在被使用的过程中,是按照顺序依次对其中的数据元素进行处理的。尽管在索引访问机制中,可以不按照顺序访问流中的元素,但是无论在软件还是硬件层次,流作为一个整体一定是按顺序组织和管理的。流的顺序性是流计算模型中至关重要的一个特征,正是由于顺序性的存在,流计算才能够在很多适合的应用领域中获得卓越的性能。但是,正如一枚硬币具有正反两面,流的顺序性同样具有局限性:顺序性使得可预知性成为对流编程的最基本要求。因此,指针这一常用编程手段在流编程中无法使用,从而给流编程造成一定困难。

（3）移动性。流在被使用的过程中,不是一潭死水、静止不动的,而是如同"流"这个字的含义,即像水流一样在不停运动着的。例如,亮度像素组成的流在处理过程中,一批批地流入并行处理单元,被处理后又分批流出,形成了新的流。

同构性、顺序性和移动性使流这种数据组织形式与以往的数据组织形式不同。因此,在实际使用中,为了准确表征流的特征,需要为每条流指定一系列属性,包括流名字、流的类型、流的长度、流中数据元素的类型、流的使用者等。这些属性将被编译器和硬件所利用,完成对流的管理和处理。在流计算多年的发展过程中,流的这些特征并不是一成不变的,例如,变元流对流的扩充就使得流中的元素可以是不同的数据类型。然而,同构性、顺序性和移动性仍然是流的典型特征,反映了流计算思想的精髓,也正是它们使流计算在并行处理模型中熠熠生辉。

流计算就是针对具有流特征的数据进行的特殊处理,其本质思想归纳为以下几点。

1）计算过程的分解

人为地将一个应用分解成一系列的计算核心程序（Kernel）,产生数据流图,形成明确的"生产者-消费者"模型。基本上根据功能来划分核心程序,每个核心有明确的输入流和输出流。例如,深度提取应用程序（Depth）可以如图 2.1 所示划分成 5 个核心程序[36],数据以流的形式通过核心程序并被处理。其中,箭头代表流,圆圈代表计算核心。在这个应用中,每行的像素灰度值被定义成流。卷积操作被分为两个计算核心程序,一个执行 7×7 像素的模糊过滤,另一个执行 3×3 像素的锐化过滤。其结果流送给 SAD 计算核心程序,来计算差别并输出深度图的一行像素。

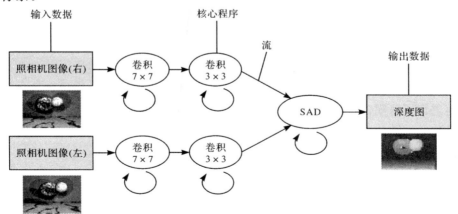

图 2.1　深度提取的流处理过程

2）解耦数据的运算和存取

传统工作负载操作的数据零散、没有规律，数据的存取和运算只能紧密耦合，且访存开销大。根据程序局部性原理增加存储层次和预取操作可以减小存储器存取开销，但存在失效等状况。而流应用的操作数据为流记录，流记录因为同构有序，可以将运算和存取分离，因此便于延迟隐藏，这极大地减少了访存开销。

3）数据的分块处理

流处理的理想情况是，数据流在计算核心程序之间匀速传递，且所有核心程序同时执行，数据流均匀地产生，均匀地被消费，数据不需要分块，核心程序一次可处理的数据流可以任意长。但由于硬件限制以及核心计算量的不均匀，造成数据流需要分块、分批处理。由于流式数据之间的弱相关性，分块较容易实现。

4）显式通信

数据流图清晰地说明了数据的流向。流处理采用计算流水线，数据定向传输，在一定程度上缓解了 VLSI 发展所带来的线延迟问题。

5）并行处理

在现有的各种流体系结构处理器中，流处理只考虑了如何在单线程处理器上通过开发指令级并行来增加处理器性能的情况。指令级并行指明了可以同时发射多少条指令，其仅受限于指令间的数据相关（另外一个重要的瓶颈是控制相关，要求分支预测、指令预取等，在这里先不讨论此问题）。与指令并行度密切相关的是数据并行度，数据并行度指明了对于给定的一个操作的每个数据元素是否独立于数据集中的其他元素。数据级并行可以很容易地转换为指令级并行，这两种并行性联合起来共同影响每个周期可以发射多少条"有用"的指令。

流处理过程结合了向量处理和超长指令字技术，并有自身的特点。与向量处理相比，流处理有许多不同之处。

2.2　流体系结构模型

基于数据组织成流的思想，流体系结构的组成有别于传统的冯·诺依曼结构——不仅分离了数据和指令，对数据访问、组织指令和运算操作指令的执行模块也进行了解耦合。同时，根据流的特征，数据访问也被分解成了多个存储层次，各自独立运转。关于整个流体系结构的抽象模型如图 2.2 所示。

2.2.1　解耦合计算和访存

流体系结构的硬件模块分为两大子系统：流的调度模块（流级）和流的计算模块（核心级）。图 2.2 中，上面方框为流的调度模块，下面方框为流的计算模块。

流的计算模块所能处理的数据和执行的指令都以流的形式加载。从排队论

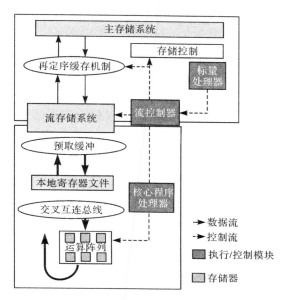

图 2.2　抽象的流体系结构模型

模型看,流体系结构中的数据和指令可以看做消费者和生产者之间的带索引的先进先出(First In First Out,FIFO)队列,计算模块以分空间或分时间的形式既充当消费者也充当生产者。当队列中质点的流出率达到较高值且点间距分布平稳时,组织成流的数据和指令能极大地提高运算和操作的效率。然而,自然程序中的数据和指令不一定是按流的方式组织的,其在存储器中的分布很可能是无序的或者不是完整的流。模型中必须有一个转换或是标准化的过程,即流的组织调度,通常这个过程是同流的加载一起进行的。标量处理器包含在流的调度模块中,负责流组织控制。实质上,标量处理器对整个流处理器进行控制,还可以用来处理应用中的一些非计算密集的部分和事务处理。

　　位于存储层次中间的流寄存器文件(Stream Register File,SRF),其大小受芯片晶体管容积的限制,不能装载大量数据集。因此,数据集被分割成一批一批的。流处理一次可处理和产生完整的一批数据集。每一批数据的大小要选择合适,这样所有活动的流都可装入流寄存器文件中。维持"生产者-消费者"局域性在于分割的数据集批次的大小和多少。对大多数程序来说,数据批次的大小和多少是可以预测的,但对于某些应用(如图形处理中多视图应用),其数据集批次的大小和多少是很难预测的。因此,当中间流不一定能全部放在流寄存器文件中时,会导致溢出。流寄存器文件分配是一个复杂的静态调度问题。

　　从功能需求上看,流应用属于密集型计算,其计算操作的形式多样而复杂,对指令和数据的发射要求有极高的吞吐率,但是执行模式通常较为简单。相对而言,流的加载和组织的操作模式较为简单,对指令的吞吐率要求也不高,但要求功能灵活而复杂。将两者紧密耦合在一起降低了机器的执行效率。

因此,在流体系结构模型中,流的计算模块只负责密集的流的计算并以极高吞吐率执行核心级指令。流的组织调度交由专门的控制模块,负责向计算模块提供数据流和指令流。

流的计算模块专注于密集计算,执行底层仅包含运算信息核心级指令。流处理器通过大规模的运算阵列或是多功能运算单元获取极高的计算能力,并且用大量的本地寄存器文件(Local Register File,LRF)保证计算所需的数据带宽[37-38]。

流的调度模块解决两个问题,即流组织调度和带宽。数据通过索引和复杂的再定序机制在顶层流指令的控制下被组织成流(指令具有天然的流特性)。组织成流的数据排列规整,对通信带宽要求较小,可以在运算阵列上以 SIMD 或多指令多数据流(Multiple Instruction Mutiple Data Stream,MIMD)的方式并行。

由于流体系结构分离了数据的计算和加载/存储(load/store)操作,并且拥有大规模的运算阵列,因此,如何为这些运算阵列提供足够的指令和数据成为关键,在硬件结构上,存储层次和相应带宽设置就显得至关重要,下面将重点阐述。

2.2.2　多级存储层次

流应用要求 $10\sim100$GOPS(Giga Operation Per Second)的计算速度,一个 500MHz 的处理器必须集成$20\sim200$ 个运算单元,并以接近百分之百的利用率才能满足这个要求。虽然以现有 VLSI 的工艺水平可以集成这些运算单元,但片内与片外存储系统的带宽(数个 GB/s)根本无法有效支撑大量的运算单元来达到需要的运算速度。传统的可编程微处理器为了给运算单元提供数据,采用 Cache 层次结构和集中的寄存器文件弥补 DRAM 和运算单元之间的带宽差距,但是由于存在通信瓶颈,传统的可编程微处理器无法充分利用大量的运算单元。

传统的用来给处理器的运算单元提供数据的存储层次,由内到外依次为寄存器、一级 Cache 和二级 Cache。在最内层,运算单元直接从与所有运算单元相连接的全局寄存器文件中获得数据。下一层的存储层次是一级或更多级 Cache。这些 Cache 存储器可以连续地获得数据,它们离运算单元越远,所获得的数据量越大,速度也越慢。最后,数据存放在较大也较慢的片外 DRAM 中。传统存储层次优化的目的是最小化数据存取延迟,使寄存器文件能够在一个周期内存取;离运算单元很近的 Cache 中存放那些极有可能很快就被访问的数据,以便能最小化存储器操作的延迟;较慢的 DRAM 被用来提供大容量的存储空间,以便存放那些在 Cache 层次中放不下的数据。这个结构的好处在于:

(1) 对于小数目的运算单元,全局寄存器文件能够提供一般的存储空间和运算单元之间的通信,使得数据能很快地从一个运算单元传送到另一个运算单元;

（2）许多应用有小的工作集合和大量的空间、时间局部性，使得一个合理的 Cache 就能够提供足够的存储空间来维持程序在任何给定的时间所需要的有用的数据。

然而，传统的存储层次并不能很好地与流应用的要求相匹配，主要体现在以下几个方面。

（1）流应用的大量计算需求使集中式的寄存器文件变得不可行。

集中式寄存器文件昂贵而且低效，它的大小随着它所连接的运算单元的数目（N）成 N^3 的级数增长，而它的延迟成 $N^{1.5}$ 的级数增长。例如，在 $0.18\mu m$ 的 CMOS 工艺下，一个连接 4 个运算单元的集中式全局寄存器文件所占面积约为 $0.2mm^2$，而连接 16 个运算单元的集中式全局寄存器文件所占面积约为 $6.4mm^2$。因为成本、功耗、面积、延迟等方面的因素，成百上千个运算单元不可能由集中的寄存器文件提供数据。

（2）流应用与硬件管理的 Cache 不匹配。

在应用程序具有大量的时间和空间的局部性时，通过频繁存取 Cache 中的数据，将迅速降低存取数据的延迟。但典型的流应用（如图像处理）没有太多的时间局部性，因为它们只需取一次数据进行处理，之后就不会再用到它们。因此，将最近存取的数据存放在 Cache 中是无用的。流应用同样没有太多的空间局部性，因为它们趋向于在一个较大的范围内存取数据，这使得 Cache 在最近引用的数据附近预取数据的能力变得无用，而且，绝大多数的媒体处理应用有非常大的工作集合，它可以轻松地突破 Cache 的容量从而导致程序崩溃。

相对于延迟而言，流应用对带宽更为敏感。流应用有可预知的存储方式（流数据访问有规则），这使得流数据可以在它们被用到之前很长时间就能被预取出来。而硬件管理的 Cache 层次则无法提供足够的带宽，它们对于程序员和编译器来说是透明的，程序员不能直接命令硬件 Cache 进行数据移动。因此，Cache 必须动态地传输和存储可能会被用到的数据。这种管理存储的硬件开销限制了 Cache 所能提供的有效带宽。

（3）流应用非常高的存储器带宽需求与有限的片外 DRAM 带宽之间存在矛盾。

流应用对大量原始数据（如视频信号）进行操作，而这些数据是不停地从外部存储器传送过来的，需要高带宽。片外 DRAM 的带宽从根本上受限于芯片的引脚，不仅与可用的引脚数目相关，而且与每个引脚所能达到的带宽有关。由于器件限制，片外带宽与片内带宽有几个数量级的差距。

针对上述的问题，流体系结构充分利用流应用中存在的"生产者-消费者"局域性，设置适应的存储层次及数据带宽来弥补 DRAM 和运算单元之间的带宽差距。存储层次由分块的寄存器文件组织结构，由本地的分布式寄存器文件（Distributed

Register File,DRF)、分块的全局流寄存器文件和外部 DRAM 共同组成,有以下特点。

(1) 采用本地的分布式寄存器文件来支持运算单元。寄存器文件必须被分割以使其面积、功耗、延迟降低到一个可以接受的水平。图 2.3 所示为一个可高效分割寄存器文件的方法,每个运算单元有一个双端口的较小的寄存器文件直接与各自的输入相连,并由开关选择在运算单元和寄存器文件之间发送数据。对于运算单元数目 N 而言,寄存器文件的面积降为 N^2 量级,而不是 N^3 量级。功耗和延迟也分别从原来的 N^3 量级和 $N^{1.5}$ 量级降为 N^2 和 N 量级[39]。这样的分布式寄存器文件可以为大量的运算单元提供廉价的数据带宽。运算单元和它们的分布式寄存器文件可以进一步组合成同样的计算簇,如图 2.4 所示。

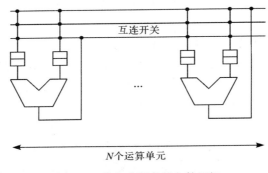

图 2.3　分布式寄存器文件组织

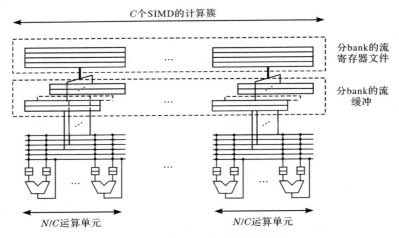

图 2.4　流/SIMD 寄存器文件组织

这种结构通过将 N 个运算单元组织成 C 个计算簇,可以将面积和功耗降低到

与 N^2/C 成比例,而延迟则与 N/C 成比例。每个计算簇只能对流寄存器文件中固定的部分进行访问,并且并行地对并发的数据进行操作。通过这种方式可以减少必须与互连开关相连的运算单元的数目,从而降低寄存器文件结构的面积、功耗和延迟。另外,既然计算簇是在执行数据并行计算,那么它们就可以共享同一个控制器,以进一步降低控制器与每一个运算单元相连接所带来的开销。

(2) 采用软件可管理的片上存储器(流寄存器文件)取代硬件管理的 Cache。软件可管理的存储层次与 Cache 不矛盾,可以同时作为片上存储层次存在,如 Merrimac。

从存储器中获得的数据只会在存储器和流寄存器文件中进行传输,在流寄存器文件中数据都以流为单位。流寄存器文件将运算单元从很长的不定的 DRAM 访问延迟中有效地隔开,使体系结构分成了与流处理模型相适应的流级和核心级。流寄存器文件与 Cache 的区别在于它是软件可管理的,编译对运算单元和存储资源(包括流寄存器文件)进行静态调度。例如,在核心程序运行之前,所需的数据流就被放置在流寄存器文件中,流输入和输出操作与运算解耦合。程序员和编译器能够控制流,而且编译器知道流访问和核心程序的执行是否可以并发,因此数据只是在需要时才被传送。相对于动态调度而言,流寄存器文件可以更有效地调度运算操作、通信和利用存储空间,同时可消除 Cache 用来控制动态存储的硬件开销。

流寄存器文件大小受芯片晶体管容积的限制,容量有限。因此,在处理海量数据集时,数据集需要被分割成一批一批的,流处理一次可处理一批数据集。每一批的数据集大小要选择合适,这样所有活动的流都可装入流寄存器文件中,从而保持良好的"生产者-消费者"局域性。对大多数程序来说,中间批的大小是可以预测的,但也有例外。当中间流过大而不能存放在流寄存器文件中时,会导致数据溢出。这是一个复杂的静态调度问题。

(3) 充分利用 DRAM 带宽。一方面,对 DRAM 的访问方式进行控制,以便能利用好内部 DRAM 的结构来最大化 DRAM 带宽;另一方面,有效地组织利用片内存储器和带宽,使得需要和片外存储器进行传输的量达到最小,避免浪费宝贵的片外存储器带宽,这一点可通过流处理模型来挖掘。在第 3 章将通过应用实例分析更清楚地说明这一点。

通过这样的存储层次,运算所需数据被存放在计算簇内部,以保证它能被频繁地快速存取;核心程序之间的中间流数据被存放在片上的流寄存器文件中,使得它能够在核心程序间被循环利用而不会产生存储器访问;最后,初始输入、最终输出和其他的全局数据存放在外部 DRAM 中,作为后备存储空间,理想情况下只有初始数据和最终输出时才被访问。在带宽层次结构中,离运算单元越近,其数据访问越频繁。因此,带宽层次的每一级都要比比它低的级别提供大得多的带宽。流应用与这样的带宽层次相吻合,它们尽可能地利用廉价的、局部数据带宽,只有必要时才使用昂贵的、全局数据带宽。

表 2.1 所示为主要流处理器的存储层次[40]。例如,对于 Imagine 流处理器,外部的 DRAM 提供了高达 1.6GB/s 的带宽。下一级的存储层次流寄存器文件提供了 12.8GB/s 的带宽,是 DRAM 带宽的 8 倍。最后,计算簇内部的分布式的寄存器文件提供了高达 218GB/s 的带宽,是 SRF 带宽的 17 倍。这个带宽比率与流应用的带宽需求大致符合,表 2.2 给出了假定带宽无限时应用对流处理器的各级带宽需求[41]。

表 2.1　主要流处理器的存储层次

并行性		VIRAM	RAW	Imagine
	并行方式	Vector	MIMD	SIMD & VLIW
性能	主频/MHz	200	225	200
存储层次	第一级大小	64KB(VRF)	16.4KB(RF)	96KB(LRF)
	第二级大小	104MB(DRAM)	16MB(Local Memory)	1MB(SRF)
	第三级大小	Off-chip	Off-chip	Off-chip
	第一级带宽/GB/s	205	230	1744
	第二级带宽/GB/s	51.2	334	102.4
	第三级带宽/GB/s	NA	200	12.8

表 2.2　假定带宽无限时应用对流处理器的各级带宽需求

应用	外存带宽/GB/s	流寄存器文件带宽/GB/s	本地寄存器带宽/GB/s
Depth	0.99	22.45	247.51
MPEG	0.45	2.40	197.51
QRD	0.42	4.23	298.72
STAP	0.65	6.94	179.07
Render	0.76	5.43	161.23

然而,为了利用这样的存储带宽层次,必须有一个能与之相适应的编程模型。传统的顺序编程隐藏了并行性和局部性,这使得开发并行计算和控制数据的动向变得困难。而流编程模型使得并行性的开发变得很容易,也使得绝大多数的数据动向变得很清楚。

2.2.3　典型流处理器

1. MASA-I 流处理器

中国人民解放军国防科学技术大学的流体系结构课题组长期关注国际上流

体系结构的研究,具备多年的研究经验。基于对 Imagine、Merrimac 和 STORM
等流处理器的借鉴和融合,独立设计了一款 32 位流处理器 MASA-I,并在 FPGA
上完成了仿真和测试[15,42]。MASA-I 完全按照流计算模型设计,具备流体系结构
的特征,是经典流体系结构的流处理器。下面以 MASA-I 为例,系统地介绍流体
系结构的相关内容。MASA-I 体系结构图如图 2.5 所示,主要包含以下几个
模块。

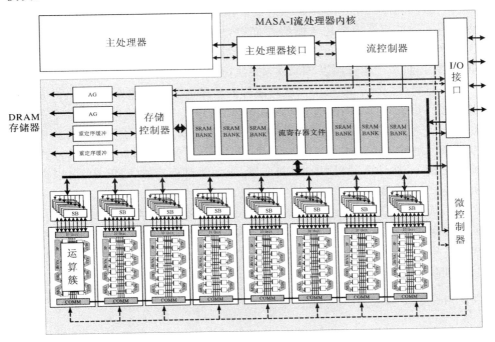

图 2.5　MASA-I 体系结构图

（1）主处理器（Host Processor）：MASA-I 是一款专门进行流应用加速的协
处理器,与片外主处理器共同完成整个应用。在后续研究中,主处理器以标量处
理核的形式在片上实现,又称为标量核。由于主处理器在整个应用的处理过程中
与流处理核联系紧密,因此本书将主处理器作为流体系结构的一部分看待。主处
理器负责执行流级程序,向流处理核发送流指令。

（2）主处理器接口（Host Interface）：负责主处理器和流处理核之间的交互。
主处理器发送的流指令通过主处理器接口写入专门的存储映射地址上。流指令
负责控制流处理核的执行。在执行过程中,流处理核通过主机接口向主处理器发
送必要信息。

（3）流控制器（Stream Controller）：接收主处理器接口传递过来的流指令并

保存到指令队列。流控制器通过记分牌技术动态调度流指令。当指令相关性和资源需求得到满足时,流控制器流出流指令给对应的功能单元(如运算簇),然后执行。

(4) 流寄存器文件:是软件可管理的片上存储器,负责存储执行计算核心程序需要的输入流和输出流。MASA-I 中的流寄存器文件完全替代了 Cache,可以支持 22 个流同时传输[15,42-43],峰值带宽能够达到 180GB/s。

(5) 微控制器(Microcontroller):负责存储计算核心程序的微码,并完成核心指令译码。微控制器内部包含微码存储器,用于存储核心程序的 VLIW 指令序列。一个微控制器对应流处理核中的全部运算簇,逐条将 VLIW 指令广播到每个运算簇,并控制多个运算簇以 SIMD 方式执行指令。

(6) 运算簇(compute lane):运算簇阵列是最主要的加速处理部件,由 8 个运算簇组成。每个运算簇内部包含多种功能单元,即 3 个多功能加法器、3 个多功能乘法器、1 个便笺寄存器文件、1 个簇间通信单元和 8 路 I/O 通道。运算簇中的每个功能单元的输入通过本地寄存器文件供给。运算簇负责以 SIMD 的方式执行计算核心指令,在计算过程中的中间变量、常数等都保存在 LRF 中,可以被功能单元快速访问,从而减少了对流寄存器文件的访问。

(7) 流存储系统(stream memory system):负责流寄存器文件和片外存储器之间的数据传输。流存储系统包括存储控制器、地址产生器(AG)和重定序缓冲。MASA-I 中设计有两个流传输通道,每个通道包含 1 个 AG 和 1 个重定序缓冲,能够自动加载流数据。

2. Imagine 和 Merrimac 流处理器

2002 年 4 月投片成功的 Imagine 处理器是斯坦福大学的 Dally 教授领导开发的流体系结构原型芯片,其体系结构如图 2.6 所示。它主要针对现代 VLSI 工艺条件下,片外通信昂贵、片内运算单元相对廉价、大部分片上面积被通信管理等单元占据使得计算能力未被充分利用等问题,目标是通过开发符合流应用特点的流式处理程序和三级带宽的存储层次来减少对片外存储器的访问,并充分利用片内运算能力,在一定程度上避免长线延迟问题。

流处理的主要思想就是顺序处理有序数据记录。所谓记录(record)是由相关数据的集合组成,例如,一个三角形的顶点、法线、颜色信息,或者是一幅图像的 8×8 的像素区域,或者是一个简单的整数等。有序的记录构成流,流的长度不用固定,流记录可以是任意数据类型,但同一个流中的记录必须同类型。具体应用则被分解表示成一连串对大量数据流进行操作的计算核心(computation Kernel)。计算核心是运行在计算簇(arithmetic clusters)里的小程序,对输入流中连续的数据重复执行并输出流给下一个核心作为其输入流。一片 Imagine 同一时

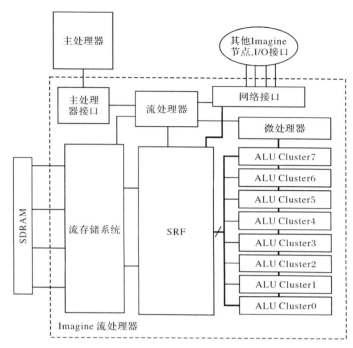

图 2.6　Imagine 流处理器的体系结构

刻只能执行一个核心,即所有核心分时执行。在 Imagine 中实现了数据级并行(运算簇组以 SIMD 方式执行)、指令并行(核心微代码是 VLIW 指令序列)、任务级并行(在执行核心时,可执行在流寄存器文件与片外存储间的数据传输指令)。其性能指标相当不错,在 250MHz 下,Imagine 原型系统在典型应用上可达到 10GFLOPS、20GOPS 的运算能力,功耗仅为 6W[44]。

　　在 Imagine 的基础上,面向科学计算应用领域,Dally 教授领导的研究小组研制了 Merrimac 超级流计算机[45]。整个设计目标是采用 90nm CMOS 工艺使频率达到 1GHz,具有 16384 个处理器,性能达到 2PFLOPS(Peta Floating Point Operation Per Second)。单片处理器结构类似 Imagine,但结合应用目标进行了少量改进。例如,标量处理器核集成在片上、支持 64 位数据运算、采用全对等功能单元、增加 Cache 存储层次,增加运算簇数目等,使单节点性能大幅提升,在 1GHz 频率下处理能力可以达到 128GFLOPS(双精度浮点)的峰值性能。

　　3. STORM 流数字信号处理器

　　STORM 流数字信号处理器,是 SPI 公司于 2007 年推出的一系列完全商业化的面向媒体处理和信号处理的高效能处理器,其目的是在部分领域替代现有

DSP。到 2009 年,已有 SP8LP、SP8、SP16 G160、SP16 G220 等多个型号问世。其中的 SP16 G220 是最新的型号,工作频率达到 800MHz,每秒可进行 112GOPS 的 32 位乘加操作或者 448GOPS 的 8 位乘加操作。芯片还有 256KB 的片上存储器、2 个 64 位 250MHz 的 MIPS 标量处理器核和各种 I/O 接口,是一款强大的 SOC (System-On-a-Chip)级流处理器。STORM SP16 G220 处理器的体系结构如图 2.7 所示,包括两个主要的部件。

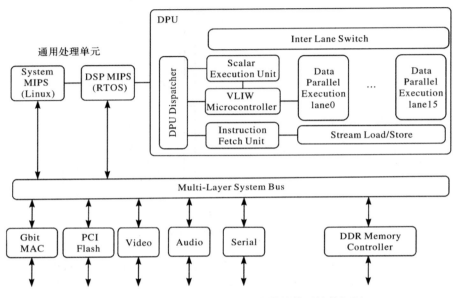

图 2.7　STORM SP16 G220 处理器的体系结构框图

（1）数据并行单元(Data Parallel Unit,DPU):是数据处理的主要部件,包含 16 个通道(lane)。这 16 个通道在一个微控制器下以 SIMD 的方式处理数据,每个 lane 对不同的数据执行相同的代码,实现高效的数据级并行。

（2）通用处理单元:该单元包括两个用于标量处理的 MIPS 核,一个是用于处理包括操作系统、I/O 设备驱动和用户界面任务等基本系统请求的处理器,称为 System MIPS;另一个是用于处理程序代码主线程的处理器,它与 DPU 以一前一后的方式执行,称为 DSP MIPS。

4. CELL 处理器

IBM、索尼、东芝三家公司在 2005 年联合推出的第一代 CELL 处理器,具有典型流体系结构的特征[46],主要针对游戏、多媒体等应用领域开发,希望能挑战存储延迟、带宽、功耗和芯片大小等对性能带来的不利影响,以及传统的依靠提高频率和增加流水线深度来提高性能的做法,目标是能够达到 PlayStation 2 性能的 100

倍[47]。

第一代 CELL 处理器结构如图 2.8 所示,包含一个通用 64 位处理单元 PPE
(与 Power 体系结构兼容),负责运行操作系统和进行协处理单元(Synergistic
Processing Elements, SPE)的线程调度,也可以不加修改地运行 Power 和
PowerPC应用。8 个协处理单元用来加速媒体等计算密集的流应用,以获得高性
能。每个 SPE 内部都以 SIMD 方式运行,同时支持 4 路 32 位整数/浮点操作,具
有本地数据和指令存储。SPE 通过 DMA 与片上高速总线互连,而 SPE 之间独立
运行。CELL 处理器采用 XDR 内存控制器和 FlexIO 前端总线,一方面可以提高
带宽,另一方面可以提高多片 CELL 的片间扩展性。

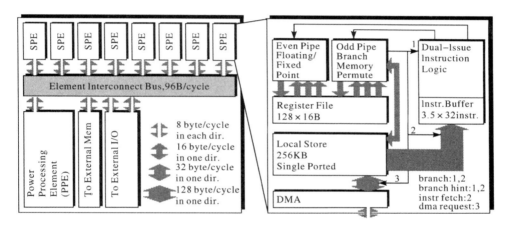

图 2.8　第一代 CELL 处理器结构

CELL 处理器作为一款商业芯片,所宣称的性能是惊人的,频率为 3.2GHz,
计算速度达到 200GOPS,并且频率还可以提高。实际上,它也不仅仅局限于在游
戏机中使用,下一步目标是作为替代传统通用微处理器的下一代微处理器。它所
面临的问题是需要为它构建一整套软件平台,目前 IBM 选择了 Linux 作为操作系
统,国际上也建立了 CELL 的开源社区。

5. 图形处理器

随着流计算模型在媒体处理、科学计算等领域的应用中获得优秀的加速效果,
支持流计算模型的处理器迅速涌现,图形处理器(GPU)就是其中一个典型代表。

最近十多年来,图形处理器的体系结构从不可编程逐步走向通用可编程的发
展道路,这是其支持流计算的基础。着色器(shader)是 GPU 中的可编程计算单
元,主要包括顶点着色器和像素着色器。最早的着色器操作固定,功能单一,不可
编程;后来着色器模型(shader model)历经多次更新,2001 年 Shader Model 1.0

发布,将图形硬件流水线作为流处理器来解释,顶点着色器具有可编程性,像素着色器也具有有限的可编程性。2006 年 GeForce 8 系列的 GPU 采用了统一渲染架构,用通用的渲染单元代替分离的顶点着色单元和像素着色单元。这在 GPU 发展中具有里程碑意义,因为采用通用着色器的统一渲染架构能够充分利用可编程着色器的处理能力。

2007 年 GPU 业界巨头 NVIDIA 公司正式发布著名的统一计算设备架构,(Compute Unified Device Architecture,CUDA)。NVIDIA 官方称 CUDA 为一种并行计算架构,简单地讲 CUDA 能够利用 GPU 中流处理器的并行计算能力使应用获得加速效果。

目前发布的 GPU 内部均包含大量流处理器,以支持高性能通用计算。图 2.9 是 GPU 体系结构示意图。图中的 GPU 中包括 n 个流多处理器(Stream Multi-processor,SM),每个流多处理器内部包含 8 个流处理器(Stream Processor,SP)。实际上按照前面关于流体系结构的论述,一个流处理器只相当于流体系结构中的一个计算簇,而拥有完整的取指、译码、执行等单元的流多处理器才能称为一个真正的流处理器。在流多处理器内部使用一个指令分发单元向各个流处理器发射指令,控制流处理器执行。

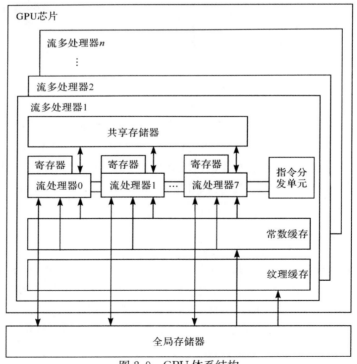

图 2.9　GPU 体系结构

GPU 的存储层次分为 3 级。

（1）本地寄存器（Register）：每个流处理器都拥有一组私有的 32 位本地寄存器文件，访问速度很快，与流体系结构中所说的 LRF 结构和功能一致。

（2）片上存储器：每个流多处理器具有多种类型的片上存储器。一种是共享存储器（shared memory），由所有流处理器共享，可以完成各个流处理器之间的通信，对共享存储器的访问速度几乎和访问寄存器一样快。另外还有两种片上存储器，分别是常量缓存（constant cache）和纹理缓存（texture cache），它们实际上是片外常量存储器和纹理存储器的专用缓存，但在 CUDA 编程中可以利用它们获得高速的片上访存速度。GPU 片上存储访问速度快，所以通常用于存放计算的中间结果以及流处理器共用的变量，与流体系结构中的 SRF 作用类似。

（3）片外存储器：GPU 可用的片外存储器也有多种。其中比较主要的是位于显存中的全局存储器（global memory），容量占显存的绝大部分，通常达到 1GB 以上。全局存储器可以被 CPU 和 GPU 访问，但由于是片外存储，所以访存延迟高。

在 CUDA 中，称 GPU 采用单指令多线程（Single Instruction Multiple Thread，SIMT）的执行模式，并提出 SIMT 与 SIMD 相比具有执行宽度自适应的优点。然而，在硬件执行中一个流多处理器中的多个流处理器必须执行来自同一个指令发射单元的指令。因此，同时刻各个流处理器执行的指令仍然是相同的。也就是说，在硬件看来，仍然是 SIMD 执行方式。从这一点看，GPU 并没有脱离流体系结构，而依然沿用了流体系结构及其执行机制，只是在软件编程层次提出线程概念，并且在一定程度上隐藏了部分硬件细节，提高了编程的灵活性。

另外，虽然对程序员而言，GPU 对存储器的管理是透明的，但是 CUDA 提供了对存储器的合并访问，在很多情况下这种合并访问会使程序产生一个数量级的提高[48]。合并访问是指多个线程（类似于流计算模型中在多个运算簇上执行的核心程序）满足一定的访问条件时，只需要一次传输就可以处理这些线程的访问请求。这与流的访存方式是完全相同的，即用一次大数据量的存储器访问方式代替多次的小数据访问。因此，程序员通过显式指定编程手段完成的合并访问，在一定程度上相当于实现了片上存储对流的管理。

2.3　流程序设计模型

流处理的主要思想就是将应用组织成流和核心程序，以暴露应用本身固有的局域性和并发行。在多数流应用中，这也是一种自然的表达。这就导致了一种很自然地面向流体系结构的编程模型。现在已有或正在开发的基于流的语言很多，包括 StreamIt、Brook、StreamC/Kernel C 等。流计算模型的本质思想可归纳为以下五点：①计算过程的分解；②解耦数据的运算和存取；③数据的分块处理；④显式通信;⑤并行处理。流计算模型是一种高可预知的结构化模型,可以采用编译技术来指导程序的执行。在流程序级,核心程序和流的"生产者-消费者"关系将任务级并行(Task Level Parallelism,TLP)显式地暴露出来,包括核心程序和核心程序之间的,流加载或存储和核心程序执行之间等。同时流的数据成批的特性和核心程序内部的密集计算分别揭示了丰富的数据级并行(Data Level Parallelism,DLP)和指令级并行(Instruction Level Parallelism,ILP)特性。结合流体系结构的硬件结构模型,本书抽象出流程序语言及设计模式的基本模型,其与传统的程序设计语言比较有较大的差异,见表2.3。

表 2.3　流程序设计语言与传统程序设计语言比较

传统的程序设计语言	流程序设计语言
描述能力强,覆涵所有应用	作为通用语言的扩展子集,对流应用有极高的描述能力和效率
以数组或指针描述类似于流的数据	可以直接描述各种流(非/变长,不/带索引,一维/多维)
单一层次	分层的程序设计模式
隐藏数据的访问和通信	数据流加载和通信对程序员可见
可交叉调用、嵌套的函数和过程,数据流以图表示	简单的核心程序或 Filter,数据流结构化

　　如2.2.1节所述,流体系结构对计算与访存进行解耦,整个系统分成了两级子系统,因此采用流级和核心级两级编程模式,这是比较自然的方式,分别对应流组织调度子系统和流计算子系统。

2.3.1　流级程序

　　流级程序控制标量处理器、流控制器和片外存储系统,其任务是组织和调度流和核心程序。流的计算对于流级程序应该是透明的,也就是说,流程序不可看见流中的记录和具体的计算操作。流程序在语义上需要对传统程序的数据类型和基本操作进行扩展,本书将其归纳为如下数据类型和基本操作。

　　1. 基本数据类型

　　(1)标量基本数据类型:包括整数,数组等。因为流程序在主处理器(即标量处理器)上执行,因此必须支持标量数据类型。主处理器中的标量数据对于流处理器是不可见的。

　　(2)流:是一个数据记录的序列。根据流的访问方式,可以将流进一步定义为各种子类,见表2.4。与标量类型不同,流是一个数据序列,因此其类型可以组合,如一个流可以既是变长流又是间隔流。

（3）流标量数据：少量独立的参数或者常量可能需要传入流处理器中，这些数据往往是单个字或者一个记录，组织成流得不偿失，因此直接以流标量的形式传入流处理器。

表 2.4　各类流

流类型	描　　述
基本流	流长度固定，流元素类型唯一，只允许顺序访问
间隔流	允许按固定间隔访问的流
变长流	流长度可变的流
条件流	流长度可变，可根据某些条件按序产生或访问流中的某些元素
索引流	可以根据动态产生的索引，乱序访问流中的任意元素
变元流	流元素类型可不唯一
派生流	用于表示从一个已有的序列或其中的一部分派生出来的流变量

2.　基本操作

（1）标量操作：在标量处理器上执行，只能作用于标量数据。

（2）核心程序的定义：类似于函数定义。

（3）核心程序调用：是对流进行操作的函数，以流和微控变量作为函数的参数。

（4）复制流：可以将一个流的记录复制给另一个流。

（5）存取流：它们可以从二进制指针、向量模板类或者某个文件中取数据到流中，或者反之。

（6）传输流：多个硬件模块或系统之间传递数据流的操作。

一个典型的流级程序首先定义流，然后加载流，接着依顺序调用核心程序，最后输出流。流可以有两种作用域模式。一种是强耦合模式，流中的元素对主处理器和流处理器都是可见的，两者可以等同访问。在这种模式下需要考虑流的一致性，同步和共享等问题。另一种是弱耦合模式，主处理器和流处理器对流的访问是不等同的。流处理器对流具有完全的访问权限，如对任意元素的访问、删除和生成。主处理器对流的访问受到限制，只能通过接口函数将流作为一个整体生成或消费，不能直接访问流中的元素。这种模式下，程序员在设计流级程序时需要考虑流的调入和组织，从而带来一些问题（如短流、核心程序的划分和数据通信[49]等）。

现有的各种流程序设计语言都符合该模型，但具体的实现上有所差别。以 StreamC 和 Brook Fortran 流程序设计语言为例，StreamC 扩展了标准 C 语言，支持除多维流、变元流以外的流类型，采用的是弱耦合模式；而 Brook Fortran 则在

Fortran 语言的基础上增加了对流的支持,可以支持多维流,流作用域采用强耦合模式。

2.3.2　核心级程序

核心级程序运行于核心程序处理器,其任务是对流中的元素进行密集的运算。流的调度和组织对于核心级程序是透明的,核心程序的设计者可以认为所需的流已经组织并加载完成。这是因为流处理模型已经解耦合了数据的加载和计算,使得核心程序设计人员可以专心于计算,只需考虑如何提高程序的计算效率而不用过多考虑数据的存放和加载。核心程序在语法上同传统标量程序基本相同,支持所有的标量数据类型和基本操作。在语义上与传统的并行程序设计类似,在程序设计时需要考虑程序的并行性,这是因为核心程序运行于几十甚至几百个 ALU 组成的阵列之上。核心程序的并行编程模式根据流体系结构的不同也可以有多种模式,现有的流程序语言的核心级大多支持如下三种并行编程模式:SIMD 方式,强调对数据并行的开发;VLIW 方式,强调对指令并行的开发;多线程方式,强调对任务并行的开发。Kernel C 采用了 SIMD 和 VLIW 的并行模式,而StreamIT 采用类多线程模式[50]。

核心程序的结构与传统语言中的函数相似,从外部定义的形式上看仅仅是用流替代了参数和返回值。但核心程序的内部结构并不等于传统语言中的函数,如图 2.10 所示。传统的函数是非结构化的,可以互相嵌套、交叉应用。而核心程序是结构化的,其主要目的是通过大量计算处理密集的数据流,不需要复杂的控制流存在。核心程序只有三种结构:流水、分叉或聚合、反馈环。这种简单的结构,对程序员来说更容易编写和分析,鲁棒性更强。当然对编程也增加了限制,对某些应用不适合。从机器和编译的角度,对控制流的限制使得数据和指令的执行更容易预测,局域性和并行性更强,适合高吞吐率的密集计算,同时也更有利于编译的调度和优化。

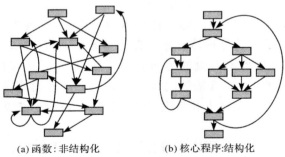

(a) 函数:非结构化　　　　　　(b) 核心程序:结构化

图 2.10　普通函数程序与流核心程序的比较

一个典型的核心程序首先执行一些预处理,然后对输入流进行循环,最后做一些后续处理。在预处理阶段的工作是设置常量,读取流的参数。主循环每次从输入流中读取一个或多个数据进行处理,可以有多个循环体,循环也可以嵌套,可通过循环展开或流水化来提高性能。如果核心程序的操作是完全数据并行的,那么循环就简单地读取输入,执行一些处理,然后输出结果。但是很多流应用的并行度是有限的,需要流元素在 ALU 阵列间通信。主循环可能需要在 ALU 阵列内部进行通信或者读取已经处理过的数据,因此核心程序需要考虑数据在处理器间的通信,这是与标量程序设计不同的地方。在后续处理阶段的工作是执行结束状况(end-case)的清理工作,主要是输出流。

2.3.3 流计算模型与并行处理器的结合

最早的流应用都是在如 Imagine、Merrimac 等典型的流处理器上开发的。流计算模型在应用中获得的卓越效果使其目标硬件平台向多种并行处理器迅速普及。

广义上讲,并行处理器包括通用多核处理器、专用多核处理器、向量处理器、图形处理器(GPU)、对称多处理器(Symmetric Multiple Processor,SMP)、甚至大规模并行处理机(Massively Parallel Processor,MPP)等多种处理器和计算机。本书研究的并行处理器是指在一个芯片上集成多个处理核心的通用可编程处理器,包括多核 CPU、新一代 GPU、多核 DSP、CELL 处理器、流处理器等。研究表明,这些处理器都能完全或部分地支持流计算模型。例如,流处理器完全支持计算模型,而除了流处理器以外的其他并行处理器对流计算模型的支持程度不同,具体情况如下。

(1) GPU:借助流计算强大的计算性能和可编程的灵活性,图形处理器已经摆脱单一的图形处理功能而进军高性能通用计算领域。例如,NVIDIA 公司在 2010 年 3 月发布的 Fermi 架构的 GPU 具有 480 个流处理单元,面向生物计算、流体力学、计算机视觉等高性能计算应用。文献[51]设计了一种编程语言 Brook,支持流计算在 GPU 上的开发。研究结果表明,通过采用流计算模型,计算机视觉[52]、金融计算[53]、分子动力学[54]等领域的应用均可在 GPU 上获得较好的性能加速。

(2) CELL 处理器:包含 PowerPC 主处理核心(Power Processor Element,PPE)和多个并行的协处理单元(SPE)核心[55],与流体系结构相似,并支持流计算模型[56]。Leadtek 公司采用改进的 CELL 处理器开发了能够实时进行 H. 264/MPEG-2 转码的视频处理卡[57]。

(3) 通用 CPU 和 DSP:虽然通用 CPU 和 DSP 与流计算关注的领域不同,但是层次化的存储器结构和对指令级并行的支持也能使其在一定程度上发挥流计算模型带来的性能优势。文献[58]详细讨论了通用可编程处理器对流计算模型的支持。中国人民解放军国防科学技术大学的 MASA 课题组提出了传统程序向流程序的转化方法[28]，随后在 Intel 双核 CPU、TI 的 C64 DSP 上实现了基于流计算的 H.264 编码器，并且指出了流计算模型在程序设计方面的通用性[59]。

2.4　流　应　用

应用是体系结构研究的源动力。流体系结构的初始应用背景是媒体处理，包括图像处理、图形处理、视频编码、解码等。自从流处理器在诸如二维离散余弦变换、卷积、深度提取、MPEG-2、三维渲染等典型应用上获得令人瞩目的性能和效率以来，已有相当多的研究工作将更多应用领域（包括媒体处理、信号处理等）的流应用映射到流体系结构上（如声波定位仪、雷达、X 射线源和数字电视等）。近期的研究表明，流体系结构在科学计算领域同样拥有很大的潜力，科学计算已成为流应用的另一个重要组成部分，主要用于科学模型的建立和模拟，典型的应用包括流体力学、气象、分子动力学等。图 2.11 所示为各个领域典型的流应用。十多年来，对流应用的开发已经从图像和媒体处理拓展到多个高性能计算领域。这些应用领域主要分为如下三类。

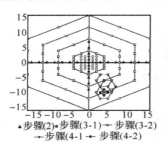　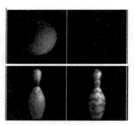　

（a）复杂多媒体应用：H.264　　（b）二维图形应用：Render　　（c）线性代数：稀疏矩阵 SPAS

　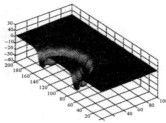　

（d）二维相关矩阵：流场　　（e）二维非规则网络：力场　　（f）生物计算：分子动力学

图 2.11　各个领域典型的流应用

（1）媒体应用：主要对静态图像、动态视频和音频信号的处理，包括 3D 图形渲染、视频编解码、音频编解码等。

（2）信号处理：主要面向数字信号处理中的典型计算核心，如快速傅里叶变换、离散余弦变换、卷积等。

（3）科学计算：主要是科学建模类应用及科学计算核心，包括生物计算、计算流体力学、分子动力学、稀疏矩阵向量乘法、有限元问题等。

将应用映射到流体系结构上，采用流编程语言编写应用程序的过程，称为流化[29]，被流化的应用称为流应用。这些领域的应用在流化后获得了令人满意的加速效果，这是因为流应用普遍存在一些与流计算模型相适应的特征[60]。

适合于流计算模型来加速的流应用普遍具有的典型特征包括以下几个方面。

（1）计算量大。流应用对计算性能的需求通常可达 GOPS 量级。

（2）计算密集。计算密集度描述了应用计算和访存行为的比例关系，依靠计算访存比来表示。计算访存比是指对每次访存数据执行的计算操作个数。流应用普遍具有较高的计算访存比，通常达到几十或上百。以视频压缩编码为例，其运动估计的计算访存比可达 80。

（3）计算和访存可预知。可预知性是有效解耦合计算和访存的前提，流计算模型利用计算和访存的可预知性来高效地设计计算核心以及组织流，在每个计算核心执行前就将所需要的数据以流的形式准备好。

（4）多级并行性。高计算密度通常易于形成指令级并行，流应用中的指令级并行一般采用 VLIW 打包的方式来开发。流应用中的数据级并行体现在对流内不同数据块的处理通常是相同的，能够以 SIMD 的方式并行处理。

（5）全局数据重用少。流应用的数据重用与桌面计算应用的数据重用特点不同，通常表现出一种流动性，数据依次通过各个计算核心被处理，而全局数据重用较少发生。流的数据重用性发生在计算核心内和计算核心间：计算核心内的中间变量具有时空局域性；计算核心之间的中间流数据则具有"生产者-消费者"局域性，即中间流生成后即被下一个计算核心所消耗。

但是，随着流应用研究的深入和领域的扩展，流应用表现出的特征丰富多样，已经突破了上述典型特征的限制。在复杂媒体处理（如 H.264 编码[10]）、二维或三维信号处理（如卷积计算[61]）、线性代数计算（如稀疏矩阵计算 SPAS[61]）、科学计算（如流体力学计算 YGX2[62]）应用中，存在大量循环级任务并行、关联计算（邻域运算）、细粒度条件分支计算、高密度计算、任务级流水、非规则的"生产者-消费者"局域性和一定的全局数据重用等新的流应用特征[42]。这些特征大大降低了流计算的性能。这些应用中造成流计算效率下降的主要程序特征包括以下两点。

（1）应用中存在各种相关性问题，降低了并行效率。充分开发数据级并行是流应用能够获得高性能的一个重要原因，但是应用中存在的各种相关性问题限制了流计算模型对数据并行的开发。例如,在视频编码的 4×4 帧内预测中,相邻数据块之间存在写后读数据相关,导致这些数据块很难被并行处理。另外,这些相关性问题可能导致非规则计算和非规则访存[42],降低了流计算模型的计算效率。

(2) 流应用对计算速度的需求不断增加,对支持流计算模型的并行处理器的计算性能提出了考验。例如,100Mbit/s 正交频分复用信道的计算性能需求约为 290GOPS[63];天基雷达和无人飞机应用的性能需求在 2004 年左右就达到 1TFLOPS[64];HDTV 720P 实时 H.264 编码的性能需求为 3.6TIPS[15]。而上述性能需求还会随着应用规模的扩大而继续提高,这已经超越了通用可编程并行处理器的计算性能。例如,2010 年 3 月底 NVIDIA 公司专门面向高性能计算推出的 Fermi 架构的最新 GPU,其峰值性能为 168GFLOPS,仍然不能满足大规模应用的性能需求。

综上所述,流计算模型已经在多种并行处理器中获得广泛的支持,是高性能计算领域并行计算模型的一个热点研究方向。而快速发展的流应用又展现了新的特征,因此,如何针对这些应用特征提出有效的、具有普适性的解决方案,在流计算模型下高效实现流应用,是流应用研究者们极为关注的重要问题。对这一问题的研究既能够解决实际应用中存在的问题,也将有助于推动流计算向新的应用领域拓展。

第3章 流化方法

流处理器是一种新型的体系结构,有其特有的编程模式。通常情况下,在流处理器上实现某个应用的过程称为流化,本书认为这是一种狭义的定义。本书认为,流化是使用流计算模型开发应用的过程,不应该跟具体的处理器绑定。流化这一个概念本身应具有更为广泛的价值,本章从流化的定义、常规流化方法和某些特定条件下的非规则流化阐述流化的思想。

3.1 流 化

3.1.1 流化定义

随着流处理器日益广泛的应用,流化成为一个很常见的名词,但学术界尚没有给出统一的定义。晏小波论文[65]中对循环可流化给出了定义,并没有明确定义流化的概念。循环可流化定义的是一个循环是否可以流化,更着重于循环之内和循环之间语句的相关性,偏重于讨论计算能否并行进行。

本书将通过计算与访存并行、访存顺序化以及计算并行来达到性能提高的过程定义为流化,其目标是尽可能地提高程序的性能,该过程可以通过硬件、编译器、程序员或是任一途径来实现。由于这个过程相对较为复杂,所以为了达到很好的流化效果,当前一般是通过程序员来实现,具体表现为使用流程序设计语言来进行编程。

随着工艺的发展,计算部件速度迅速提高,成本迅速下降,而存储的访问延迟速度的降低却很缓慢,这导致两者之间越来越大的性能差异,严重影响了计算部件的性能发挥。因此,解决存储问题是处理器能否发挥性能的关键所在。利用不相关计算时间进行数据的预取是在当前的工艺下解决该问题最有效的办法。当前已有研究者证明了实际应用中存在大量可以进行预取的存储器访问。文献[66]中将使用相同跨度进行多次访问的数据称为流数据,将这些数据访问在所有数据访问中所占的比例称为规则度。这些流数据的访问实际是可以进行预取的,现选择通用计算和科学计算中典型的应用进行分析,图3.1所示为分析结果。

图中横轴表示多个应用,纵轴表示各个应用规则度的大小。从图中可以看出,在应用中这些可以预取的访存平均占到所有访存的 60% 以上,而当前用于提高存储性能的 Cache 机制在处理该行为时性能不佳。文献[67]中同样对类似于

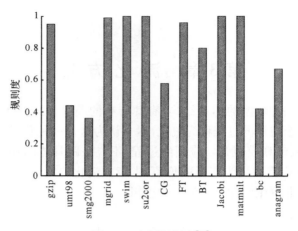

图 3.1　应用规则度[66]

流的存储访问方式进行了分析,得出的实际应用中以流的方式进行的存储访问占很大比例,这个结论与文献[66]中是一致的。该文献还进一步定义了热流,用来描述在应用执行中被多次访问的流数据。这些热流由于被反复访问,所以更加适合预取,而这些热流数据在使用 Cache 进行访问时,由于其流数据的特征,产生了大量失效,这说明 Cache 具有不能很好地捕捉流数据访存方式的局域性。图 3.2所示为对不同长度的热流进行访问时 Cache 的失效率。可以发现,当前应用中存在着大量可进行预取的存储器访问,但是现有的 Cache 却不能很好地捕捉这种形式的数据局域性,流处理思想中很重要的一点就是依据有规律的数据访问方式提高访存性能,而实际的情况也说明当前体系结构中在访存方面有很大的提高空间。

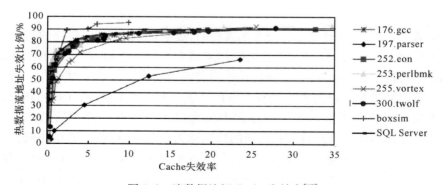

图 3.2　流数据访问 Cache 失效率[67]

流化定义中还强调了访存顺序化,因为多次访存顺序化以后与多次随机的访存行为相比可以显著的提高存储器性能的发挥。文献[42]中对该问题进行了详细的阐述，该文献在流处理器平台上测试了基于 Micron 公司的 DDR2-533 SDRAM[68]构造的主存系统中访问索引跨度对其访问性能的影响，如图 3.3 所示（Ra4000 表示地址跨度在 4000 以内随机产生）。其中，测试了 3 种 DRAM 体系结构：一种是基本的 DRAM，一种是在 AG 中增加了存储调度机制[69]，还有一种是在引入存储调度的基础上又将 AG 和 DRAM 的通道数增加到 4 路。结果显示，相对于规则的顺序索引，非顺序访问性能下降明显，随着索引跨度增大，DRAM 对流访问的性能下降幅度可达 10 倍以上（从平均 2w/1cycle 下降到 2w/14cycle）。这是对片外存储访问顺序化的影响，对片上存储的访问顺序化的影响是同样的。例如，SP16 中片上存储分为 16 个 bank，如果对 16 个 lane 的访问限于每个 bank 中，并且是顺序的，那么每个时钟周期内每个 lane 都可获得一个输入数据，而在随机访问的情况下每个 lane 获得一个输入数据的时间高达约 1000 个时钟周期。

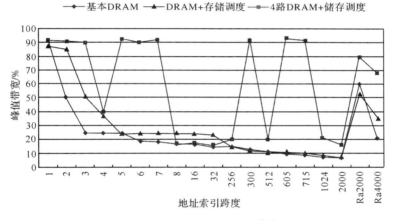

图 3.3　不同访存方式性能[42]

因此，依据以上结论可知，当前应用中存在大量可以预取的访存行为，且顺序化的访存可以大幅度提高存储器性能发挥。本书认为流化定义中前两点，即计算访存解耦合和访存顺序化，才是流处理的基本性质和特有特征，也是解决存储问题的有效方法。定义中第三点计算并行是必要的补充，随着应用的发展，应用中包含了越来越多可并行的部分，充分利用这些并行性可以显著的提高性能。实际上，处理器对存储性能的需求与其计算部件的能力是相关的，计算部件性能较低时，相应的所要求的存储性能就会降低，而高的存储性能也需要更快速的计算部件才有意义，所以流处理器在提供高性能存储系统的同时，必须提高计算部件能力才能互相匹配，满足应用对计算的需求。

根据以上的分析，可以认为只要经过流化的程序必然会得到性能的提高。因为访存性能和计算并行带来的好处在其他处理器也必然能够得到体现。文献[58]中研究表明即使是传统的通用处理器,只要硬件上进行一些开销很小的调整以支持流的执行模型,则流化后的应用也可以在其上获得比原始应用更加好的性能发挥。这充分说明流化过程并非一定要针对具体的处理平台,而是一种提高性能的通用方法。注意这里的性能提高指的是流化前和流化后使用同样的执行平台。如果执行平台不同,由于各种执行平台的差异非常大,则无法保证性能必然能得到提高。

3.1.2　流化特征

虽然应用经过流化的过程必然会得到性能的提高,但对于不同的应用提高的幅度是不同的。如果要确定一个应用是否有进行流化的价值,那么进行流化特征分析就非常必要。流化特征是指程序中能反映该程序流化后性能提升的特征。要进行一定的特征分析必须针对具体的程序,本书的特征分析是基于传统的串行程序进行的,这是因为这类程序最普遍,其性能也常常作为比较的基准。下面介绍本书所依据的串行程序结构模型和流化特征指标。

1.　串行程序结构

由于应用中耗费计算时间最长的部分一般都在循环中,并且优化和加速的重点也是针对各个循环体进行,所以本书将一个串行程序看成是由一个通过分支跳转衔接的多个循环体组成。如图 3.4 所示,应用程序经过初始化阶段后,根据输入的参数配置通过分支判断进入各个核心算法所在的循环体内执行,在本循环体执行完成以后再通过分支进入下一个循环体执行。按照流处理计算与访存分离的基本原则,对一个多重循环,一般将其分为三层,最内层核心计算循环负责对局部的少量数据进行具体运算;第二层为控制输入、输出数据流,负责控制每次循环时传递到内层循环和输出的数据;最外层循环一般用来控制内层循环的执行次数,如进行迭代时判断精度是否已经满足需求。在实际应用中,这三层在每个多重循环中并不一定都同时存在。

在具体程序中划分时,判断一层循环是否为核心计算循环主要根据其进行运算时所使用的数据集的大小。如果数据集过大,则不适合作为核心计算循环,而应作为控制输入、输出数据流循环,此时控制输入流循环与核心计算循环已经合并了。

该结构模型与结构化的串行程序是一致的,具有相当的代表性。在 BDTI[70] 的基准测试程序包中也包含了核心算法这一类型,也是基于这样的原因,即使初始化和分支决策过程对应的代码很长,但是实际处理时间却很短,而绝大部分处理时间都耗费在了核心算法内的循环中。这种结构可以对各种形式的串行程序结构进行简化,便于分析。

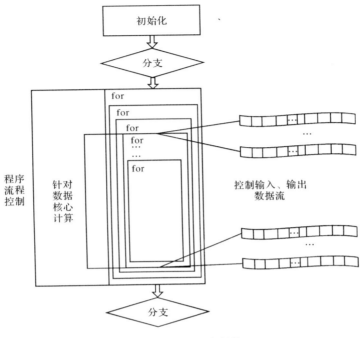

图 3.4　串行程序结构

本书将核心计算部分称为核心程序,核心计算每次执行时使用的局部数据称为该核心程序的计算窗口,Kernel 计算时需要的一连串计算窗口组成的数据流称为输入流,核心程序输出的数据称为输出流。

2. 流化特征指标

在计算机领域的分析中,由于量化的方法可以得到更为精确的结果,所以量化成为一种很普遍的手段。本书进行特征分析时也试图通过若干量化的指标来描述特征,并给出这些指标的定义。由于流处理中计算与访存的分离,造成 Kernel 内计算与 Kernel 间衔接的过程相对的独立,所以这里也分别对这两个部分的特征进行分析。特征指标分为 Kernel 内和 Kernel 间两部分。

Kernel 内指标由计算强度、计算规则度和访存规则度组成。

1) 计算强度

计算强度是指在一个计算窗口上的计算量与该计算窗口大小的比值,单位为 ops/byte。

计算量的单位为操作数,是指所有操作的数量。这里为了区分乘除法与加减法耗费时间的不同,将一个乘除法折算为 N 个加减法操作,其中 N 的值取决于具体的处理器,其他操作则根据具体处理器进行折算。实际操作数以加减法为基准进行统计。计算窗口大小的统计单位为字节数,是指计算窗口内数据的字节数量。这个指标对于流处理器的性能发挥具有重要影响,流处理器的设计最初是面向密集计算的媒体应用的,其体系结构中大量的计算单元也需要相应规模的计算需求才能充分发挥其性能。如果单独统计总的计算量,则无法反映应用对访存量的需求,因为在某些应用中不仅需要的计算总量比较大,而且需要的数据量也非常大。如果计算量和访存量的比例不合适,那么流处理器的计算性能也无法得到充分发挥。另外,分析这个指标对体系结构的设计也有一定的反馈作用,能够很好地指导如何对流体系结构的存储层次进行设计,以满足应用的需求,使最好的与实际情况进行匹配。

2) 计算规则度

计算规则度用来描述 Kernel 内计算的规则程度,是指不规则计算量在所有计算量中所占的百分比。

计算量的统计同样是使用前面计算强度中设计的方式进行。所谓不规则计算是指在不可预知分支的计算下,如果一个分支的判断条件仅与循环变量相关或是事先可以确定,则该分支成为可预知分支,否则为不可预知分支。这个指标的提出主要是考虑到当前流处理的实现中,为了提高计算性能同时降低硬件设计的开销和复杂度,常常会使用粗粒度 SIMD 的方式来组织计算单元,即将计算单元组织为多个簇,这些簇通过 SIMD 的方式并行执行。这种组织方式很好的符合了流的各元素同质性这样一个特性,使得对流中多个元素的处理可以同时进行,从而提高了计算性能。但是并非所有元素的处理方法都相同,即使是进行计算的代码是一样的也不能说明处理的方法就一致。因为同样的一个分支,不同的元素判断的条件是不同的,而不同的分支方向导致了后续指令的不同,即执行不同的指令,这对以 SIMD 方式并行的计算簇是个考验。一般情况下都需要通过将控制相关转化为数据相关的途径来解决该问题,而这个解决方法对计算性能是有影响。因为它需要增加很多本不需要进行的计算,所以需要对该指标进行分析,研究应用中计算规则度的高低,和对性能的影响大小。

3) 访存规则度

访存规则度用来描述 Kernel 内访存地址变化的规则程度,是指不规则访存量在所有访存量中所占的百分比。

访存量的统计同样是使用前面计算强度中的字节数。所谓规则访存指的是对数组进行引用时下标仅与循环变量相关。流处理器中根据流数据的特点,即对流数据的使用一般是以顺序的方式进行,设计了相应的存储系统。这种存储系统在处理顺序访问时性能很高,而在处理随机访存时则性能较低。访存规则度指标的提出就是为了反映应用中存在的随机访存问题。如果对数组进行引用时所使用的下标仅与循环变量相关,则可以先将这些数据组织好,然后计算时按照顺序的方式进行访问,从而发挥很好的性能,否则就只能在运行时进行随机访问,无法发挥很好的性能。

3 个 Kernel 内指标实际上反映了应用与流模型的契合程度,因为流处理的基本思想就是先将数据组织成为流,然后依次对流中同质的数据元素进行相同的操作得到输出结果,而 3 个指标则反映了应用是否如流处理所需要的那样。

Kernel 间的特征指标由 Kernel 间计算窗口重用规则度和 Kernel 间中间数据大小两个部分组成。

1) Kernel 间计算窗口重用规则度

Kernel 间计算窗口重用规则度是指多个 Kernel 之间存在“生产者-消费者”关系时,若生产出的计算窗口与消费者使用时需要的计算窗口结构一致并且计算窗口移动的跨度也一致时即为规则重用。由于数据方式不是顺序访问就是随机访问,并且流处理中对一条流的访问方式是一致的,所以 Kernel 间计算窗口重用时不是规则重用就是不规则重用。考虑到 Kernel 内对片上存储的并行访问和存储的多体组织,现将 Kernel 间计算窗口重用规则度分为 3 个等级,分别为规则重用、局部非规则重用、全局非规则重用。假设流处理平台的 SIMD 并行度为 N,生产者输出的计算窗口序列中所有相隔为 N 者所包含的数据如果覆盖了消费者所需要使用的数据,那么称为局部非规则重用,否则称为全局非规则重用。

该指标关注数据在 Kernel 之间流动时数据组织方式的变化问题。正如在访存规则度中所述,流处理器有其特殊的存储组织,并且通常为了满足多个运算簇的需求,还会将片上存储分为多个存储体,每个存储体负责供应相应的运算簇数据。因此,如果数据在 Kernel 之间流动时需要更改数据的组织方式,那么必然带来很大的开销。计算窗口是否一致则决定了进行重用时是否需要重新组织数据,所以该指标可以反映应用在数据重新组织上所需要的开销。

2) Kernel 间中间数据大小

Kernel 间中间数据大小是指 Kernel 产生的不作为最终结果的输出数据的大小,单位为字节(byte)。

Kernel 的输出除了作为最终输出的,其他都成为了中间数据。如果该中间数据太大则会给片上存储带来很大压力,可能会造成数据溢出,降低存储系统的使用效率,从而降低性能。经验告诉我们,由于片外存储与片上存储的访问速度的巨大差别,大量数据溢出造成的大量片外存储访问会极大地降低程序的性能,所以进行中间数据大小的分析便非常重要。

3.1.3　特征指标有效性验证

本节的主要工作是对前两节提出的流化特征指标进行有效性分析,证明这些指标对流化性能是确实具有指导意义的。对 Kernel 内的指标,本书选择大量典型测试程序,分析其流化特征指标,然后在具体平台下实现,比较其性能发挥与指标之间的关系从而说明特征指标的有效性。而对于 Kernel 间指标,因为这些指标与性能的关系很明确,所以可以直接进行分析。

为了获得程序在流处理器上的性能,必须基于具体的流处理器来做流程序实现。本书选择 SP16 芯片作为开发实验平台,该芯片是 SPI 公司开发的 STORM-I 系列芯片中的一款,是面向高性能的信号处理、视频和图像处理的应用。

1. 测试程序集

在流化特征指标定义以后,必须验证其有效性和合理性,本书采取对一组具有典型性的测试程序进行分析的方法来实现该验证过程。本小节给出这组测试程序及其简单介绍。该测试程序集按照应用领域分为:媒体处理、科学计算和信号处理。每个测试程序的介绍一般分为两个部分,首先是其代表的算法和该算法的应用情况,然后是通过代码或其他方式对算法本身进行说明。

1) 媒体处理

(1) 3×3 卷积

卷积(convolution)计算是图像处理中一个非常重要的基础算法。在高通、低通滤波器中,使用了大量的卷积算法。卷积计算将图像分为多个有限大小的窗口,依次对该图像中所有有限大小的窗口中的像素进行扫描,每个点的输出像素值是其对应窗口内所有输入像素的加权和,滤波系数定义了该加权值。3×3 卷积代表所使用的滤波系数窗口大小为 3×3 像素。卷积计算需要耗费大量的计算能力,例如,用 3×3 像素的滤波窗口计算一个解析度为 1920×1080 像素的高清图像的卷积值,需要大概 5400 万个基本的算术操作。3×3 卷积算法的表达式为

$$Y[m,n] = \sum \sum (X[m-i, n-j] * H[m,n])$$
$$(0 \leqslant m \leqslant M-1, 0 \leqslant n \leqslant N-1) \tag{3.1}$$

式中,i 和 j 在 -1 和 $+1$ 之间变化,用于扫描整个滤波窗口;X 表示大小为 $M \times N$ 的图像输入数据(假设所有超过边界部分的值均为 0);H 表示滤波窗口的大小为 3×3,Y 表示输出数据的大小为 $M \times N$。

(2) 颜色变换

图像和视频应用在处理彩色图像时的方法各种各样。因此,大多数应用需要对色彩数据做一些转换,以满足它们对色彩数据格式的特殊要求。色彩数据格式的转换通常是通过一组用于在两种格式之间进行转换的公式来实现的。颜色变换(color conversion)的功能是将一幅图像的数据格式从 YUV444 转换成 RGB24 或是从 RGB24 转换成 YUV444。YUV 和 RGB 的像素数据均为 8 位的精度。下

面给出公式来说明如何通过定点运算来进行色彩格式转换。将一幅 RGB 格式的图像转换为 YUV 格式,或是进行相反方向的转换,是通过使用一个合适的系数进行简单的矩阵乘法实现的。输入和输出数据为 8 位精度,而转换系数为 16 位精度并以定点方式表示。

从 RGB24 格式向 YUV444 格式转换时

$$\begin{cases} Y = (0.257 \times R) + (0.504 \times G) + (0.098 \times B) + 16 \\ U = -(0.148 \times R) - (0.291 \times G) + (0.439 \times B) + 128 \\ V = (0.439 \times R) - (0.368 \times G) - (0.071 \times B) + 128 \end{cases}$$

从 YUV444 格式向 RGB24 格式转换时

$$\begin{cases} R = 1.164 \times (Y - 16) + 1.596 \times (V - 128) \\ G = 1.164 \times (Y - 16) - 0.813 \times (V - 128) - 0.391 \times (U - 128) \\ B = 1.164 \times (Y - 16) + 2.018 \times (U - 128) \end{cases}$$

该转换过程也可以通过下面的通用公式来实现

$$\begin{cases} X = a11 \times x0 + a12 \times y0 + a13 \times z0 + 0 \times 0 + \text{offset\_row\_1} \\ Y = a21 \times x0 + a22 \times y0 + a23 \times z0 + 0 \times 0 + \text{offset\_row\_2} \\ Z = a31 \times x0 + a32 \times y0 + a33 \times z0 + 0 \times 0 + \text{offset\_row\_3} \end{cases}$$

对于 YUV 格式向 RGB 格式的转换,$x0$、$y0$ 和 $z0$ 分别代表 YUV 的值,X、Y 和 Z 分别代表转换后 RGB 的值。对于反方向的转换,$x0$、$y0$ 和 $z0$ 分别代表 RGB 的值,X、Y 和 Z 分别代表转换后 YUV 的值;$a11$、$a12$、$\cdots$、$a33$ 分别代表用定点方式表示的系数。offset_row_1、offset_row_2 和 offset_row_3 表示取整因子。

(3) 8×8 浮点离散余弦变换

离散余弦变换(FDCT)由于其强大的能量压缩能力,被作为一种有损数据压缩技术广泛应用于图像和视频压缩技术中。FDCT 是指浮点的离散余弦变换,FDCT 8×8 针对图像数据中每个 8×8 子块进行前向离散余弦变换,输出结果为每个 8×8 子块进行 DCT 后的数据。该测试程序输入为 8 位的像素数据,输出为 16 位精度的 FDCT 系数。算法采用了基于 16 点 DFT(离散傅里叶变换)的 AAN-fast FDCT[71]算法。8 点的 DCT 通过 16 点 DFT 的实部计算得到。

(4) 16×16 绝对差之和

绝对差之和(SAD)算法用来计算两个块数据之间绝对差之和,是重要的视频处理算法。在运动补偿[72]、频率失真优化[73]等过程中,都大量使用到该算法。块的大小可能为 8×8 的 8 位精度像素数据,也可能为 16×16 的数据。这里实现的是 16×16 大小的块。对 16×16 块进行 SAD 计算的算法为

$$\text{SAD}(\boldsymbol{U}, \boldsymbol{V}) = \sum \sum |\boldsymbol{U}(x,y) - \boldsymbol{V}(x,y)|$$

式中,x 和 y 为像素的坐标,在 $[0,15]$ 内变化;$\boldsymbol{U}$ 和 $\boldsymbol{V}$ 为需要进行 SAD 计算的两

个块。

（5）误差扩散（error diffusion）

图像的着色器和打印机经常需要通过一定的手段来照顾人眼对相邻像素的颜色变化的敏感性。通过平滑相邻的像素可以提高图像的可视度。Floyd-Steinberg 抖动算法[74]是基于错误扩散的原理设计的。该算法首先针对每个像素的色彩寻找与其匹配的最近的色彩，然后计算这两者之间的差别，每个差别代表了一个错误值。该错误值在将要处理的相邻像素间扩散。当处理这些像素后，通过将前面像素的错误值相加来计算当前的某个特定像素点上的错误值。对所有像素重复该过程即可完成算法。该测试程序的输入数据为 8 位无符号整型，输出为 8 位精度表示的经过平滑的图像数据。一旦算法针对某个特定像素计算出了错误值，则该错误值向相邻像素扩散的方式为该像素右侧的像素获得错误值的 7/16，正下方的像素获得错误值的 5/16，对角线上的左下和右下分别获得错误值的 3/16 和 1/16。

（6）赫夫曼编码

赫夫曼编码（Huffman encoding）[75]是一种编码方式，是可变字长编码（Variable Length Coding，VLC）的一种，是 Huffman 于 1952 年提出一种编码方法。该方法完全依据字符出现概率来构造异字头的平均长度最短的码字，有时称为最佳编码，一般称为赫夫曼编码，被大量应用于数据压缩。在计算机信息处理中，赫夫曼编码是一种一致性编码法（又称为熵编码法），用于数据的无损耗压缩。这一术语是指使用一张特殊的编码表将源字符（如某文件中的一个符号）进行编码。这张编码表的特殊之处在于，它是根据每一个源字符出现的估算概率而建立起来的即出现概率高的字符使用较短的编码；反之，出现概率低的则使用较长的编码。这便使编码后的字符串的平均期望长度降低，从而达到无损压缩数据的目的。例如，在英文中，字母 e 的出现概率很高，而字母 z 的出现概率则最低。当利用赫夫曼编码对一篇英文进行压缩时，字母 e 极有可能用一位来表示，而字母 z 则可能花去 25 位（不是 26）来表示。用普通的表示方法时，每个英文字母均占用一个字节，即 8 位。二者相比，字母 e 使用了一般编码的 1/8 的长度，而字母 z 则使用了一般编码长度的 3 倍多。如果能实现对于英文中各个字母出现概率的较准确的估算，那么就可以大幅度提高无损压缩的比例。

（7）SUSAN. EDGE

最小核值相似区（Smallest Univalue Segment Assimilating Nucleus，SUSAN[76]）是嵌入式基准测试包 Mibench 中自动驾驶及工业控制类（automotive and industrial control）的一个程序。它是一个图像识别包，最初是被开发用于大脑核磁共振图像中的边和拐角点识别。SUSAN 算法是一种高效的低级图像处理算法，可用于检测低级别图像的边、角点和图像平滑滤波，也可应用于为无人驾驶的交通工具提供向导、实时运动分割和形状跟踪、基于影像的质量保证、安全防卫、航空航天等广泛领域,具有很强的现实意义。

　　SUSAN 算法基于图像灰度信息对图像中边和拐角点进行检测。其思想是利用圆形模板在图像上移动,如果圆形模板覆盖的像素点与模板的中心点(核)灰度值之差小于一定的阈值,则认为该像素点与核相同,USAN(Univalue Segment Assimilating Nucleus)区域加 1;如果 USAN 区域最大,则模板处于平滑区;如果模板的核在边缘点上,则 USAN 区域次之;如果模板的核在角点上,则 USAN 区域最小。USAN 区域产生后,采用阈值法确定边,最终检测出图像的边。

　　(8) H264. ENCODEI

　　在第 1 章中已经详细介绍了 H. 264 标准,这里把 H. 264 中对 I 帧编码的部分进行说明,以下是其过程的伪代码表示。

```
if( h→mb. i_type = = P_SKIP )
  { x264_macroblock_encode_pskip(h);
    return;}
if( h→mb. i_type = = I_16x16 )
{ …… }
else if( h→mb. i_type = = I_8x8 )
{ …… }
else if( h→mb. i_type = = I_4x4 )
  { for( i = 0;i < 16;i + + )
    {h→predict_4x4[i_mode]( p_dst );
    x264_mb_encode_i4x4( h,i,i_qp );}}
else  / * Inter MB * /
{ …… }
```

　　2) 科学计算

　　(1) 雅可比迭代法

　　雅可比(Jacobi)迭代在许多科学计算应用中一般都是作为高效求解线性方程组的一个基本算法。求解类似 $Ax = b$ 的线性方程组时,其中 A 是系数矩阵,b 是右侧向量,x 为待解向量。下面为雅可比迭代的串行程序实现,包含了一个嵌套的循环,以迭代的方式对一个矩阵和两个向量进行操作。

```
for(k = 0;k< = Iter;k + +){
    for(i = 0;i<N;i + +){
        sum = 0.0;
```

```
        for(j = 0;j! = i&&j<N;j + + )
            sum + = A[i][j] * x[j];
        xn[i] = (b[i] - sum)/A[i][i];
    }
    for(j = 0;j<N;j + + )
        x[j] = xn[i];
    }
```

(2) 矩阵乘法

矩阵乘法(MATMULT)的内容是执行两个 512×512 大小的矩阵相乘的操作,矩阵乘法是线性代数中的一个基本算法,在很多科学计算的应用程序中被大量使用。这里选择这个矩阵大小,使其超出了片上存储的限制,对很多数据集很大的应用具有一定的代表意义,以下是矩阵乘法的代码示例。

```
N = 512;
double A[N][N];double B[N][N];double C[N][N];
matmul (&A, &B, &C) {
    for (i = 0;i<N;i + + ) {
    for (j = 0;j<N;j + + ) {
    C[i][j] = 0.0;
    for (k = 0;k<N;k + + ) {
    C[i][j] + = A[i][k] * B[k][j];
}}}}
```

在实际的应用中,没有对该算法做太多优化,这是因为优化措施更多地依赖于具体的硬件细节,并且优化的方法与原始算法没有本质区别。Kernel 实现的功能是对输入的 **A** 矩阵的一行和 **B** 矩阵的一列做内积,得到输出矩阵在该行该列处的值。重复执行该 Kernel $N \times N$ 次便可以计算出整个输出矩阵,而所谓优化的算法就是同时输入 **A** 矩阵的多行,并进行计算多个输出点,这对于性能的提高也是有限的。

(3) 分子动力学法

分子动力学(Molecular Dynamics,MD)法是调查物质各种性质时使用的手法之一,利用计算机每时每刻的追踪全部粒子的运动规律,导出物质全体的性质。MD 法是一种经典的力学方法,针对的最小结构单元不再是电子而是原子。因为原子的质量比电子大很多,量子效应不明显,所以可近似用经典力学方法处理。首先构造出简单体系(如链段、官能团等各种不同结构的小片段)的势能函数,简称势函数或力场;然后将势函数建成数据库,在形成较大分子的势函数时,从数据库中检索到结构相同的片段,组合成大体系的势函数;再利用势函数,建立并求解与温度和时间有关的牛顿运动方程,从而得到一定条件下体系的结构随时间的演化关系。MD 法的计算量大,当原子数目较多时,如高分子、蛋白质、原子簇以及研究表面问题、功能材料或材料的力学性能等,在计算资源有限时将难以完成计算。

进行模拟时,数据被组织成两个数组,第一个保存节点数据,包括相邻节点数,以及节点自身的 q 以及坐标值,第二个数组保存相邻节点数据。

（4）SPAS

该测试程序执行一个稀疏矩阵与一个向量的乘积运算。稀疏矩阵是指包含大量零数据的矩阵,大规模的稀疏矩阵经常在科学与工程计算中解偏微分方程时出现。对于稀疏矩阵算法,研究如何利用其特性更有效地进行存储和计算是非常关键的。这里实现测试程序的原始代码来自 Barth[77] 使用 C 语言设计的测试包。我们关注于该原始算法中关于稀疏矩阵的压缩存储方法,这代表了稀疏矩阵操作中一个普遍的特点。其存储方法如图 3.5 所示。

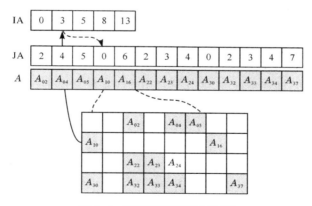

图 3.5　稀疏矩阵存储方法[61]

稀疏矩阵使用三个数组来存储。数组 A 保存了矩阵中所有非零的数据,数组 JA 保存了所有非零数据对应的纵坐标,数组 IA 保存的数据则指向前两个数组中每行非零数据的起始点。实际上,这个存储方法中数组 IA 和数组 JA 类似于通过邻接矩阵定义了一个图。这样理解的话,稀疏矩阵实际上也代表了科学计算中一类很重要的不规则计算类型即关于图的运算。实现稀疏矩阵乘的代码如下。

```
for(int row = 0;row<NUM_ROWS;row + + ){
    result [row] = 0.0;
    for(col = IA[row];col<IA[row + 1];col + + ) {
```

```
        result [row] + = A[JA[col]] * vect[JA[col]];
    }}
```

整个过程实现为一个 Kernel,负责对所有行的数据进行乘积,而向量实际上是需要被反复使用到的,即不断对输入的稀疏矩阵的行数据进行乘积,得到每行的输出结果。

3) 信号处理

(1) FFT

FFT 是数字信号处理领域最重要的工具之一,使用该工具可以计算一个信号的频谱。这是对使用正弦波的频率、相位和振幅进行编码的信息直接分析的方法。例如,人的语音和听觉信号都是这种类型的编码。该工具还可以通过一个系统的脉冲响应来计算频率响应,或是相反的计算。正如滤波允许研究人员在时域对系统进行分析一样,这允许研究人员在频域对系统进行分析。而 FFT 则是进行该过程的经典算法,由于其极高的算法效率,在很多领域得到了广泛使用,在很多精密的信号处理系统中 FFT 也直接作为一个中间步骤存在。这里选择的是1024 点 FFT 算法,具体算法详见文献[78]。该过程中包含十栈运算,实际上每栈运算都可以使用同样的 Kernel 实现,所以仅实现为一个 Kernel,负责处理一栈的运算,反复执行该 Kernel 即可。

(2) 自相关

相关性是信号处理领域中,尤其是对功能或是数据流进行分析时经常使用到的一个数学工具。相关性是指两个或是多个随机数据之间的关联。自相关是指信号自身内部存在的关联,这与两个不同信号之间的交叉相关不同。自相关在寻找信号的重复出现的模式很有用。例如,确定一个隐藏于噪音内的周期性信号的存在,或是识别一个信号的基频。下面为一个信号序列计算其自相关代码,该测试程序来自于 BDTI 的算法级测试程序包,其过程很简单,但是它包含了一个比较典型的问题,即计算窗口之间的重叠,这在实现时予以了优化。

```
for(i = 0;i<nr;i + +){
    sum = 0;
    for(k = nr;k<nx + nr;k + +)
        sum + = x[k] * x[k-i];
    r[i] = (sum>>15);
}
```

(3) 正交幅度调制

正交幅度调制(Quadrature Amplitude Modulation,QAM)数字调制器作为DVB 系统的前端设备,接收来自编码器、复用器、DVB 网关、视频服务器等设备的传输流(Transport Stream, TS)，进行 RS(Reed-Solomon)编码、卷积编码和 QAM 数字调制，输出的射频信号可以直接在有线电视网上传送，同时也可根据需要选择中频输出。它以其灵活的配置和优越的性能指标，广泛地应用于数字有线电视传输领域和数字多路多点分配业务 (Multichannel Multipoint Distribution Service, MMDS) 系统。QAM 是一种矢量调制，将输入比特先映射(一般采用格雷码)到一个复平面(星座)上，形成复数调制符号，然后将符号的 I、Q 分量(对应复平面的实部和虚部，也就是水平和垂直方向)采用幅度调制，分别对应调制在相互正交(时域正交)的两个载波($\cos(\omega t)$ 和 $\sin(\omega t)$)上。这样与幅度调制(Amplitude Modulation, AM)相比，其频谱利用率将提高 1 倍。QAM 调制器的原理是发送数据在比特/符号编码器(也就是串/并转换器)内被分成两路，各为原来两路信号的 1/2，然后分别与一对正交调制分量相乘，求和后输出。

2. 特征分析指标验证

1) Kernel 内性能分析与指标验证

图 3.6 所示为所有测试程序的特征与性能结果图。从图中的数据中可以看出 Kernel 的三项特征指标与其性能的发挥还是相互吻合的，三者的变化趋势是一致的，从而验证了我们所设计的流化特征指标的合理性。一般来说，IPC 在 1 以上即可以理解为性能发挥较好，虽然这只发挥了流处理器峰值性能的 20%，但由于流处理器中多达 16 个的 lane，所以实际上 IPC 还是能够达到 16 的，这与 DSP 性能相比还是相当高的。因为 DSP 中一般仅有 8 个左右的 ALU 单元，即使达到峰值性能，也无法超过流处理器的性能。

三项特征指标对性能的影响是一致的，但是各个指标影响的大小还是有差别的。相比较而言，计算强度对 IPC 的影响最大，计算规则度则影响最小。H264. ENCODEI计算规则度很差，但是计算强度较好，因此仍然获得良好的性能发挥。这是由于流处理器中大量的 ALU 单元使得计算相当廉价，而处理计算不规则的情况只需要进行一些冗余的计算即可，对实际的性能影响不大。实际上计算不规则对流处理的最大影响并不在于性能，而在于大幅度提高了编程的难度，因为设计时需要在不使用条件判断指令的限制下，使用同样的代码来实现在不同 lane 上执行不同的功能，而在设计完成后，增加的冗余计算并不对性能发挥构成大的影响。

访存规则度对 IPC 具有与计算强度几乎相当的影响力，多个 Kernel 的计算强度是比较好的，但是大量的随机访存严重影响了性能的发挥。这是由于流处理器本身的设计，在片上存储进行随机访问时，开销很大，远远超过了顺序访问的开销。例如，在 SP16 中进行一次顺序访问仅仅需要一个时钟周期，而进行一次 lane 内的随机访问则需要 10 个时钟周期。在计算中随机访存后面极有可能跟着与此

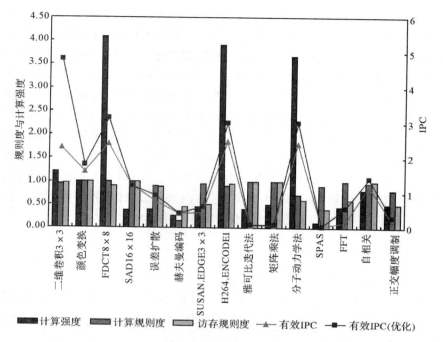

图 3.6　测试程序特征与性能

相关的计算,而长的访存延迟会使整个流处理器长时间停顿,从而降低了 IPC。

　　本书在流程序实现后进行编译时,尝试使用软件流水技术来提高性能。图 3.6 中优化的有效 IPC 就是指 Kernel 进行软件流水优化后得到的 IPC。从结果中可以发现,绝大多数 Kernel 经过软件流水技术的优化后,循环部分耗费的时间明显下降,一般降幅能达到 30%。这表明对于流程序设计,软件流水是一种非常必要的后期编译优化手段。对于普通的串行程序进行软件流水的编译优化,一般性能仅能提高 5%～20%,而在流处理中却可以得到如此大的效果,究其原因主要是因为流程序中 Kernel 循环体内结构明确,所有的数据输入和输出都由程序员明确指定,数据之间的相关性也很明确,这样编译器对其进行优化分析时难度就很低,从而能够很好地发挥性能。

　　关于 Kernel 内性能有一点需要补充说明的是流长度的影响。上面的分析中仅仅针对了 Kernel 内循环体的性能,而没有考虑到该循环体执行次数对性能发挥的影响。这是由于上面仅仅讨论了核心算法,这些算法的输入数据集大小与具体应用相关,所以没有进行统计。实际上,由于 Kernel 启动开销的影响,循环体的执行次数与性能的发挥也是有关的。可以先基于循环体执行的次数来讨论 Kernel 执行时间与启动开销的比例问题。经过实验,执行一个没有任何计算的 Kernel 耗费时间大约为 $14\mu s$,可以认为这些时间为 Kernel 的启动开销,而在 Kernel 内增加任意计算所带来的执行时间的增加都应该作为 Kernel 内计算实际耗费的时间。按照一般情况下循环体长度为 100~150 个时钟周期来说,现取均值为 125 个时钟周期,如果执行 100 遍,则启动开销在总时间所占比例为 30%;如果执行 200 遍,则该比例为 20%。如果再加上 Kernel 微代码加载的时间开销,那么这些比例还可能会更高。可以看出,要想降低启动开销的影响,必须增加流的长度。这不但受限于应用本身数据集的大小,也受限于片上存储的大小,因为有限的片上存储不可能容纳无限长的流数据。一般来说,只要应用允许,应该增加流的长度使其尽量充满本地寄存器文件,以提高对片上存储的利用率。

2) Kernel 间指标验证

在对 Kernel 间指标进行验证时,没有采取对实例进行分析的方法,这是因为 Kernel 间的指标与衔接开销紧密联系,可以通过计算直接得到。Kernel 间中间数据的大小能影响数据是否从片上存储中溢出。Kernel 间数据重用是否规则也直接影响到后面 Kernel 对前面所生产数据的使用方式,下面将分别讨论。

对于中间数据大小,其对性能的影响是与片上存储的容量紧密联系的。SP16 中的 LRF 大小为 256KB,只能存储 65535 个 32 位的整型数据。而 YGX2 中网格的大小为 $603 \times 64 = 38592$ 字,每个点上又有多个分量(如温度、密度、速度等),这样实际的数据远远超过了 LRF 所能容纳的数据。如果中间数据大小超过了 LRF 的容量限制,那么必然导致数据溢出,所以将数据保存到 DRAM 中,使用时再将数据取回 LRF。由此带来两次开销,一次是保存时和一次是加载时,可以直接根据片外带宽计算得到这些开销,实际的溢出数据量与具体应用和实现方法相关。假设需要进行 12000 个 32 位整型数据的溢出操作,则经过实验可知耗费时间为 $45\mu s$,这已经超过了两到三个普通 Kernel 的开销,可见中间数据溢出对性能的影响非常大。因此,数据溢出是需要极力避免出现的,否则通过 Kernel 计算得到的加速可能完全被掩盖掉,从而使流化失去意义。

对于 Kernel 间数据重用的规则度,其三个层次的规则度直接对应 Kernel 间数据重用的三种方式。一是直接使用,即按照原始的输出格式使用。二是 lane 内索引,即每个 lane 需要的数据都在本 lane 内,不需要进行 lane 间通信,但是数据在 lane 内的顺序可能与所需要的顺序不同,所以需要进行索引使用。三是 lane 间索引,即所需要的数据全部在 LRF 中,但是每次访问都需要进行随机访问,以及 lane 间通信才能获取到所需要的数据。这三种情况的开销在 Kernel 内可以很容易的获得,第一种情况最简单,额外开销为零,后续 Kernel 可以以原有的方式直接执行。第二种情况可以理解为后面 Kernel 中原来的规则访存变成了随机访存,与 Kernel 内指标中访存规则度具有相同的影响,而第三种情况则开销要大得多,每次进行 lane 间的随机数据访问时必须进行 16 次 lane 内的随机数据访问以及 16 次通信,才能实现一次真正的随机数据访问。整个开销是非常大的,经过实验可知实现这样一次随机数据访问需要 100 个左右时钟周期。如果每个 lane 都需要进行一次随机访问，那么 Kernel 中循环体每执行一次就增加了 1600 个时钟周期的开销，这几乎是一般 Kernel 中计算时间的 10 倍以上。

从上面的分析中可以看出，Kernel 间特征对性能有着比 Kernel 内特征大得多的影响。可以这么理解，在计算可并行的前提下，一个应用是否适合流化，取决于 Kernel 间特征，而其流化后所能达到的加速比上限则取决于 Kernel 内特征。这个结论说明了访存问题对流处理的重要性，对片上存储的高效利用必然带来高的性能回报。

3. 低性能 Kernel 的实际影响

在分析 Kernel 内指标时，有一些 Kernel 特征指标不好，对流处理器计算单元利用率不高，如赫夫曼编码、误差扩散等。在执行这些类型的 Kernel 时流处理器性能发挥不充分是肯定的，但是在这样的情况下，流处理器的性能与其他处理器相比究竟如何呢？这里选择与流处理器最具可比性的 DSP 来进行性能的对比来。DSP 之所以最具可比性，主要是在于处理器芯片的规模以及应用的领域，而不是指体系结构。现选择的 DSP 芯片型号为 TMS320C6415[79]，该款 DSP 的性能指标为：1.67ns 指令周期时间；600MHz 时钟频率；每拍 8 条 32 位指令；每拍 28 条操作（8 位运算）；4800MIPS；8 个 VelociTI.2 扩展，高度独立的功能单元；6 个 ALU（32/40 位），每个都支持单 32 位，双 16 位或是 4 个 8 位的算术操作；两个乘法器，支持 4 个 16×16 位的乘法或是 8 个 8×8 位的乘法；非对齐 Load-Store 体系结构；64 个 32 位的通用寄存器。

选择赫夫曼编码进行比较，由于很低的计算强度以及大量的不规则计算，这个 Kernel 在流处理器上的性能是不理想的，IPC 在 0.5 以下。我们使用同样的输入数据即对 45 个 8×8 的块数据进行编码。实验表明在 STORM 上执行时间为 $260\mu s$，相当于 130000cycle，DSP 为 $103\mu s$，相当于 61875cycle。这些时间均为墙上时间，即假设输入数据在片上并且输出数据也保存在片上。从两者的时间上可以看出，在低计算量情况下，流处理器性能是不如 DSP 的，但是仍然处在一个量级上，也就是说只要整个应用其他部分的性能能够得到较大的提高，整个应用就适合流化。

3.2　基本流化方法

流与核心是流编程模型中重要的组成部分，其中流是按序排列的数据记录的集合，核心是对流中的数据记录执行计算的操作队列。经典的流编程模型显式地揭示了流应用中体现出来的并行性与局部性。运算簇内部各运算单元实现指令级并行性,运算簇之间共同执行 Kernel 实现数据级并行性。而局部性也类似地分为核心内部的数据局部性与核心之间的"生产者-消费者"局部性。并行性与局部性的高效实现,取决于流应用具有的流化程序特征:大量且高运算密度的计算、简单且规则的数据访问模式、静态可预知的控制结构、全局数据的"生产者-消费者"关系等。本节仅给出具有上述流化程序特征的符合经典流编程模型的流应用常规流化方法。

3.2.1　循环划分法

流编程模型提供了一种基于"Gather-Compute-Scatter(GCS)"的编程模式[40],其中 Gather 与 Scatter 都是以成组的方式在主存储器与片上存储器之间进行数据传递,即访存部分;而 Compute 是直接对片上存储器内准备好的流数据执行一系列计算,生成计算结果暂存于片上存储器,并准备传回主存储器,即计算部分。这说明,在流编程模型中,计算与访存是显式分离的。那么,以计算为主线,应用流化的首要任务就是提取核心计算,从而按照计算组织访存。

核心是开发各种并行性的载体,主要由循环计算任务构成。本书提出循环划分法(loop partition),依照循环体(loop body)将程序划分为由若干个循环体构成的序列,将除循环体之外的程序部分归为非循环体(non-loop body)。

假设给定一段代码 C,其中循环体区域集合用 Γ_l 表示,非循环体区域集合用 Γ_{nl} 表示,即 $\Gamma_l = \{循环体\}$ 和 $\Gamma_{nl} = \{非循环体\}$,则有

$$\Gamma_l \bigcup \Gamma_{nl} = C \text{ 且 } \Gamma_l \bigcap \Gamma_{nl} = \varnothing \quad (\varnothing 为空集)$$

可见,Γ_l 与 Γ_{nl} 是不相交的。这一点正好符合流程序流级与核心级解耦的分工。

图 3.7 给出一段 15 行的代码 C,其中包含两个循环体(用 for 关键词指示),分别用 L_0 和 L_1 表示;3 个非循环代码段落,分别用 NL_0、NL_1 和 NL_2 表示。按照上述循环划分法的理论,循环部分与非循环部分的形式化描述为

$$\Gamma_l = \{L_0, L_1\}$$
$$\Gamma_{nl} = \{NL_0, NL_1, NL_2\}$$

循环计算的并行性好,数据局部性(short term locality)强,可直接交给核心来完成;首循环前与尾循环后多是数据初始化与数据写回主存等串行操作,无法由核心实现故而交给流级来完成;而循环之间往往是前一循环的数据归纳或者是后一循环的数据准备,如果前后循环体之间存在数据的"生产者-消费者"关系,并且由流级存储层次捕获这种数据的长期局部性(long term locality),则同样交给流级处理。

实际中,如果对目标应用的功能模块非常了解,那么可以根据任务解耦的原则对目标应用进行结构划分,这是因为每个任务基本上是由一个或几个循环体组成,属于粗粒度的计算提取。

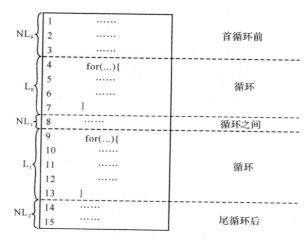

图 3.7　循环划分法

3.2.2　核心合并技术

核心合并(Kernel fusion)是指多个连续或者独立的核心相互合并成为一个核心的过程。对于连续的核心,在核心合并时以多个核心的所有的原始输入流作为新核心的输入流,以多个核心的所有的最终输出流作为新核心的输出流,并将中间流转为本地数据无需组织为流,从而减少数据在 LRF 与 SRF 之间来回传递。对于独立的核心,在核心合并时只需分别将多个核心的所有输入输出流作为新核心的输入输出流即可,从而有利于开发核心内部的并行性与局部性。

典型的核心合并会出现 3 种情况,如图 3.8 所示。每组情况的上方框给出循环函数的形式,其中 func1 和 func2 表示实现两个不同的函数功能,带拖尾数字的 operand 和 result 是函数的流参数。为简化伪代码含义,假设 func1 具有 2 个输入流参数和 1 个输出流参数,func2 具有 1 个输入流参数和 2 个输出流参数,func1 和 func2 共同属于一个 for 循环,且用来表明该作用域范围内相同的流变量具有相同的流组织形式。每组情况的左下方框给出未采用核心合并时核心设计的情况,对应地,右下方框给出采用核心合并后的核心设计情况。前缀"S_"表示流,前缀"K_"表示核心。

1) 情况一(核心相同,而输入流不同)

图 3.8(a)给出的两个核心实质上是同一个核心,但是它们的输入流与输出流不同。对于核心计算来说,不同输入流之间是相互独立的。因此,核心合并可以同时将所有的输入流作为该核心的输入流,所有的输出流作为该核心的输出流,从而有利于该核心开发数据级并行性。当然还有一种更简单的方法,就是流合并,即将不同输入流中的记录按前后顺序连接在一起,形成一条更长更新的输入流,

然后进入核心参与计算。核心在无需修改的情况下就完成了两个函数的功能。

2）情况二（输入流相同，而核心不同）

图 3.8(b)给出的两个核心因为具有相同的输入流，所以只需对这些流执行两个函数功能。那么直接设计一个核心处理两个函数功能便可实现核心合并。仍然是将所有的输入流作为该核心的输入流，所有的输出流作为该核心的输出流。与第一种情况不同的是，共有流的访存加载只需一次，但是增大了计算量，提高了计算访存比，使得计算更加集中，从而增强了计算密集性。

3）情况三（核心不同，但存在"生产者-消费者"关系）

图 3.8(c)给出的两个核心具有流应用的"生产者-消费者"关系，即前一个核心的输出流正好是后一个核心的输入流。根据核心合并的定义，不需要考虑中间流而直接将所有的原始输入流与最终输出流作为新核心的流参数。这样的合并方式将核心间的流长期局部性转换为核心内的数据短期局部性，减少了中间流的一次存储与一次加载，有效地降低了对片上流寄存器文件的访存压力。

总地来说，流编程模型能够很好地支撑输入输出流设计规整、计算结构简单却计算量庞大的核心。核心合并技术正是基于这个思想并借鉴了循环合并的方法而提出来的，极大地改善了流编程模型中核心的性能与效率。

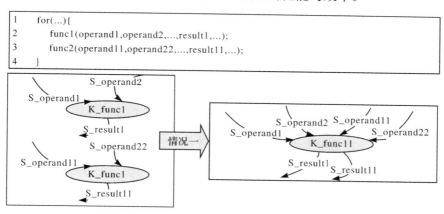

（a）情况一

```
1      for(...){
2          func1(operand1,operand2,...,result1,...);
3          func2(operand11,...,result11,...,result22,...);
4      }
```

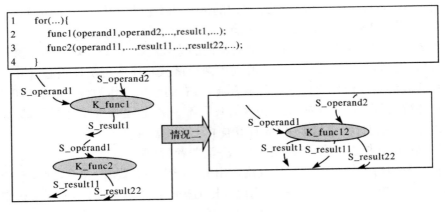

（b）情况二

```
1      for(...){
2          func1(operand1,operand2,...,result1,...);
3          func2(result,...,result11,...,result22,...);
4      }
```

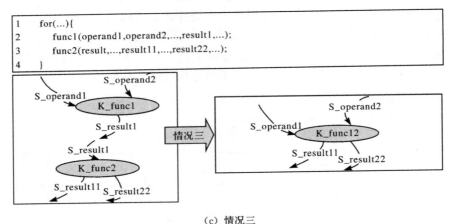

（c）情况三

图 3.8　核心合并示意图

3.2.3　流分割技术

流分割（stream sectioning）是指在流级把作为核心输入流参数的流分成长度固定的段，并采用循环核心的结构处理整个流的技术。每经过一次循环，就调用一次核心，处理整个流中的一个段。一般在进入循环以前，根据流的长度计算出循环计数值。流分割可以由程序员手动完成，也可以由增加到流编译器中自动实现。由于流分割技术往往应用于流的长度偏长，特别是流长度大于片上流存储器容量的情况，类似于向量的分段开采技术，因此流分割也称为长流分段（long-stream strip-mining）。

分段开采（strip-mining）是当向量的长度大于向量寄存器的长度时所采用的向量处理方法，是提高向量处理器性能的常用技术。将该思想应用于流处理，主要是由于片上流存储器是存放流数据的主要部件,但其空间有限,而数据流的最大长度不宜超出这个容量,且它的表现对流程序的性能有着至关重要的影响。因此,期望参与计算的活跃流都可以承装在片上流存储器内,并且无须与慢速的片外存储器进行来回读写。

图 3.9 描述了采用流分割技术的流程序代码片段,且对相关的变量进行说明。现介绍一下流复制函数 streamCopy 的含义,它表示将某条流(in)中的记录复制到另一条流(out)中,其函数格式如图 3.9 所示。

void streamCopy(im_istream‹streamtype› in, im_ostream‹streamtype› out;)

```
1        int recordsPerStrip;
2        for( int i = 0; i‹numRecords; i + = recordsPerStrip){
3          im_stream‹stream type› currRecords(recordsPerStrip);
4          streamCopy(allRecords(i,min(i + recordsPerStrip,numRecords)),currRecords);
5          KernelInvoke(currRecords,...);
           ...
7        }
```

变量说明:

recordsPerStrip:每段流记录数;

numRecords:流记录总数,即流的长度;

currRecords:当前处理记录流,长度为 recordsPerStrip;

allRecords:所有处理记录流,长度为 numRecords;

stream type:流类型定义;

KernelInvoke:核心调用。

图 3.9　流分割伪代码示意图

该函数功能是在 out 中生成 in 的记录副本,而不是对 in 中记录的索引。因此,在程序执行 streamCopy 后,即使 in 记录发生了改变,out 也仍然保留原先的记录,不会受到任何牵连。图 3.9 中的代码体第 4 行的 streamCopy 函数是将 allRecords 流中从 i 到 $\min(i + \text{recordsPerStrip}, \text{numRecords})$ 区间段的 recordsPerStrip 个流记录复制到 currRecords 流。第 2 行循环的每次迭代,记录区间的起始地址 i 随之增加,从而使得 currRecords 流始终保存当前将要处理的记录。这个循环用于将长流切分为若干短流,因此可以称为分段循环(sectioning loop)。分段循环的迭代次数(numStrips)的表达式为

$$\text{numStrips} = \left\lceil \frac{\text{numRecords}}{\text{recordsPerStrip}} \right\rceil \tag{3.2}$$

事实上,在核心(KernelInvoke 指示)内部还有一级对记录的循环,相对而言,这个循环被称为段内循环(strip loop)。两个不同层次的循环分别由流编程模型

中的流级与核心级去完成。

　　流分割是将长流化短流再分批处理的方法,可以使得每一批次的短流计算涉及的流集合包括输入输出流以及生成的中间流全部容纳在片上流存储器中,并将访存与计算更大程度地重叠在一起,从而减少片外存储的访问,提高片上存储带宽的利用率。

3.2.4　常规流化步骤

　　当核心计算提取出来之后,就可以依据经典的流编程模型展开核心与流的设计,首先是核心的设计。针对图 3.7 中代码 C,Γ_1 中每个元素代表一个循环体区域,可以分别由不同的核心来实现,如图 3.10 中核心 a 与核心 b 所示。对于单个核心,需要编程者关注的有核心输入流与输出流设计、核心内部计算算法设计以及并行性的开发。

　　(1) 输入输出流的设计与并行性的开发是不可分离的。以变换量化为例,像素级数据并行需要输入流按像素组织流记录,而块级数据并行则要求输入流按块的形式组织流记录。不同的输入流设计也影响着核心内部计算的具体实现。

　　(2) 核心内部计算的算法设计是核心性能的主要体现。以变换量化为例,变换核心可以采用直接矩阵乘法,也可以采用蝶形算法。这影响着核心内部的计算量与临时数据大小。

　　(3) 并行性的开发除了输入流决定的数据级并行性外,还包括核心内部揭露的指令级并行。核心合并技术是开发指令级并行性的优化方法之一,但是它需要满足流与核心的相关约束,如图 3.8 所示。对于图 3.10 来说,当核心 a 与核心 b 满足条件 $(in_a = in_b) or (out_a \supseteq in_b)$ 时,可采用核心合并技术生成核心 ab。

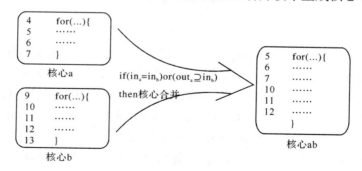

图 3.10　核心设计

　　其次是流的设计。观察在集合 Γ_{nl} 中,存在从代码首行到第一个循环体开始的非循环体(图 3.7 所示的首循环前,第 1～3 行)、各个循环体之间连接的非循环体(图 3.7 所示的循环之间,第 8 行)以及从最后一个循环体结束到代码末尾的非循环体(图 3.7 所示的尾循环后,第 14~15 行)。非循环体主要处理数据初始化、条件判断和其他非流式的代码段。

流级程序负责实现非循环体部分,同时还要考虑循环体之间的数据流动。当片上流活跃数据集大小超过片上流存储空间容量时,可以采用图 3.9 描述的流分割技术以避免片上流溢出到片外主存储器上。根据核心之间的数据依赖关系,将核心连接起来形成一个完整的流程序,这是一个复杂且烦琐的过程。由于数据流组织与访存开销对于流程序的性能具有举足轻重的影响力,因此有必要严格地进行流的设计,尽量减少流溢出与流数据重组,从而减少存储系统的开销,达到高性能高效率的流实现要求。

综上所述,应用程序的常规流化方法论包括以下几个步骤。

(1) 核心计算的提取。

(2) 核心的设计。

① 设计合适的核心算法,编写 Kernel;

② 如果核心 a 与核心 b 满足条件$(in_a = in_b) or (out_a) \supseteq in_b$,则采用核心合并进行核心优化。

(3) 流的设计。图 3.11 给出了流设计的示意图。

① 针对核心的并行粒度准备流数据,编写流级程序;

② 如果 $WorkingSet_{stream} > Size_{SRF}$,则采用流分割进行流级优化。

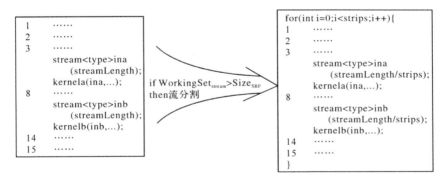

图 3.11　流设计示意图

必须说明的是,采用核心合并与流分割技术有可能并不是完全因为各自优化的条件成立,而是出于其他必需的优化设计考虑,这里不展开论述。

常规流化方法是一个反复折中的优化设计过程。图 3.12 描述了图 3.7 所示代码对应的流程序,这是一个典型的流程序结构。原则上,一个核心可以用于表示一个或几个循环体,即在核心级实现每个循环体,并利用循环体对数据的迭代执行来开发数据级并行性。而非循环体部分就交给流级来完成,负责流的声明与核心调用等。总地来说,在流编程模型中,流级在逻辑上对应流的调度,程序员专注于流的框架定义与核心划分;而核心级对应流的处理,程序员关心的是计算的具体实现和优化。

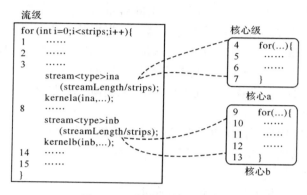

图 3.12　典型的流程序结构

3.3　高级流化方法

相对于通用处理器,流处理器之所以能够获得高效与高性能的优势,主要依赖于高度并行的处理单元、数据依赖性控制最小化的硬件结构和专门为顺序访存而优化的软件可管理的存储层次。然而,实际环境中的流应用往往具有经典流编程模型尚未覆盖的非规则流程序特征,包括非规则流计算、非规则流访存、非规则流控制。因此,映射这些复杂的非规则流应用将面临着新的流化思想与应用相关的非规则流化的优化方法。

流化的主要思想在于解决好两个方面的问题:一是显式的软件可管理的存储层次要求数据能够在计算发生之前就在处理单元的本地寄存器内就绪,即局部化(localized)问题;二是计算能够在对数据依赖分支和紧耦合功能单元控制的支持较弱的硬件结构上尽可能并行地分布,即并行化(parallelized)问题[80]。那么,对于非规则流计算、非规则流访存、非规则流控制这类应用,如何合理地设计流组织与安排核心计算变得更加具有挑战性。除了可以采用 3.2 节描述的常规流化方法外,还需要一系列非规则的流化方法。例如,在 H.264 视频压缩编码中遇到的流级数据筛选解决非规则流计算、短流加载解决非规则流访存、核心分裂解决非规则控制、增大并行粒度从而降低非规则比重等非规则流处理方法。

通常来说,流应用的非规则程序特性的解决方法需要流程序的流级与核心级相互配合与协调,特别是流级程序对数据的组织访问与对核心的调度安排对整个流应用的性能至关重要。本书提出了四种非规则流化方法,能很好地将流应用的非规则特性转化为能与当前流处理器处理的流程序结构,具有一定的普适性。

3.3.1 流重组

在流程序中,数据以流的形式直接输送到核心参与计算。由于各个运算簇是以 SIMD 的方式对流中不同的数据执行核心操作,所以流数据进入运算簇组的分布情况影响着核心的计算效率。对于基流,倘若它不能够直接被后续核心所使用,则需要对流中的数据元素进行某种排序或者筛选。这种处理流数据的方式,称为流重组(stream reorganization)。流重组的方法按照执行重组的部件可以分为核心级数据重组与流级数据重组。

对于规则流的访问,每个运算簇直接获取对应的 SRF 体(bank)数据。但有时需要对流中元素进行筛选,即挑选某些流元素进行读入或者写回操作,这时可以在核心级使用条件流机制[81]实现核心级数据重组。在使用条件流时,流输入、输出操作由条件控制。如果希望某些运算簇接收有效的流元素,则将这些运算簇内的判断条件设置为真;反之,当运算簇内判断条件为假时,该运算簇接收不到有效数据。条件流写数据原理与之类似,如图 3.13 所示。其中数字表示元素在流中的顺序号,下角标 t 表示判断条件为真,下角标 f 表示判断条件为假。

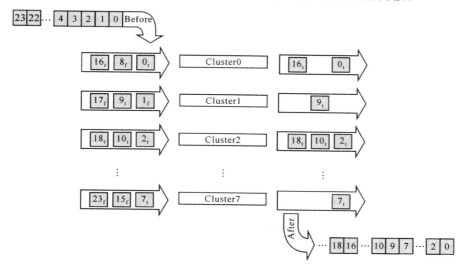

图 3.13 采用条件流的核心级数据重组

考虑到 Kernel 设计存在很强的编程约束,因此流重组在更多情况下是采用流级数据重组方法。若某一核心的输出流可以被后续核心直接使用,那么这种中间流只需在 SRF 中暂存,而无需任何与存储系统相关的操作。但是,在实际流应用中往往面临一定数量的数据流重组。流数据的顺序性,决定了流级程序需要具有对流中数据的先后顺序进行调整的能力,包含两种具体的实现方法,如图 3.14 所示。

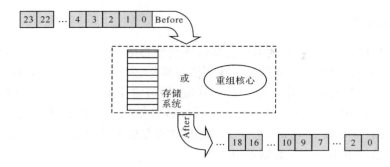

图 3.14 采用存储系统或者重组核心的流级数据重组

对于重组方式可简单预知的流数据,可以借助于存储系统来实现。首先将流从 SRF 中写回片外存储系统,然后在流级通过改变流数据存储位置对流元素进行重排序,再将排序后的流重新加载到 SRF 中,从而完成流重组。这种流级数据重组的方法一般由流编程模型中的索引派生流实现,由于它涉及访存开销昂贵的片外存储系统,因此流重组开销比较大,但它具有编程灵活的优势,程序员在不考虑程序性能的情况下几乎没有编程约束。

流级数据重组还可以采用重组核心的形式实现。例如,包括视频压缩编码在内的二维数据空间中的流应用经常需要对流元素进行行列之间的数据重排序,即使得按行(列)输出的流转换为按列(行)组织的输入流后进入下一个核心。在这种情况中,设置一个单独的转置核心即可完成行列元素的流重组过程。对于重组条件复杂或者需要经过一系列计算才可以得出筛选条件的重组任务,首选是采用重组核心的流重组方法。这种方法能够将非规则流计算拆分成一组尽可能规则的流计算,从而提高非规则流计算应用的性能。

表 3.1 总结了上述几种流重组的方法,它们各有优缺点,适用的情况也各不相同。在实际的流程序设计中,经常是根据具体的程序特征与编程者的习惯采用合适的流重组方法。三种流重组方法可以同时使用,相互协调,从而解决非规则流计算与访存的问题,使得流应用性能最优化。

表 3.1 流重组方法对比

数据重组	重组技术	优　点	缺　点	适用情况
核心级	条件流	不影响流级编程,无流级访存开销	判断条件不能过于复杂	判断条件简单

续表

数据重组	重组技术	优　点	缺　点	适用情况
流级	存储索引	流级编程灵活,核心设计容易	产生耗时的片外存储开销	判断条件可预知
	重组核心	核心加速计算判断条件	增加核心设计难度与核心调度开销	判断条件复杂或需要一系列计算

3.3.2　短流加载

短流加载是用于解决非规则流访存中多维数组邻域访问的一种流化方法。邻域访问造成流数据存在大量的重用情况,在不支持多维数组流的编程环境下需要采用一维流表示方法,不能像规则流访存那样在使用过一次流元素后就将其流出核心,且必须将它们暂存在运算簇内或者通信到其他运算簇,如图 3.15 所示。如果一条流中的流元素频繁重用,甚至在一次读操作后被不同的运算簇计算所需,那么运算簇间的通信开销会急剧增加,从而成为核心计算的瓶颈。同时,核心编程时必须严格控制流元素的读写方式,对流级数据流组织带来很大的困难,不易调试。

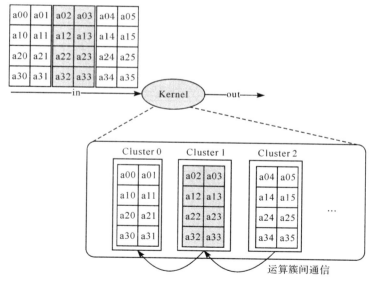

图 3.15　多维数组邻域访问的数据重用

在这种情况下,按重用方式或者重用程度将长流切分为若干条短流,以重用维度的宽度作为短流个数。采用短流的 Kernel 会将先前的一个输入流参数转换为短流个数对应的流参数形式。只要输入流参数个数不超过流编程模型的限制,那么短流加载方式便可在降低流程序编程难度的同时,提高核心计算比例,减少运算簇间的通信,从而加速核心计算。具体的短流划分方式与加载方法如图 3.16 所示。比较图 3.15 和图 3.16 可看出,原来的一条 in 流被分为两条短流(in0 和 in1),每条短流的长度仅是原始流的一半。短流加载后的核心将两条短流中的元素正常读取到运算簇内可以直接执行计算,不需要运算簇间的通信。但是,采用短流加载方式,需要调用两次核心才完成所有的计算,第二次核心执行时读取的 in0 实际上是第一次核心执行所用 in0 的派生子流,即起始记录从位移 1 开始,图 3.16 中未标出。

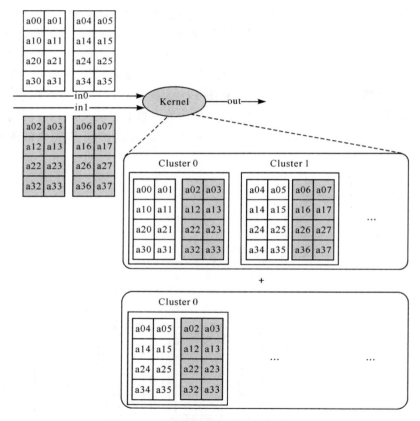

图 3.16 多维邻域访问的短流加载方法

由于核心调用次数增多会带来额外的核心加载开销,因此必须针对具体的应用作出性能权衡。短流加载让核心计算变得规整且密集,对于计算密度强且计算量大的应用是一种有效地解决非规则访存的方法。

3.3.3　核心分裂

核心分裂用于解决非规则流控制问题,将单核心内部存在过多的分支操作转换为多核心的流级条件调度。经过核心分裂产生的新核心不再包含分支操作,能够获得良好的 VLIW 资源分配与 SIMD 执行效率。但是,核心分裂后生成不止一个核心,必然存在核心之间的"生产者-消费者"关系,并带来一定的片上 SRF 访存开销。这就需要程序员在核心计算性能与 SRF 访存开销之间作出权衡与折中。

通常核心分裂的原则是以分支操作为界限,将相同条件下执行的操作放置在同一个核心内。例如,图 3.17 所示的单核心包含两个分支操作,按核心分裂原则将其分裂为两个不同的核心(Kernel0(evens,⋯)与 Kernel1(odds,⋯)),并分别针对奇偶顺序号的流元素(用 $0,1,\cdots,23$ 表示)执行不同的计算。在流级编程时,首先根据具体的分支操作获得核心分裂条件,并为多个核心准备相应的输入子流。然后,按照单核心的程序结构组织不同核心的调用,并获得每个分支操作下的计算结果,如图 3.17 中带横线的斜体数字($0,1,2,\cdots,23$),其数字仍然表示该元素在原始流中的顺序号。有时需要对不同分支条件下的计算结果进行组合,从而形成一个完整的对原始输入流的全部元素执行某些操作的计算结果流。那么这就需要根据组合信息对输出子流进行数据重组,而组合信息是程序员根据分支操作的具体含义加以分析才获得的。

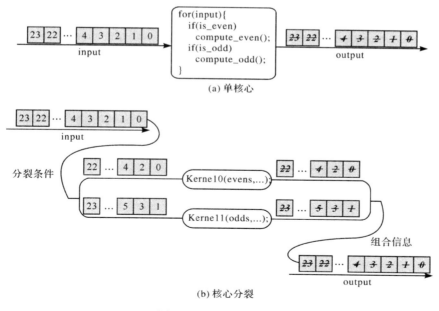

图 3.17　核心分裂过程

3.3.4　并行粒度调整

　　从本质上说,流处理是一种以流的形式进行数据组织与计算的并行处理方式。那么,数据并行计算的一个重要因素就是并行粒度的问题。在流编程模型中,流是一组数据记录的集合,而每个记录代表一个流元素,是核心进行一次读写的数据单位。那么,记录的大小(record size)在一定程度上表达了流处理的并行粒度。

　　流记录的设计可以从应用的角度出发(如片段、三角形等),也可以从简单的数值出发(如速度、气压等)。这两种数据表达形式是有区别的。例如,流场中的一个顶点记录往往是多个物理值的集合,包括该顶点位置对应的速度、气压、温度等。在这种情况下,各物理值之间相对解耦,可以将它们打包在一个顶点记录里组织成一条流,如图 3.18 中的母流;也可以将它们分别设置在单独的流里,如图 3.18中的速度流、气压流等,但是各条子流必须是按照相同坐标顺序排列的。由此可知,当复合流记录组成的母流满足各记录分量数据无相关性的时候,可以将母流拆分为一系列由各分量组成的子流。子流与母流相比,更关注于参与计算的单个分量数值,也避免了母流可能加载了那些不参与计算的分量的开销。但是,倘若母流的各记录分量全部参与计算,那么以记录形式表达的数据并行粒度将会获得更好的性能。研究表明,记录形式的并行处理用于暂存临时数据的寄存器数量明显要少于字并行的情况,并且记录并行方式能够保持数据记录的连续性,充分利用其在存储器中的空间局部性,来获得较好的存储器性能[82]。

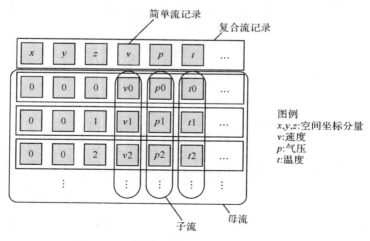

图 3.18　并行粒度决定的不同流组织方式

　　再如,片段是像素的集合,如果将片段直接作为一个记录,那么一次对流的读操作将加载若干个像素进入运算簇；如果采用一个像素作为一个记录，那么多次对流的读操作才能将一个片段全部加载完毕。在像素之间不存在数据相关时，对像素的并行操作与对片段的并行操作在实现上的难易程度相差不大，但是当像素之间存在强数据相关性时，将每个像素传输到不同的运算簇中执行核心运算会需要大量的运算簇组之间的通信，从而造成核心计算性能的下降。解决的办法就是将相互依赖的像素组合尽可能地分布到相同的运算簇中，如采用片段为并行粒度的记录流。图 3.19 给出了强数据相关的流数据采用两种并行粒度方案的对比情况。在图 3.19(a)中，圆圈表示像素，示例中的计算要求每 4 个像素一同参与，这种数据共享由运算簇间的通信操作来实现，产生的 3/4 运算簇进行冗余计算，从而造成运算资源的无效利用。显然，这种字并行粒度不可取。在图 3.19(b)中，椭圆表示片段，4 个像素组成一个片段记录，一次读操作就可以加载 4 个具有数据相关性的像素进入相同的运算簇。相比于字并行粒度，强数据相关的流数据计算推荐使用记录并行粒度。

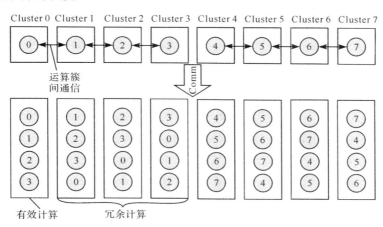

(a) 字并行粒度

(b) 记录并行粒度

图 3.19　强数据相关的流数据并行粒度的选择

3.4　面向流化的程序结构优化

前面讨论了普通情况下对应用进行流化的一般方法和步骤,但在实际的应用中,由于具体程序千变万化,所以生硬地照搬上面的办法,得到的流程序性能可能会很差,甚至在一些情况下会无法流化。本节就对应用中出现的一些典型情况进行分析和讨论,这些讨论并不针对具体的应用,也不针对确定的平台,而是针对应用进行结构上的调整,从而提高其流化特征指标。这些典型结构都来自于真实应用的抽象和总结,希望对读者能提供有益的参考和帮助。

3.4.1　重负载循环

重负载循环是指单独一个循环体内有大量的操作以及大量的局部存储空间,这类程序直接进行流化的结果就是实现的 Kernel 内超长指令非常长,且对局部存储的需求很大,从而造成流处理器中超长指令字存储器溢出和寄存器分配无法通过。这种情况在图像处理程序中很常见,如 JPEG[83]编码,该编码过程大体如下。

```
encode_frame
for(component)
    for(blocks)
        compose block
        encode block
        {
            dct
            quantize
            vlc
        }
```

程序在对每幅图像进行编码时,首先将整幅图像分成多个组,然后将每个组分成多个块,具体的编码都是针对每个 block 进行的。在 C 程序实现中为了更好的数据访问局域性,将实际的编码过程(dct、quantize、vlc)都集中在了循环最内层,可连续访问单个块的数据。

寄存器分配的问题可参见文献[84]。这里讨论一下超长指令字存储的问题,SP16 中超长指令字存储器是静态管理的,编译时即确定了何时加载哪个 Kernel 的执行代码,而不是动态管理,也就是说如果单个 Kernel 的代码超过了其大小限制,那么程序将无法执行。实际上这是一种隐含的对指令存储的显式管理,程序员需要负责控制每个 Kernel 指令的数量以保证指令不会溢出,这样做虽然增加了程序员的负担,并且将原始的大 Kernel 分为多个小的 Kernel 也会带来一定性能上的开销,但总地来说还是利大于弊的。这里假设采取 Cache 的机制存储指令,这样单个 Kernel 的指令长度就不再受限了,考虑如下 Kernel 代码。

```
Loop{
    Segment1;
    Segment2;
}
```

这段代码很简单,就是在一个 Kernel 内有一重循环,循环内由两段代码组成,这里两段代码的总长超过了指令存储器的容量限制,但是每段都不超过限制。假定在 Cache 型指令存储器下,该 Kernel 是可以实现并执行的,但是事实上每遍循环执行时都会引起若干次 Cache 失效,即使 Cache 可以做到正确预取,失效仍然是不可避免的。以 SP16 中情况为例,每条 Kernel 的超长指令字大小为 48B,而平均每条指令的执行时间仅为 1~2 个时钟周期。DRAM 的带宽是有限的,即使以峰值速度运行也无法满足指令的需求,仍然会有失效发生,并且这些失效在每遍循环中都会发生,从而对性能影响非常大。另外,这些对指令的访存会对存储系统造成很大的压力,影响流处理器对 DRAM 的数据访问。

可以使用分割循环体的方式来减小 Kernel 的大小,通过将一个循环体分成多个子循环体的方式来实现流化。以前面提到的 JPEG 编码为例,可以先将原来单个的循环分割成 3 个子循环分别为针对 dct、quantize、vlc 的循环来实现,然后对着 3 个子循环体进行流化。为了提高性能,Kernel 执行一次必须对多个块进行处理,而不是仅仅对单个块进行处理。一次执行处理的块数量不能太多,如果太多则导致流的长度过大,片上存储也会有溢出情况产生从而影响性能,图3.20是按照每次处理一个宏块组分割后的程序结构。

```
for(component)

for(blocks)           for(blocks)           for(blocks)
    compose block         compose block         compose block
    encode block          encode block          encode block
    {                     {                     {
        dct                   quantize              vlc
    }                     }                     }
```

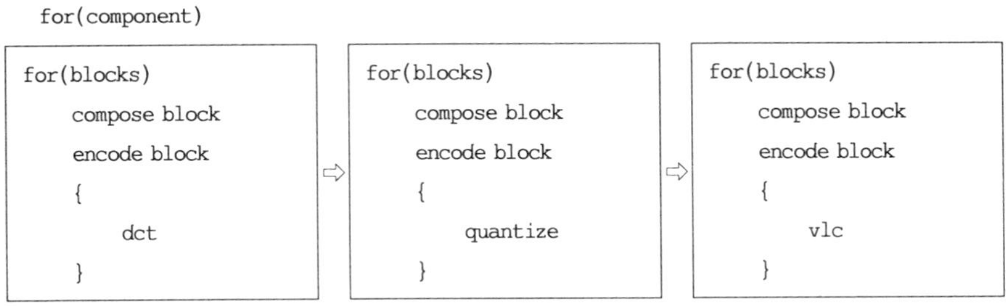

图 3.20　宏块组分割后的程序结构

在进行切割时要保持程序原有的语义,不能在分割以后产生错误,其中最重要的是处理好子循环体之间的数据依赖关系。必须保证原有循环迭代之间没有数据相关。在没有数据相关的情况下就可以让 dct 一次处理多个块,然后将多个块的处理结果一起传递到 quantize 来集中处理,vlc 的处理过程类似。

如果循环迭代之间存在数据相关,例如,针对第一个 block 计算的结果在第二个 block 计算时需要使用到,而由于 dct 计算时就已经计算了多个 block,在 dct 对第二个 block 进行计算时实际上无法获取到整个过程对第一个 block 的计算结果的,所以程序无法并行执行。这种情况在 H.264 编码中有出现,例如,在进行帧内编码时,后面的块实际上要使用到前面块的预测值,也就是对前面块处理的最终结果。如果块的循环之间产生数据相关,那么 Kernel 每次只能处理一个块,这样每次 Kernel 的启动开销已经等于或大于了该次 Kernel 实际执行的时间了,这种流化方式性能非常不好,这里的解决方法涉及 H.264 编码算法上的调整,这里不予讨论,具体解决方法请参见相关参考文献。JPEG 编码在经过上面的结构调整后再进行流化,能得到如图 3.21 所示的执行时间分布。

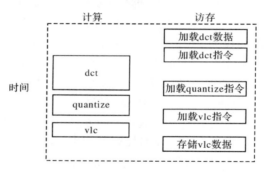

图 3.21　JPEG 执行时间分布

从图 3.21 中可以发现,Kernel 代码的加载只发生在 Kernel 执行结束后,即处理了多个块后,而不是像原先一样每次循环即每处理一个块都发生指令存储器的失效,从而大大提高了性能。这里还存在对各组块数据进行多次循环之间的延迟隐藏问题,这是个比较经典的问题,只要数据没有相关性,做到延迟隐藏还是比较容易的,这里就不作讨论了。

3.4.2　计算窗口重叠

计算窗口重叠是指在循环执行时,上一遍使用到的输入与下一遍或多遍以后使用到的输入有一定程度的重叠,这种情况在科学计算中比较常见,而在媒体处理中比较少。例如,在图像处理中每次处理一个块,这些块是互不重叠的。科学计算中如 YGX2,在对整个网格进行计算时,要更新每个点上的值。由于计算每个点的新值都需要周围 9 个点的输入,所以相邻的点的新值计算所需要的输入就重叠了。这种情况有个很简单的例子就是二维的卷积过程,二维卷积的过程在

3.1.3节中已经介绍了,这里不再赘述。

　　最简单的流化方法是首先将每行输入的 3×3 矩阵依次组织好,顺序的传递进 Kernel,这样每个 lane 处理一个矩阵,然后进行卷积运算,最后将计算结果输出。由于流数据的长度受限,所以可以每次加载一行来进行计算,按照这种方法就会得到如图 3.22 的数据分布。

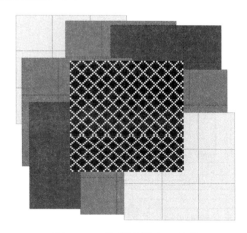

图 3.22　卷积计算窗口重叠

　　从图中可以发现,窗口与窗口的上下、左右之间都存在大量的重叠,也就是说大量的数据被反复加载,确切的情况是整个大矩阵中每个点的数据被使用了 9次,同时也被加载了 9 次,并且由于窗口之间的重叠,导致访存时并非是顺序访问,从而大大降低了性能。优化的手段可以从上下和左右两个方面着手。上下方面是指流数据多次加载时,重复加载了同样的数据,这个问题的解决方法比较简单,可以将原始的子矩阵流按照子矩阵的行分割成三行输入流,这样在处理完第一行的子矩阵后,只需要替换最下面一行的流即可实现上面两行数据的重用,从而解决了上下子矩阵的重叠问题。左右方向上的重叠处理起来相对困难,因为一行的数据分布在不同的各个 lane 上。如果横向的数据不冗余加载,则 lane 0 内只有第一列的数据,lane 1 内只有第二列的数据,依此类推。实际进行计算时,由于每个 lane 需要三列数据,所以需要进行通信,但是只要控制好数据通信次数,这样的数据加载方式是利大于弊的。因为这样大大减少了加载的数据量,并且加载每行数据时完全按照顺序进行加载。再来考虑通信次数的控制,如果按照每次加载三行计算中间一行的输出这种自然的方法进行计算,则第三行会被使用三次,同样第三行的数据会被通信三次。如果选择另一种计算方式来实现,即每次输入一行,然后使用该行对每行的系数相乘,得到三个部分和,再进行累积。其中第三行的部分和即为最终结果,上面两行的部分和作为中间结果流到后面实现,这样的

实现不仅没有增加中间输出数据的大小,而且使得每行的数据只需要在相邻的
lane 之间通信一次,从而降低了开销。从这里可以看出,当计算窗口有重叠时,进
行优化的重点是如何减少数据的冗余加载和降低数据通信的开销,但是针对不同
的应用做到这两点的手段和难度可能都不一样。图 3.23 是经过优化后的三维卷
积数据组织和计算方式。

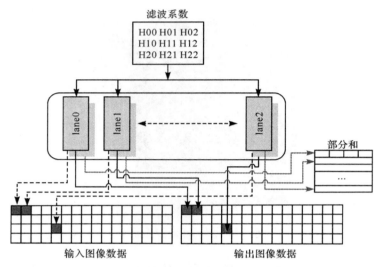

图 3.23　经过优化后的三维卷积数据组织和计算方式[85]

3.4.3　循环内分支

　　应用中循环内不可避免地会存在各种分支判断,而对于以 SIMD 方式执行的
多个 lane,程序执行性能会大大降低。除非所有 lane 一起跳转,即根据标量条件
来进行判断,否则,若根据每个 lane 内的局部变量进行跳转,则导致每个 lane 执行
的程序路径不同,有的跳转有的不跳转,这种情况是 SIMD 方式执行的多个 lane
所无法支持的,所以必须做调整。

　　对于循环的分支处理方法,总地来说是通过使用数据相关来去除控制相关,
分支也可分为多种,为了最大限度的提高性能,需要对每种情况分别对待,这里根
据分支条件在编译时是否可预知将分支分为两种:可预知分支和不可预知分支。
可预知分支一般是指分支条件仅与循环变量相关,典型的例子就是边界处理。例
如,YGX2 中关于网格进行计算时的边界处理,下面是一段典型的边界处理的代码。

```
do 50 k = k1,k2
do 50 l = l1,l2
```

```
         if(l.eq.l1.and.l1.eq.ls.and.k.eq.k1.and.k1.eq.ks)go to 50
         if(l.eq.l2.and.l2.eq.le.and.k.eq.k1.and.k1.eq.ks)go to 50
         if(l.eq.l1.and.l1.eq.ls.and.k.eq.k2.and.k2.eq.ke)go to 50
         if(l.eq.l2.and.l2.eq.le.and.k.eq.k2.and.k2.eq.ke)go to 50
         if(k.eq.k1.and.k1.eq.ks.or.k.eq.k2.and.k2.eq.ke)go to 20
         d1 = dis(0,-1,0,0)
         d2 = dis(0,0,0,1)
           ⋮
         a2 = rl(l,k + 1)
         r1 = f(bs)
         if(l.eq.l1.and.l1.eq.ls.or.l.eq.l2.and.l2.eq.le)go to 10
         go to 20
   10    xl(l,k) = x1
         rl(l,k) = r1
         go to 50
   20    d1 = dis( - 1,0,0,0)
         d2 = dis(0,0,1,0)
           ⋮
         r2 = f(bs)
         if(k.eq.k1.and.k1.eq.ks.or.k.eq.k2.and.k2.eq.ke)go to 30
         go to 40
   30    xl(l,k) = x2
         rl(l,k) = r2
         go to 50
   40    xl(l,k) = (x1 + x2)/2.0
         rl(l,k) = (r1 + r2)/2.0
   50    continue
```

　　上面代码中如果为左右两列时,则需要进行特殊处理。需要注意的是,边界处理处不加处理也是一种特殊处理。只要边界处的处理与其他点不同即为需要进行特殊处理。在上面的情况中,只是左右两列需要进行特殊处理。如果流程序构造时从左至右地输入一行,则在流程序中是可以确定何时需要进行特殊处理,何时不需要进行特殊处理的。一般的流程序如下。

```
spi_read(a,ainput);
spi_read(b,binput);
c = processA(a + b);
spi_write(c);
```

```
loop_count(MAINCOUNT)
{
    spi_read(a,ainput);
    spi_read(b,binput);
    c = processB(a,b);
    spi_write(c);
}
spi_read(a,ainput);
spi_read(b,binput);
c = processC(a + b);
spi_write(c);
```

　　按照上面的方法构造的程序在进行边界处理时,不会增加执行时间上的开销,只是一定程度上增加了代码的长度。因为在处理可预知的分支时,可以在Kernel 内精确的处理这些分支,所以不会带来大的额外处理开销。

　　而对于不可预知的分支的情况则截然不同,这种情况也可大致分为两种类型,一种是循环内分支结构相对规整,另一种是循环内分支结构不规整的、相对比较零碎的和复杂的。前面一种最典型的是循环内针对每个不同的计算窗口整个计算模式都不同,即每个计算窗口有其特定的类型,如 H. 264 中对亮度数据进行编码的处理方法,即 3.1.3 节中介绍的测试程序 H264. ENCODEI。

　　在测试程序 H264. ENCODEI 结构中,块的类型是很多的,包括了 I 帧和 P 帧不同类型的块。因为对于每种类型的块进行编码的方法都是不同的,需要调用不同的函数来实现,所以在 Kernel 中实现便遇到了很大的困难。由于在使用每个lane 处理一个块的计算方式时,每个块的计算方式都有可能不同,所以当同样采用将控制相关转化成数据相关的方式来进行实现时,会有两个问题出现。一是大量分支造成最终代码过大,二是造成了大量的冗余计算。这是因为每个 lane 必须不加区分地把每种处理方法执行一次,然后再根据块的类型从计算出的若干个结果中选择所需的结果,而其他的所有结果实际上都是对计算能力的浪费。例如,上面的程序中每个块所耗费的计算时间是其实际所需时间的四倍。这里另一种实现方法是将所有的块进行分类,然后分别送入不同的 Kernel 进行计算,计算完成后再按照原来的顺序拼凑到一起,如图 3.24 所示。

　　块的分离和拼凑可以通过标量实现,也可以通过 Kernel 实现。这两者进行实际计算时耗费的时间是一样的,这里可以对两者进行数据组织的时间进行对比。考虑到实际中前面的输入数据实际上是在片上的,并且输出数据后面还会使用,最好也保留在片上,所以进行对比时认为初始数据在片上并且要求结果数据也在片上。这样前者的额外开销就包含数据的保存时间、索引加载时间、结果保存时

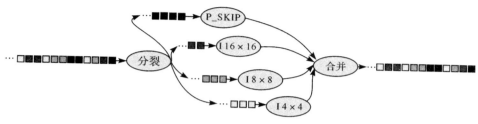

图 3.24　H264. ENCODEI 块分类处理

间、结果索引加载时间,后者的额外开销仅包括块分离 Kernel 的执行时间和块拼凑 Kernel 的执行时间。

现对 128 个 16×16 分成四种类型的宏块组成的输入数据流进行实验,实验结果发现,通过标量处理时保存和加载的开销为 $1900\mu s$,而通过 Kernel 进行块分类和最后块合成的两个 Kernel 开销分别为 $48.50\mu s$ 和 $60.62\mu s$。从以上的时间中可以发现,保存和加载的开销与 Kernel 的开销是不成比例的,前者远远大于后者,即使初始数据是存于片下的,前者的性能也依然不如后者,所以实际实现中只要能用 Kernel 实现就推荐使用 Kernel 实现,尽量避免数据在片下和片上做无谓的传输。另外一种实现方法是对所有的块都做四种处理,最后对结果数据进行选择,该种处理方法的开销包括四倍的 Kernel 处理时间,以及最后对结果的选择。总的开销包括四次 Kernel 计算时间为 $22×4=88\mu s$ 最后数据选择的 Kernel 开销为 $36.20\mu s$。与第二种方法相比,该方法开销更小。这说明在流处理中计算资源很充分,增加一些计算对性能的影响是较小的,而为了节省一些计算选择对数据流进行重新组织则开销较大。实际处理时要根据实际情况进行选择,在本例中,由于每个循环分支中大部分计算都相同,所以可以先将多个分支中相同的部分提取出来共同计算。经过这样的调整,实际的计算不规则度大大下降,剩下的计算部分则通过冗余计算的方式全部进行。然后根据块的类型选择相应所需要的结果即可,这样就避免了对块进行选择和重组的开销,并且仅使用了一个 Kernel 即可完成功能。

上述的这种分支在结构上较为规整,每个分支内都有较大计算量,在一些并行度不太好的算法内还存在一些结构较为复杂,每个分支计算量并不大的情况。例如,编码中使用的行程编码 VLC,该算法中针对每个编码块在计算 run 和 level 值时代码虽然都是相同的,如下所示,但在实际执行的每次循环中进行判断时条件却是不同的,针对这种各分支内计算量都很小的情况可以使用也只能使用冗余计算的方法。

```
for (k = 1;k < BLOCK_SIZE;k + +)
```

```
{    if ((temp = zz_block[k]) = = 0)
        {run + + ;}
     else{level = temp;}
}
```

3.4.4　循环间数据相关

　　因为前面讨论的情况都是基于核心计算中循环之间的无相关性,所以可以容易实现并行计算,而在实际中循环之间相关的情况也是有的,特别是在科学计算中,网格类模拟时(如对温度等的扩散进行模拟时),各个点之间相互依赖是必然的,图 3.25 所示为这种典型情况下的伪码表示与相关性示意。

```
for(int i=0;i<HEIGHT;i++)
   for(int j=0;j<WIDTH;j++)
   {
       data[i][j]     =ffunc(tmp[i][j]);
       tmp[i][j+1]    =gfunc(data[i][j]);
       tmp[i+1][j]    =hfunc(data[i][j]);
       tmp[i+1][j+1]  =ifunc(data[i][j]);
   }
```

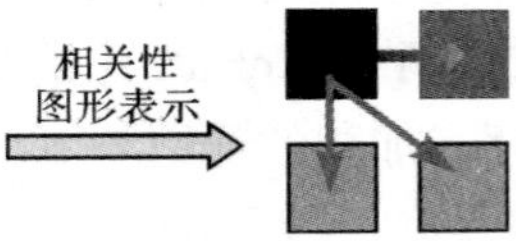

图 3.25　循环间数据相关

　　从图中可以发现,在一个点上进行计算得出的新值会影响到其右边以及下面三个点的值的计算。如果因此而不能在 Kernel 内实现计算并行,且只能通过单个 lane 进行计算,那么对性能发挥将是极大的打击。下面介绍这种情况下如何组织实现对计算的并行。

　　先考虑流化时按行进行计算,即每个 lane 处理一行,这样原来循环相关中右边点对当前点的相关就可以很自然的得到满足,因为它们在同一个 lane 内按照原始的顺序进行计算,数据依赖可以得到满足。问题在于如何解决上下行之间的数据相关,这在流化时表现为 lane 之间的数据依赖。如果各个 lane 同步计算,则显然相邻的 lane 之间存在相关,下面的 lane 需要等待上面的 lane 计算完毕并得到输出才能进行计算。所有的 lane 形成一个相关链,这样即使程序中以并行的方式实现,实际上执行时依然是以串行的方式,性能无法得到提高。解决这个问题的方法也很简单,只需要让上面的 lane 先进行运算即可,如图 3.26 所示,图中实线的方框表示实际的数据,而虚线的方框表示填充的冗余数据。以图中所示的方式进行填充,则输入到 lane 中进行计算时,第一次只有 lane0 内有有效的数据,其他的数据均为无效,所以不存在相关问题;等到第二次时,lane1 内也有了有效数据,但由于此时第一行的第一个值已经计算完毕并且更新了输出,所以第二行的第一个数也可以正常进行运算。依此到第 16 次时,所有的 lane 内都有了有效数据,并且计算不相关,可以进行并行处理。在数据输入结束时是一个类似的过程,只是情况相反。lane0 由于先输入有效数据,所以也第一个计算完毕,只需要进行无效的计算等待其他 lane 依次计算完毕则整个 Kernel 可以结束。这种计算方式得到的结果在输出后所得到有效数据结构也类似图 3.26 所示,这并不影响其后续使用,只要对每行的起始偏移地址稍作调整即可。

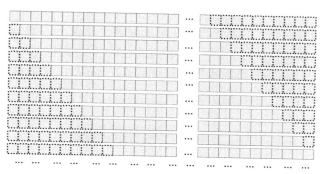

图 3.26 解决相关性 lane 处理顺序

这种处理方式相比较无相关性的循环,实际上性能下降很少。首先是核心计算方面的开销,不管流的长度为多少,冗余计算的次数都是确定的,为 16×16 次,每个 lane 内为 16 次,按照一般图像或是网格的宽度为 1000 左右,这个冗余的计算量所占的比例是很小的,额外开销在 1% 左右。这种处理方法在数据的加载和保存方面开销也很小,因为它不改变原始数据的组织方式和使用顺序,加载和保存时只需要调整起始地址和长度即可。

第4章 H.264 编码器的流化

流处理器体系结构不同于传统的通用处理器体系结构,其编程模型与通用处理器的编程模型存在很大的差异。要在流处理器上开发 H.264 编码器首先需要对原有串行编码器结构进行优化。本章首先以第3章的流化理论为基础,以 x264 为例分析串行 H.264 编码器的程序特征和存在的局限性;然后详细说明将 x264 的程序框架逐步转化为流框架的过程。

4.1 x264 编码器概述

H.264 是新一代的视频编码标准,研究领域和产业界都非常看好它,因此出现了许多对其实现的软硬件编解码器。其中,JM 和 x264 的影响力最大。JM[86] 是 H.264 的官方编解码器,由德国 HHI 组织负责开发,实现了 H.264 的所有特性,但是没有做任何优化。其程序结构冗长,只考虑引入各种新特性以提高编码性能,而忽视了编码复杂度。其编码复杂度极高,不宜实用。

x264[87]是一个开源项目,吸引了大批热爱视频编码的成员共同完成。和 JM 相比,x264 在不明显降低编码性能的前提下,努力降低编码的计算复杂度。其目标是实现一个实用的 H.264 编码器,所以它引入了很多 mmx、sse 等汇编指令来提高编码速度,同时摒弃了一些耗时但对编码性能提高微小的模块,如多参考帧等。综合考虑,本书选择 x264 编码器作为流化 H.264 的基础程序,程序文件的组织如图 4.1 所示。

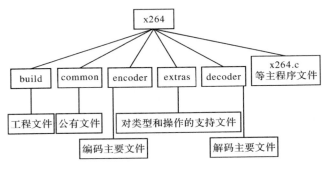

图 4.1　x264 程序文件组织示意图

在 x264 的根目录下是 x264.c 等主程序文件,另外还包含了 build、common、

encoder、extras 和 decoder 文件夹,文件夹里所包含文件的意义如图 4.1 中的说明。其中,decoder 是解码器部分的主要文件,因为 x264 并没有包含完整解码部分,所以这里面的文件是不参加编译的。

本书针对 H.264 全高清标准(1080P,1920×1080 像素)的编码过程,实现 Baseline 档次编码,其输入视频序列为 1080P 格式的 YUV 文件。编码设置为:支持帧内和帧间编码(使用 I 帧和 P 帧),不使用双向预测帧(B 帧),并采用 CAVLC 进行熵编码,运动估计搜索范围为 32×32 像素区域,采用 1/4 像素精度的运动矢量估计。具体的程序参数设置如表 4.1 所示。

表 4.1　x264 编码器程序的基本参数设置

H.264 Baseline 编码器(单参考帧逐行扫描)	
扫描方式	逐行扫描
分片结构	片数目可设置,初始为 1 片/帧
采样格式	YUV 4∶2∶0
视频序列分辨率	1080P
帧内预测	Intra_4×4 和 Intra_16×16(13 模式)
参考帧数	1
运动估计块大小	4×4～16×16(7 模式)
运动估计精度	1/4 像素
运动估计搜索窗口	32×32 像素
变换块大小	4×4 像素
量化	用户可控量化参数
熵编码	CAVLC
环路滤波	是

在表 4.1 所示的参数设置下,x264 编码器的主体程序框架如图 4.2 所示。x264 编码程序主要由以下几个部分组成:Analyse(包括帧内预测和帧间预测)、Encode(变换编码部分)、CAVLC(熵编码部分)和 Deblock Filter(去块滤波部分)。

为了便于对框架进行分析,提出了关键函数这个概念。这些函数是程序中有代表性的组成部分,能完成相对独立的功能,并且涵盖了程序中绝大部分的计算密集的过程。例如,帧内预测中的 4 种 16×16 模式亮度预测、9 种 4×4 模式亮度预测、色度预测,帧间预测中的 7 种块结构的整像素预测、亚像素预测,变换编码中的 DCT、量化、之字形扫描、反量化、反 DCT,熵编码中对拖尾系数的计算、写残差,去块滤波中滤波数据的生成等过程被确定为主要的核心计算函数。从图 4.2 中还可以看出,在这些关键函数的外层,有三层主要的循环:最外层对帧的循环、中间层对片的循环和最内层对宏块的循环。

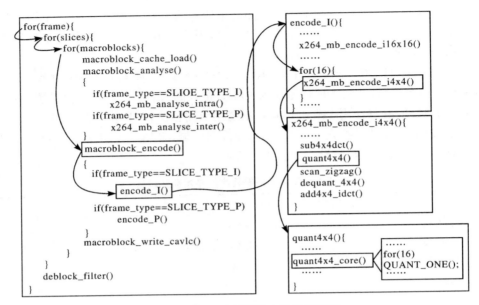

图 4.2　x264 编码器的主体程序框架

4.2　x264 编码器结构剖析

4.2.1　profile 工具:PAPI

　　本书使用指令级的 profile 工具 PAPI[88] 来揭示 x264 编码器的程序特征,并且发现了流化时需要注意的关键问题。PAPI(Performance Application Programming Interface)是田纳西大学创新计算实验室开发的一组与机器无关的可调用的例程,提供对性能计数器的访问,其研究目的是设计、标准化与实现可移植的、高效的性能计数器 API。

　　PAPI 是属于指令级的使用硬件性能计数器的 profile 工具,其体系结构框架如图 4.3 所示。该工具先对应用程序进行指令提取工作,然后执行应用程序。在应用程序执行期间,PAPI 通过所提取的指令代码配置、启动、停止、清除和读取性能计数器,并获得详细的性能数据。PAPI 使用的硬件计数器极大地增强了 profile 数据的质量与可靠性,扩展了可以独立或者相关联测量的事件集合[89];具有速度快,系统开销也很小的特点[90];一般能进行全系统范围的 profile 工作,并能够对不同粒度的程序单元进行操作。

　　PAPI 支持本地事件和 52 个预设事件。其标准事件分为 4 类:存储层次访问

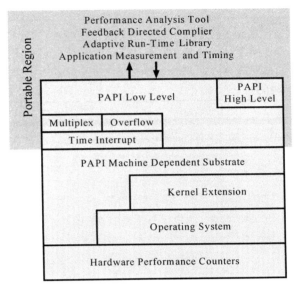

图 4.3　PAPI 工具的体系结构框架

事件,周期与指令计数事件,功能部件与流水线状态事件,与 SMP 系统的 Cache 一致性协议相关的 Cache 一致性事件。PAPI 参考实现中还包含一个工具程序 avail,用来检测用户平台具有哪些事件。PAPI 为用户使用性能计数器提供以下 3 种接口。

（1）低级接口：管理用户定义的事件组（EventSet）中的事件,完全可编程,线程安全,为工具开发人员和高级用户提供方便。

（2）高级接口：提供启动、停止和读取特定事件的能力。

（3）图形界面（Perfometer）：PAPI 性能数据可视化工具。图 4.4 所示为 Perfometer 界面的示意图,利用这些工具可以方便地得到所需的数据信息。

利用 PAPI 的强大功能,可以对 x264 程序框架进行细致的分析。因为分析过程是与体系结构相关的,所以需要说明获取 profile 信息时 x264 程序的运行环境,见表 4.2。

表 4.2　获取 profile 信息时 x264 程序运行环境

项　目	参　数
CPU 型号	X86 Core 2 E8200
CPU 主频	2.67GHz
存储器容量	4GB
存储器带宽	10.7GB/s　DDR2

续表

项　目	参　数
指令 Cache 容量	2×32KB
数据 Cache 容量	2×32KB
输入视频序列	Blue_sky(1080P)

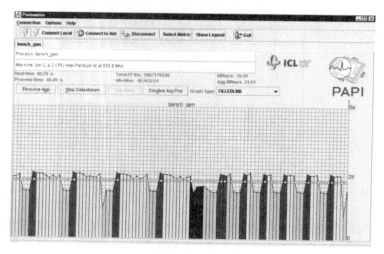

图 4.4　可视化工具 Perfometer 界面示意图

　　在进行局限性分析时,所有的 profile 数据均是在表 4.2 的环境下得到的。通过对程序框架的分析,可以发现原框架在许多方面与流模型相冲突,我们所定义的流模型契合度指标也可以很好地说明这一点。这些冲突部分限制了原有框架的加速和优化,是流化过程中需要解决的关键内容。它们大致可以归纳为三个层次的问题,分别是函数层次、变量和数据结构层次以及控制密集型组件层次。下面分别从这三个层次对原有框架进行分析。

4.2.2　函数层次的局限性

　　这一部分的问题均出现在函数层次,这是由于普通程序中的函数和流计算模型中的 Kernel 存在很大的不同。具体可以体现在四个方面:深层次的函数调用、细粒度的数据处理、冗长的串行编码路径、多模式的相似代码。

　　1. 深层次的函数调用

　　从 x264 的程序框架可以清晰看出,函数调用的层次很深。前面所定义的关键函数大部分都是针对一个宏块设计的,因此基本都接近于调用关系链的底端,这些函数的外层有多重循环以及函数调用的嵌套。原有程序框架这样设计是为了追求更好的数据访问局域性,将实际的编码过程都集中在循环的最内层实现,使得这些函数可以连续访问同一个宏块的数据。

而在流模型中,这些关键函数往往作为一个整体来进行设计,并将会形成最终的 Kernel。因为 Kernel 与函数不同,是不允许嵌套和交叉引用的,所以不能将关键函数的上一级函数再定义为 Kernel。而这些关键函数的负载在足够大时才能较好地发挥出流模型的优势,否则,在加速这些关键函数时,过多的调用次数,很可能会带来更多的控制与启动开销,从而大大影响加速的效果。同时,调用关键函数的上级函数的代码段也并没有完全包含进 Kernel 中(是指除去调用语句的那部分代码),这同样会影响到最终的加速效果。

为了表示程序的嵌套特征,提出了关键函数的平均调用深度这个指标,它能够表示程序框架与流模型的契合度,其值越小,表示与流模型的契合程度越好。指标定义为程序中所有关键函数的调用深度的平均值。调用深度是指函数在执行时外层循环次数与函数调用的嵌套次数的总和。如图 4.2 所示,关键函数 quant4x4_core( )的外层共有三层函数调用及四层循环嵌套,所以它的调用深度为 7。其在一帧中需要执行 130560 次,如果实现成 Kernel 后,调用的开销将会非常大。通过对所有关键函数的调用深度进行统计,可得到整个程序的关键函数的平均调用深度为 5.82。

2. 细粒度的数据处理

在流模型中,更长的流数据和粗粒度的数据处理能够更好地开发 Kernel 中的指令级并行和数据级并行,并且可以避免短流效应[40]。然而在参考程序中,主要的执行过程都存在着宏块相关性,从而限制了程序的数据处理粒度。

这种宏块相关性体现在帧内预测、帧间预测和去块滤波等部分。如图 4.5 所示,在帧内预测中,当前块内的像素的预测值要通过左、左上、上、右上方向的宏块(Macro Block,MB)编码重建后的值计算得到。在帧间预测中的运动矢量(MV)预测部分,当前块的运动矢量也是通过与之相邻的左、左上、上、右上方向的块的运动矢量得到。在去块滤波中,为了使当前块的边缘减小失真,要用与之相邻的左边块和上面块来滤波。相关性的存在使得 H.264 编码程序只能实现细粒度的并行,而不能很好地实现大粒度的并行,这是限制程序加速的关键因素。

为了表征程序的数据处理粒度,现提出并行潜力数据集大小这个指标。指标定义为一个程序段最多能够并行处理的数据集大小。需要说明的是,这个指标表示的是一个程序段与流模型的契合度,其值越大,表示该程序段与流模型的契合程度越好。这是因为在同一个程序里,不同的程序段的数据处理粒度可能是不同的,整个程序的契合度要综合考虑各个程序段的指标。这个指标具体说明了程序

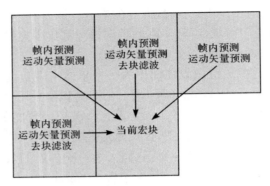

图 4.5　宏块间的数据相关性

能够并行的潜力,当有足够多的并行处理单元时,程序可以按照并行潜力数据集大小所示的值进行最大化的并行。在 x264 程序中,宏块间数据相关性的存在使得编码过程只能局限于一个宏块内。由于宏块大小为 16×16 像素,因此并行潜力数据集大小仅为 256B,不能实现大粒度的并行加速。

　　3. 冗长的串行编码路径

　　x264 的编码路径非常长,在对宏块循环的循环体中采用了大量的串行处理,包括预测、编码、重建和熵编码等过程,是一个重负载循环。这样的循环体内有大量的操作并需要大量的局部存储空间。直接进行并行加速的后果就是指令非常长,从而对局部存储的需求也很大,容易造成指令存储器溢出和寄存器分配无法通过,影响程序性能。

　　我们提出了"指令平均调用跨度"这个指标来表征程序循环体的负载情况,它定义为所有指令调用跨度的平均值。某条指令的调用跨度指的是该条指令在两次连续调用之间跨越的其他指令执行次数之和。指令平均调用跨度越小,则说明程序框架与流模型的契合度越好。从程序的 profile 信息中可以得出,x264 编码程序的指令平均调用跨度达到了 4×108 条指令,在当前处理器的构造中,这极易超过指令 Cache 或寄存器文件的容量限制。这样在宏块循环体的每一次迭代中,指令 Cache 就会频繁地发生失效,这一点从图 4.6 的 Cache 失效率统计中可以得到明显的体现。

　　可以看出,数据 Cache 的失效率普遍较低,这说明程序的数据局域性较好,而这也是原有程序框架的设计所追求的。它将实际的编码过程都集中在循环的最内层实现,使得这些函数可以连续访问同一个宏块的数据。而在 Analyse、Encode 和 CAVLC 部分,指令 Cache 的失效率均高于数据 Cache,这是因为这三部分都集中于最内层的核心循环中,是一个重负载循环。而 Deblock Filter 部分在核心循

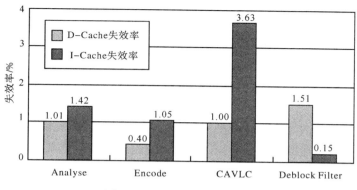

图 4.6　Cache 失效率统计图

环的外部,因此指令 Cache 的失效率不高。

同时,指令 Cache 的失效率对 Cache 的容量大小十分敏感。当 Cache 的容量为 16KB 时,Analyse 部分的数据 Cache 失效率上升到了 1.43%,增加了 41%,而指令 Cache 失效率却达到了 4.59%,增加了 223%。可见,x264 编码程序的内层循环的指令总长大大超过了指令存储器的容量限制,在每遍循环执行时,都会引起若干次指令 Cache 失效。即使 Cache 可以做到正确预取,失效仍然是不可避免的,且对性能影响非常大。更为严重的是,在拥有多发射指令机制的处理器中,Kernel 对 Cache 的失效率更为敏感,即使是相对很低的 Cache 失效率也会显著增加 Kernel 的执行时间。这是因为一个被深度开发过并行性的程序在每一个 stall 周期中都会浪费大量的发射槽。

4. 多模式的相似代码

x264 编码器的许多部分都包含多模式选择的特征。例如,在帧内预测中就存在 17 种预测方式,其中包括 4 种 16×16 的亮度块预测模式、9 种 4×4 的亮度块预测模式和 4 种色度块预测模式;而在帧间预测中则可能最多包含 259 种的分块方式,同样在重建路径上也包含了 6 种二维变换的模式。

在原程序框架中,每一种模式都被设计成一个函数,在这些函数之间存在很多相似的代码段。以帧内预测的 17 种模式为例,它们在预测因子的产生和使用、直流参数值的计算、水平模式预测值的生成、垂直模式预测值的生成、SAD 值的计算等方面就存在许多公共的实现部分。如果将这些函数直接地转换为 Kernel,那么这些 Kernel 中的许多指令就会重复地在片上存取,从而增加指令的带宽和存储器的压力。

4.2.3　变量和数据结构层次的局限性

这一部分的问题均出现在变量和数据结构层次,原因是普通程序中的变量或数据结构与流计算模型中的流存在很大的不同,且原有程序框架中庞大的全局数据结构、随机的变量访问与流的特性不相吻合。

1) 大量的全局变量

原程序将相关的变量都集中在 x264_t、x264_param_t 等几个大数据结构中,且函数间数据的传递都是通过这些数据结构来完成的。即使需要的数据量很小,也会传递整个数据结构,因此存在许多的全局变量,使得程序框架中的函数被紧密地耦合在一起。相反地,为了更加有效地向硬件暴露"生产者-消费者"局域性,流模型需要解耦合数据的通信和计算过程,使数据只能在 Kernel 之间以流的方式明确地传递。

为了更好地表示程序包含全局变量的情况,提出了"变量平均生命周期"这个指标,它定义为程序中的所有变量以指令数为单位计算的生命周期的平均值。其值越小,与流模型的契合度越好。通过计算可得原程序变量平均生命周期高达 521330 条指令,可见全局变量多的问题比较严重,会造成标量核对运算簇的控制打扰,从而不利于"生产者-消费者"局域性的捕捉,并且增大了存储器的带宽压力。

2) 随机的数据访问

原有程序框架中存在许多很常见的随机数据访问,这其中包括指针访问、大范围的跳转访问和动态地址访问等。它们产生的原因主要包括对一个多维数组的不同维度的访问、临近区域的搜索和查表操作。在流模型中,这种对全局数据的随机访问在 Kernel 中是不允许的。在这种情况下,数据与地址产生相关的这类应用就必须首先产生一系列的索引,然后使用这些索引来将数据组合成流,这样才能作为后面的 Kernel 的输入。

4.2.4　控制密集型组件层次的局限性

原有程序框架中的计算密集型部分已经被定义为了关键函数,并会形成流模型中的 Kernel。然而程序中还存在一些控制密集型的组件,如果不对这些组件加以优化,那么会对程序的性能造成影响,可以通过图 4.7 中程序各部分执行时间分布图来加以分析。

在表 4.1 所述的参数设置下对 x264 编码程序进行时间测试,得到编码速率为 5.64fps,其中各部分的执行时间分布如图 4.7 所示。其中 Analyse 部分所占的比例是最大的,约为 67.1%,而 Encode 部分占总执行时间的 14.3%。可见这两部分是加速的重点,它们的性能对整个程序的加速效果影响很大。另外两个主要组成部分(CAVLC 和去块滤波),分别占到总执行时间的6.2%和5.3%。其他部

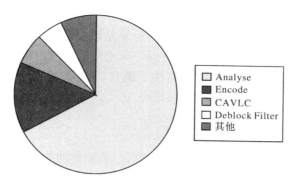

图 4.7　程序各部分执行时间分布图

分的开销达到了 7.2%,这部分主要包括控制开销、分支开销、初始化开销等,属于控制密集型组件。这部分的开销又称为非核心计算开销,是另一个表示与流模型契合度的指标。其值越小,说明程序框架与流模型的契合度越好。

　　非核心计算开销不能被轻易忽视,需要尽可能地降低。以 x264 程序为例,若需要使整个编码程序达到 30fps 的实时效果,那么在不降低非核心计算开销的情况下,根据 Amdahl 定律[91],需要把其他核心计算的部分都加速 8 倍以上。然而,如果没有额外的硬件支持和算法的改进,这是难以达到的。因此,流化这些控制密集型的组件也是相当重要的,需要尽量去除这部分开销,形成一个完整的优化程序。

　　综上所述,原有程序框架存在三个层次的局限性问题,分别是函数层次、变量和数据结构层次以及控制密集型组件层次。这其中,共提出了 5 个表示流模型契合度的指标,并都得到了原程序框架的相应指标值,如表 4.3 中所示。

表 4.3　原程序框架的流模型契合度指标

指 标 名 称	大　　小
关键函数的平均调用深度	5.82
并行潜力数据集大小	256B
指令平均调用跨度	4×10^8 条指令
变量平均生命周期	521330 条指令
非核心计算开销	7.2%

4.3　x264 编码程序的流化

本节将详细说明将 x264 的原有程序框架逐步转化为流模型的过程,并展示原有框架的局限性是如何被逐步消除的。对应 4.2 节所提到的三个层次的局限性问题,本节的流化过程有三个主要步骤,分别是函数到 Kernel 的转化、结构变量到 stream 的转化,以及控制密集型组件到计算密集型组件的转化。这些步骤具有通用性,与目标体系结构无关,同时抓住了流化的本质,可以使用到其他媒体应用中。

4.3.1　函数到 Kernel 的转化

在流模型中,Kernel 负责高密度的计算,一般根据功能划分,最终应用将被划分成一连串对流进行操作的 Kernel。流化的第一步就是要将程序代码从基于函数的框架转变为基于 Kernel 的框架,这是因为函数和 Kernel 之间有很大的不同。Kernel 不允许嵌套,其调用层次不超过 3。Kernel 以并行的方式对某一大规模数据集进行处理,其处理粒度大。Kernel 完成相对独立的计算过程,代码路径相对短。因此,如果可以将函数转化为等价的 Kernel,那么基本上可以消除串行编码器中函数层次带来的限制。本书采用了 5 种技术和策略:扁平化关键函数、增大数据处理粒度、分割循环体、将函数封装成 Kernel 和参数化 Kernel,很好地解决了原框架在函数层次存在的 4 个局限性问题。

1. 扁平化关键函数

在流计算模型中,Kernel 是不允许嵌套的,而且 Kernel 的启动和控制开销较大。原有程序的关键函数嵌套层次深、调用次数多,不符合流计算模型的特点。因此,需要减少关键函数的嵌套层次,将主要的 Kernel 都提升到同一层上执行,称为扁平化的过程。

图 4.8 左半部分给出了一个转换过程的示例,为了更加高效地管理和实现这个过程,采用自顶向下的思想逐层地进行函数的分裂和聚合,形成了基于宽度优先树遍历的扁平化方法,具体分为以下三个步骤。

(1) 转换树的生成。转换树的根结点是包含整个编码过程的程序段,其子结点即为编码程序中所调用的最顶层的各函数,如 macroblock_encode( )(B3 结点)。从这些顶层函数开始逐层地对各个结点进行扩展,将当前结点所调用的子函数作为该结点的子女,当扩展到关键函数时就停止结点的扩展。这些关键函数自身将成为某个 Kernel,或者将与它的其他兄弟结点聚合成 Kernel。生成转换树的前提就是要确定各关键函数,以决定结点扩展的深度,这个工作在第 3 章就已经完成了。如顶层函数 macroblock_encode( )内的 quant4x4( )(E2 结点)被作为关键函数,从函数调用关系中可以看出,以 macroblock_encode( )对应结点为根的子树的深度为 4。转换树描绘出了 H. 264 编码程序从顶层函数到各关键函数的调用关系,扁平化的最终效果就是要将转换树的每个叶结点都转变为树根的子结

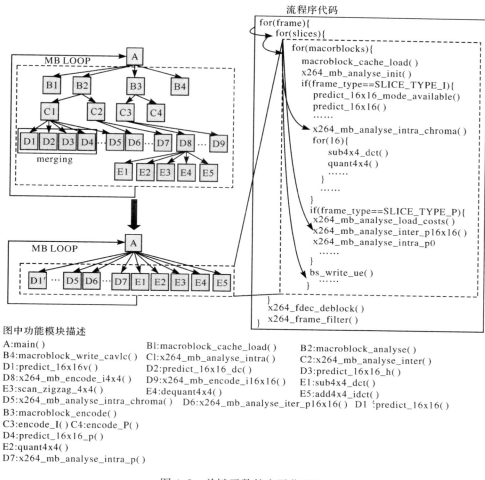

图中功能模块描述

A:main( )
B4:macroblock_write_cavlc( )
D1:predict_16x16v( )
D8:x264_mb_encode_i4x4( )
E3:scan_zigzag_4x4( )
D5:x264_mb_analyse_intra_chroma( )
B3:macroblock_encode( )
C3:encode_I( ) C4:encode_P( )
D4:predict_16x16_p( )
E2:quant4x4( )
D7:x264_mb_analyse_intra_p( )

B1:macroblock_cache_load( )
C1:x264_mb_analyse_intra( )
D2:predict_16x16_dc( )
D9:x264_mb_encode_i16x16( )
E4:dequant4x4( )
D6:x264_mb_analyse_iter_p16x16( )

B2:macroblock_analyse( )
C2:x264_mb_analyse_inter( )
D3:predict_16x16_h( )
E1:sub4x4_dct( )
E5:add4x4_idct( )
D1':predict_16x16( )

图 4.8 关键函数的扁平化过程

点,并将某些结点通过聚合形成最终的 Kernel。最终形成的 x264 编码程序的转换树包含 74 个结点,其中含有 41 个叶节点,转换树的深度为 5。

(2) 从根结点的子结点开始,按照宽度优先的顺序逐层遍历转换树,并对每个结点执行下列操作。

① 树结点的分裂。将当前结点的所有子孙均提升一层并删除当前结点,从对程序的操作来看,相当于将当前结点对应的函数分裂成了其调用的子函数,因此称为树结点的分裂。如处理帧间预测函数 x264_mb_analyse_inter( )(C2 结点)时,将程序中对该函数的调用分裂成 x264_mb_analyse_inter_p16x16( )(D6 结点)、x264_mb_analyse_inter_p( )(D7 结点)等 7 个函数,并用相应的程序替换原

有的调用语句。而此时转换树中 x264_mb_analyse_inter( )函数对应的结点就已经被删除,其所有子孙的层数都减 1。

② 函数参数与变量的换名处理。将当前结点进行分裂以后,其对应的函数体中使用的函数参数及声明的变量的作用域都发生了变化,提升到了当前结点的父结点所在的函数体内,因此需要进行必要的换名处理来避免变量间的定义错误或定义冲突。如去块滤波中的 x264_frame_filter( )函数,被其父结点调用时所给的参数为 h–>fdec,而本函数声明时使用的是 frame,因此在该结点分裂后,必须将其中的 frame 换名为 h–>fdec,才能保证程序的正确性。同时,x264_frame_filter( )函数中声明的 x_inc 变量,在其父结点的函数体的其他部分也存在同名变量,因此可以换名成 x_inc_filter 来加以区别,避免变量间的错误影响。

③ 树结点的聚合。若当前结点分裂后形成的是叶结点,则根据对 Kernel 的需要将其中某几个叶结点通过聚合的方式形成新的结点,并删除原有结点。即将几个函数聚合形成新的更大的函数体,同时也需要进行适当的变量换名处理,使其统一于新函数体所给的相应参数。这种情况一般出现在多个关键函数间的调用关系或者数据依赖关系是紧密耦合的。这时,将这些函数聚合成一个完整的Kernel 比把它们各自分开形成 Kernel 更加的有效。如结点 x264_mb_analyse_intra( )(C1 结点)分裂结束后,函数内部的 16×16 亮度帧内预测的 4 种方式是关键函数,它们都成为了叶结点。但是希望将 16×16 模式的亮度帧内预测用一个Kernel 函数来实现,用来保证整个亮度 16×16 帧内预测功能的完整性,因此将对应的 4 个结点(D1 结点、D2 结点、D3 结点、D4 结点)聚合成了一个新的树结点 D1′(predict_16x16( )),如图 4.8 中所示。

(3) 循环的内移。经过上面的两个步骤,原有转换树的叶结点自身或与其他叶结点一起成为了根结点的子结点,但是扁平化的工作并没有完成。因为转换树只暴露了函数间的调用关系,并没有体现出循环嵌套关系。因此,第三步的工作就是检查现有的每个叶结点,若发现某个叶节点函数的外部存在循环语句,而循环体内没有其他语句,则将这个循环语句内移入该函数。当然函数的调用参数需要做相应的改变,从通过循环变量索引的参数改为被索引的结构本身。这样进一步减少了循环嵌套的开销。例如,predict_4x4( )函数的外部有一个循环 16 次的循环体,循环体内没有任何语句,每次循环都对一个 4×4 子块进行帧内预测。这样就可以把这条循环 16 次的循环语句内移入 predict_4x4( )函数,以整个 16×16 宏块数据作为参数调用函数,形成一个新的 predict_4x4( )函数。从图 4.8 中还可以看到另一种情况,sub4x4_dct( )函数外部也有一个循环 16 次的循环体,但是循环体内还有对 quant4x4( )函数的调用,因此循环不能够内移。这种情况将在后面的步骤中得以解决。

经过上述的扁平化步骤之后,最终形成图 4.8 右半部分所示的新的程序结构。在这种结构下,每一个关键函数都被提升到转换树所示的函数调用链的最顶层。大部分关键函数的调用深度为 3,它们的外部只有分别对帧、片和宏块的循环,某些对 4×4 子块进行处理的核心函数外部也只多了一层对子块的 16 次循环,如 sub4x4_dct( )等。关键函数的平均调用深度已下降到了 3.2,Kernel 的启动和控制开销被大幅降低了。

2. 增大数据处理粒度

尽管关键函数经过了扁平化的过程,但是它们还是不适合直接转化为 Kernel,这是因为它们的数据处理粒度还是很低。以下介绍如何通过松弛宏块间的相关性来增大关键函数的数据粒度,从而提高并行潜力数据集的大小。

在帧间预测中,宏块间的数据相关出现在运动矢量预测部分。当前块的运动矢量预测方式有三种形式,如图 4.9 的上半部分所示,每一种预测方式中当前块的 MV 预测值都依赖于临近宏块的 MV 值。只有临近宏块的 MV 值确定以后,当前宏块才可以继续后面的计算,这不可避免地造成了串行处理。解决方法是将计算过程中使用到的当前宏块左边的宏块的运动矢量 MV0 都转变为左上角宏块的 MV3。如图 4.9 的下半部分所示,在第一种方式里,MVP 值由原有的 MV0、MV1、MV2 的中值变成了由 MV3、MV1 和 MV2 的中值,这样就便于并行处理和宏块的流水化。

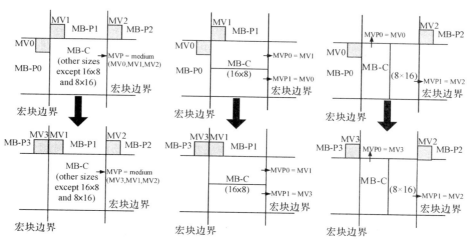

图 4.9　帧间预测相关性示意图

改进的算法只改变了针对运动估计补偿因子的计算,仍然符合 H.264 的标准。对 Claire QCIF 10Hz 序列进行测试,从图 4.10 中可以看出,改进后的帧间预测的峰值信噪比(Peak Signal to Noise Ratio,PSNR)与原算法相比平均只降低了 0.4dB,而图像质量并未下降。这样图像中同一行的宏块之间都是可以并行地进行帧间预测的,并行潜力数据集大小上升到 30KB。

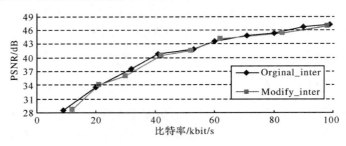

图 4.10　Claire 序列的率失真曲线图

在帧内预测中,当前块内的像素的预测值要通过左、左上、上、右上方向的宏块编码重建后的值计算得到。以 16×16 块大小的帧内预测为例,当前宏块的预测是基于重建帧中位于当前宏块位置上方的 17 个像素和左侧的 16 个像素的。因为对当前宏块进行预测时左边宏块的重建可能并未完全完成,所以就出现了因数据相关而造成的等待,使得宏块级的并行无法展开。

本书所采用的方法是将预测中所有的重建帧像素值用输入帧的原始值代替,这样宏块间的数据相关性就不存在了。当然,如果只是简单地用原始像素代替重建像素的话会造成编码模式选择的误差。由于原始像素是属于同一帧的,而重建像素经过帧间或帧内编码去除了冗余度,所以与重建像素相比原始像素有更高的相关性。不过已有的研究表明,这个误差是在可以接受的范围内[92],特别是针对高清序列,图像质量的损失几乎是可以忽略不计的[93]。尽管如此,为了尽量提高图像的质量,对误差代价函数(error cost function)进行了简单的研究和修改。通过增加一个误差项来减少误差,这个误差项体现原始像素和重建像素之间的差值。通过对图像数据的分析和实验,得出这个误差项是一个与量化参数和图像数据相关的一个分段函数。加上新的误差代价函数之后,改进后的帧内预测基本消除了模式选择误差,其 PSNR 的表现与原帧内预测算法接近。经过这样处理以后,同一帧的所有宏块之间都可以并行地进行帧内预测,并行潜力数据集的大小上升到 2MB,提升了近四个数量级。

在去块滤波过程中,当前宏块的滤波过程虽然与其相邻的左边宏块和上面宏块的重建数据相关,但这部分数据是由 IDCT 产生的,在去块滤波之前已经执行完毕。因此,相关的数据可以事先计算和预取,从而使得宏块的并行处理成为可能。类似地,在 CAVLC 中,当前宏块的计算与左边宏块和上边宏块的非零值数目相关,而这些数据是在 CAVLC 之前的 non_zero_luma( ) 函数和 non_zero_chroma( )函数中产生的,因此也是可以提前计算和预取的。需要注意的是,虽然 CAVLC 的计算过程是可以并行的,但是码流的回存还是必须按位拼接的,这在

SIMD 的处理器中是一个难题,本书将在第 5 章中作详细介绍。

经过这一步的操作后,宏块间的数据相关性问题得到解决,并为以后的流化工作创造了条件。同时数据处理粒度大幅上升,并行潜力数据集大小上升到 30KB～2MB,为最终的高效优化和实现打下了良好的基础。

3. 分割循环体

原程序经过扁平化和增大数据处理粒度操作后,嵌套层次深、处理粒度低的问题就得到了有效解决,但是串行编码路径长,循环负载重的问题依然存在,关键函数还是没有成为最终希望的 Kernel。虽然它们已经拥有了很好的并行潜力,但是它们在程序中还是大多数集中于对宏块循环的循环体内,函数本身往往只对一个宏块进行处理。如果将循环体内部的每个函数直接实现为 Kernel,则数据处理粒度太小。如果将整个循环体实现为一个 Kernel,那么会因操作太多而引起高的指令 Cache 失效。因此,采用分割循环体的方式来减小最终 Kernel 的大小,即通过将一个循环体分成多个子循环体的方式来实现流化,而增大数据处理粒度的操作为循环体进行分割创造了前提条件。图 4.11 左半部分给出了一个分割循环体转换过程的示例,具体步骤如下。

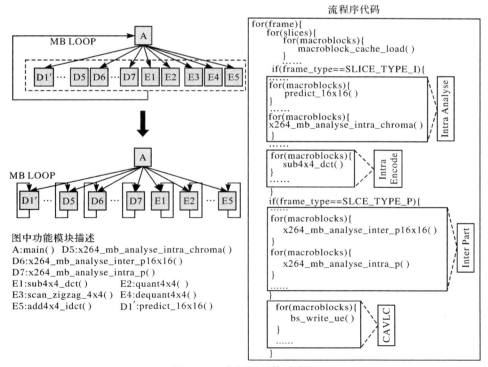

图 4.11　分割循环体示意图

（1）进行关键函数间的数据相关性检测。因为在进行切割时要保持程序原有的语义，不能在分割以后产生错误，其中最重要的是处理好子循环体之间的数据依赖关系，所以必须保证原有循环在遍与遍之间没有真数据相关。通过对函数间数据读写情况的跟踪，得知最多可以在宏块级别进行循环体的分割。如果之前没有消除宏块间的数据相关性，那么分割循环体就只能在子宏块级别进行。多数的关键函数分割的就是宏块循环的那个循环体，而类似于 quant4x4( )这样的关键函数，它们的外部还有一层对子宏块循环 16 次的循环体，这时就需要进行两次分割。

（2）流式变量的生成。在分割之前，循环体内部的关键函数之间只会进行一次循环的单份数据交互。而分割之后，上一个关键函数必须保留整个循环所产生的所有中间数据，以供下一个关键函数交互使用。这就必须扩大原有的单份数据存储空间以存储中间数据，最为常见的是以一个大小等于循环次数的数组来代替原有的一个变量。这些数组就是以后流的雏形，因此该步骤称为流式变量的生成。如在 sub4x4_dct 中用 dct4x4[16][4][4]代替 dct4x4[4][4]来存储 16 个子宏块 DCT 变换后的数据（子宏块循环体分割时）。在进行宏块循环体分割时，再用 dct4x4[N][16][4][4]代替 dct4x4[16][4][4]来存储一片中的所有宏块 DCT 变换后的中间数据，其中 N 是一片中的宏块数目。

（3）通过在分割处添加循环控制语句，利用循环变量的值来索引流式变量完成读写工作，并完成整个循环体的划分。这时，为了保持各关键函数在层次上的一致性，对外部存在子宏块循环的那些关键函数使用扁平化步骤中提到的循环体内移操作（显然这时它们已经满足操作的前提条件，循环体内没有其他语句），形成新的函数。这样，图 4.11 中所示的 sub4x4_dct( )（E1 结点）、quant4x4( )（E2结点）等函数就与其他函数一样，最内层循环体都是对宏块进行的循环。这时程序关键函数的平均调用深度下降到了 3，调用层次深的问题得到了进一步解决。

最终形成的程序结果如图 4.11 右半部分所示，程序的预测、编码和熵编码各部分的关键函数都被成功的分割开，最后都可以实现为不同的 Kernel。程序可以在所有的宏块都经过预测之后，进行编码，之后再进行熵编码。根据表 4.2 所示的运行环境下的统计，指令平均调用跨度下降到 7×106 条指令，比原程序降低了两个数量级，各部分指令 Cache 的失效率也都降低到了 1% 以下。调整以后的程序结构解决了重负载循环的问题，但是最终对关键函数的调用次数取决于不同体系结构的数据存储和指令存储的限制，如果可以满足一帧内所有宏块的数据存储需求和关键函数的指令总数，那么对于不分片的设置，一帧只需要调用一次。当然，切割后的循环体大大降低了循环的负载，使得指令存储器溢出的可能性大大降低。如果指令存储仍然不能满足要求，那么可以在预测、编码和熵编码内部再做细的分割。总之，为了产生更为高效的 Kernel，分割循环体的工作有时是一个具有反馈回路的螺旋式上升的过程,它取决于不同体系结构的限制,并且需要根据具体的环境反馈对循环体进行相应的分割。

4. 将函数封装成 Kernel

通过前面所阐述的 3 个技术,函数形成 Kernel 的条件已经成熟,可以把现有的关键函数封装为 Kernel。分割循环体后,原有的大循环体被分割成了多个小部分,每一部分包括一个关键函数和一个对片中所有宏块循环的循环体,可以把关键函数和它外部的这个循环体作为一个整体看待,封装成一个完整的 Kernel。为了处理方便,可以使用循环体内移的技术,将循环语句内移入关键函数,并相应修改函数的调用参数,将得到的新函数体标记为 Kernel。实际操作中,这一步并不是必须的,只需要有概念意义上的 Kernel 就可以了。这是因为不同的体系结构最终形成的 Kernel 的大小并不是一致的,只是这些概念意义上的 Kernel 的有机组合或它们的子集。

到目前为止,已经可以将原有的基于函数的程序框架转变为基于 Kernel 的程序框架,如图 4.12 所示。图的左半部分表示原有的程序结构,其中存在大量的循环调用和函数嵌套。从图的右半部分可以看出,原有的大量函数嵌套转变为在同一层次上执行的不同 Kernel,Kernel 的外部只有分别对帧、片的循环。例如,原有 x264_mb_analyse_intra( ) 函数内部调用的帧内 16×16 模式预测以及帧内 4×4 模式预测等过程,都被封装成了在同一层次下执行的 Kernel。经过对循环体的分割,原有的大循环体被多个小 Kernel 所替代,Kernel 的规模得到了控制,有利于保证 Kernel 的指令数满足指令存储器容量限制,大幅降低指令访问的失效率。x264_mb_encode_i16x16( ) 函数,其扁平化后的 5 个函数原本是在同一个循环体内部,在图中被分割成了 5 个不同的 Kernel。图 4.12 中还示例性地给出了一些现有变量的传输情况,如 Kernel 间传递的 dct4x4、luma_ac、luma_dc 等数据都是经过改造重新生成的流式变量,将会成为最终的流。而 x264_t、x264_param_t 这样的大数据结构在 Kernel 间的传播,会带来频繁的数据通信,降低程序的"生产者-消费者"局域性,而这正是在结构变量到 stream 的转化中需要解决的问题。

5. 参数化 Kernel

到目前为止,程序框架中已经形成了 Kernel,但是还有多模式选择的问题有待解决。这里将多模式选择的实现方式进行改变,从一种模式由一个专用 Kernel 实现,更改为仅使用几个可重用的 Kernel。这些 Kernel 根据需要可以由不同的参数进行配置,并将这个过程称为参数化 Kernel。参数化 Kernel 通过分析不同 Kernel 的特征和相互联系,提取出它们的共有部分并加以实现为可共享的资源。不同的部分被合并在一个 Kernel 里,并且通过一些参数有选择地执行。同时还使用一些参数对共享资源的执行进行选择和控制,将它们有机地组合成整个模式的计算过程。

本节只介绍了一般的参数化 Kernel 的过程。参数化完成以后,在不同的体系结构中只需要根据实际环境使用不同的参数形式。例如,流模型在 STORM 上映射时,使用微控制器变量来控制参数化 Kernel 的执行,这部分内容将在第 6 章中具体介绍。这里,以帧内预测中的亮度块 16×16 宏块模式和色度块预测模式的 Kernel 实现为例进行具体说明。由于色度在图像中是相对平坦的,因此色度块模式的帧内预测与 16×16 宏块亮度模式的实现方式是相似的,同样包括直流预测、水平预测、垂直预测和平面预测四种方式。不同之处在于参与处理的像素点数目不同,色度块模式处理的是 8×8 大小的宏块,只有 16×16 宏块模式的四分之一。

对这两个过程采用参数化 Kernel 的技术,具体过程如图 4.13 所示。图的左边是原有的两个 Kernel 的执行情况,图的右边是合并后的参数化 Kernel 的执行情况,灰色框部分表示模式的共享部分。四种预测方式的共享过程被设计成能够同时支持色度块预测和亮度块 16×16 宏块的预测,输入和控制流由三种类型的参数进行配置。首先是用于控制两种模式输入的参数,这个输入数据是从宏块边界扩展得到的预测因子的值,色度块模式输入 8 个像素点的值而亮度块 16×16 宏块模式输入 16 个像素点的值;其次是一组在预测计算时控制循环次数的参数,两种模式不同的循环次数是由它们所处理的数据个数决定的。例如,在平面预测时,色度块模式需要循环 4 遍而亮度块 16×16 宏块模式需要循环 8 遍;最后是预测因子产生过程中会使用的一些常量,这些常量在不同模式下的赋值是不相同的。如在直流预测中,预测数据会加上一个常量,色度块模式所使用的值是 16 而亮度块 16×16 宏块模式使用的值是 4。

参数化 Kernel 的操作对多模式中的共有部分进行了有效配置,提高了处理的效率,节省了指令加载的开销和计算开销,有效地降低了指令的带宽和存储器的压力。至此,函数到 Kernel 的转化过程已经完成,流化进入下一个阶段,即结构变量到 stream 的转化。

4.3.2　结构变量到 stream 的转化

流是连续的、移动的同构元素队列,是大量数据聚合成的一维连续数据结构,是流模型的关键组成部分。虽然任何相似的数据记录序列都可以很方便地被定义成流,但是为了达到更高的效率,就必须考虑流的"生产者-消费者"局域性问题。而原有程序框架中庞大的全局数据结构、随机的变量访问与 stream 的特性不相吻合,不利于"生产者-消费者"局域性的开发。因此,下一步的流化工作就是要将程序代码从基于结构变量的框架转变为基于 stream 的框架,使得生产的流能够直接被消费,减少标量操作,让运算簇一直处于运转状态而不空闲,从而大幅提升程序

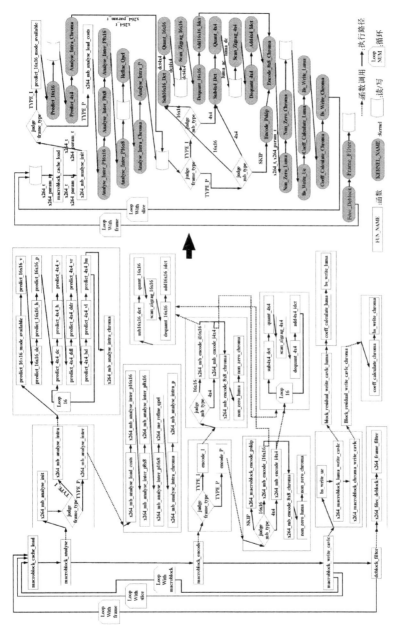

图 4.12　基于函数的程序框架转变为基于 Kernel 的程序框架

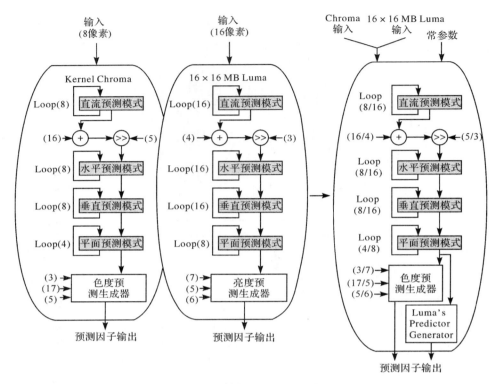

图 4.13　参数化 Kernel 示例

性能。具体过程包括：全局变量本地化、将结构变量组织成 stream、stream 规则化和 stream 重用四个步骤。

1. 全局变量本地化

变量的生命周期太长，就需要在局部寄存器中保留较长的时间，且极易被其他变量替换出去。同时，前面的 Kernel 计算所生产的数据就不能直接被后面的 Kernel 所消费，往往需要重新加载，阻碍了"生产者-消费者"局域性的开发。长生命周期的变量过多，就会造成相当严重的影响。原程序中大量全局变量的存在，造成了标量核对运算簇的控制打扰，而全局数据结构的存在使得对该结构进行计算后所生产的流往往需要与标量交互进行全局的更新。

全局变量本地化的目的就是通过分割变量的生命周期，尽可能地把全局变量直接转化为本地变量，或者把变量的一段长生命周期割裂成几个部分，将某些部分内使用的变量替换成本地变量，从而使程序更加适应流模型。通过对变量在 Kernel 间的传递和使用情况进行分析，把变量分为三种类型，并分别提出相应的解决办法，如图 4.14 所示。

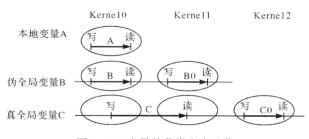

图 4.14　变量的分类和本地化

（1）本地变量。如图 4.14 中的变量 A,它只在同一个 Kernel 里产生和消费。这一类变量的生命周期已足够短,在一个 Kernel 内产生和消费,不会影响 Kernel 间的"生产者-消费者"局域性,因此不需要再割裂。这些变量一般只在原程序的某个关键函数内部被声明和使用,如 Kernel Analyse_Intra_Chroma 中用于存储宏块色度预测模式的变量 predict_mode[89] 等。

（2）伪全局变量。如图 4.14 中的变量 B,它虽然是一个全局变量,会同时被 Kernel0 和 Kernel1 访问,但是在一个 Kernel 里的变量 B 的值并不会影响其他 Kernel 的结果。因此,这样的伪随机变量可以通过在每一个 Kernel 里使用一个重命名变量的多副本技术来达到本地化的目的,如在 Kernel1 里将变量重命名为 B0。全局的常量同样也属于这种类型。在程序中,全局数据结构 x264_param_t 内部的大多数变量都属于伪全局变量,Kernel 之间对这些变量的使用不会相互影响,可以使用多副本技术割裂这些变量原本很长的生命周期。

（3）真全局变量。如图 4.14 中的变量 C,它会同时被多个 Kernel 访问,并且在 Kernel 之间存在写后读的相关性。这种类型的变量在 x264 程序中有很多,如 x264_t 结构中的变量 intra4x4_pred_mode 和变量 non_zero_count,在编码过程的大部分 Kernel 中被访问,同时变量在 Kernel 间存在着值传递。针对这种情况,主要分两种情况处理:时间上的割裂和空间上的割裂。若变量在一个 Kernel 内部先写后读,且先前 Kernel 中产生的该变量的值不会影响当前 Kernel 的执行,则可以在当前 Kernel 产生一个该变量的副本,从这一时间点上割裂原有变量的生命周期,这称为时间上的割裂。如图 4.14 中变量 C 在 Kernel2 中先写后读,因此被重命名为 C0 来达到本地化。在程序中,变量 non_zero_count 就属于这种情况,虽然在 macroblock_cache_load( ) 中会被赋值,但是在 Kernel None_Zero_Luma 中先写后读,因此可以在此割裂变量的生命周期,在 Kernel None_Zero_Luma 中使用一个新的副本。若一个全局数据结构中的某些变量属于本地变量或伪全局变量,则可以将这些变量从这个全局数据结构中割裂出去,单独使用,这称为空间上的割裂。例如,全局数据结构 x264_param_t 内部的大多数变量属于伪全局变量。虽然可以采用多副本技术割裂,但是由于变量还存在于全局数据结构中,每次对数据结构的使用都会无形中延长这些变量的生命周期。因此需要将这些变量从结构中割裂出去,再进行处理,缩短变量的平均生命周期。

通过这样的分析和处理,大部分全局变量的生命周期都可以被割裂,达到本地化的目的,最终程序的变量平均生命周期降到了 7635 条指令,下降了两个数量级。

2. 将结构变量组织成 stream

经过全局变量本地化的步骤后,程序中还是存在一些全局的结构,这包括所有的输入/输出以及 Kernel 间交互的变量。因此,接下来的这个步骤就是要将这些仍然存在的结构变量转变为 stream 或者 Kernel 间的传递参数。具体的转化目标由数据的粒度决定:大规模的变量就转化为 stream,小规模的就转化为参数。然后,将这些元素有序地组装成 stream,并且为 stream 附加上类似索引、长度和方向等属性。

到目前为止,Kernel 和 stream 都已经形成,原有的 H.264 编码器已经完全转变为由一系列解耦合的 stream、Kernel 和少数必要的控制逻辑组成的流计算模型,现在的程序框架如图 4.15 所示。与之前的框架图的表示有所不同,图 4.15 不仅表示出了程序的执行路径,而且还显示了数据的传递路径,称为符合流模型特征的数据流图。需要说明的是,虽然经过参数化 Kernel 步骤之后,有些 Kernel 会使用到同一个可配置的 Kernel,但是为了清晰地表示程序功能,这些 Kernel 仍使用不同的名字。从图 4.15 中可以看出,原有的全局数据结构通过本地化步骤已经被分解成多个短生命周期的变量,并且向程序员充分暴露了 Kernel 间的"生产者-消费者"关系。例如,原程序中最大的全局数据结构 x264_t 中的全部成员变量都已经从结构中被剥离,其中许多变量都已经被本地化,剩余的变量的生命周期也被进行了有效的割裂,并最终组装成 fenc、fdec、mv、dct4x4 等为数不多的几条 stream。同样的转换过程也发生在另一个关键的全局数据结构 x264_param_t 上,其中的绝大部分变量都是伪随机变量,成为了 Kernel 内部的参数,仅剩下了 i_width、i_height、i_frame_total 等变量在 Kernel 外部进行全局的控制。

同时,因为宏块间的相关性已经被消除,所以 stream 的长度也大大加长,包含了一个条带中的所有宏块及其相关数据,如图 4.15 中所示的 mb_type_strm,none_zero_strm,mode_strm 等长流,它们都是由分割循环体时产生的流式变量转变而来的。

然而,现有的数据流图仍然存在一些不尽如人意的地方。首先,并不是所有由生产者 Kernel 产生的 stream 都能够直接被消费者 Kernel 使用。在 Kernel 之间仍然存在一些重组操作,如图 4.15 中虚线的矩形框所示。其次,不管是 Kernel 之间还是 Kernel 内部,都没有很好地开发 stream 的重用性。下面所阐述的方法

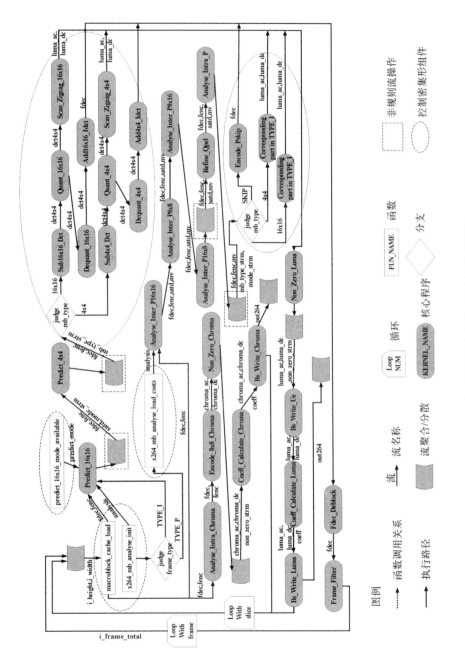

图 4.15　H.264 编码器的符合流型模型特征的数据流图

可以有效解决这两部分问题,对数据流图进行优化使之更加富有效率。第三,数据流图中还存在一些控制密集型组件的问题有待解决,如图 4.15 中虚线的椭圆形框所示,这将在 4.3.3 节中讨论。

3. stream 规则化

在 H.264 编码器中,一些"生产者-消费者"关系是以不规则的形式表现出来的,也就是说一些 stream 在 Kernel 中使用的顺序与它们产生时的顺序不同。这些 stream 被称为非规则流。因为流模型在 Kernel 之间不允许对全局存储器进行随机访问,所以非规则流不能够直接地被随后的 Kernel 使用。因此,在 Kernel 之间必须插入一些重排序的操作,如转置、索引存取、条件选择等。然而,这些操作导致在这段时间内所有运算簇空闲,从而增大了 Kernel 的等待时间,大大降低了程序性能[94]。基于所存在的这些问题,提出 stream 的规则化方法。即在不影响正确性的前提下调整生产者生产 stream 的顺序或者消费者使用 stream 的顺序,力求二者的一致,从而将 stream 规则化,充分捕捉"生产者-消费者"局域性。

一个 stream 规则化的例子如图 4.16 所示。帧内预测的 Kernel 产生的用于交互的 stream 是以按行优先的光栅扫描顺序组织的,而接下来的 Kernel DCT 在进行变换时,在一个宏块内部是以之字形顺序进行运算的,因此就产生了重组过程。为了避免重组的操作,如图 4.16 下半部分所示,可以在预测时将计算顺序调整为与 DCT 相同的之字形顺序,这样预测所生产的 stream 就可以直接被 DCT 所消费。通过这样的规则化过程,许多对非规则流的重组操作(如图 4.16 中虚线所示的矩形框部分)都可以被消除。多数情况下,上一个 Kernel 所产生的 stream 可以直接被后面的 Kernel 所使用。最终,stream 只在最初的数据准备和最终的结果存回上需要访存,而在 Kernel 之间,只有对非零值计算的两个 Kernel(None_Zero_Luma 和 Final_nz_Chroma)需要在标量中重组,这说明对生产流或消费流的顺序调整充分开发了"生产者-消费者"局域性。

4. stream 重用

流模型的进一步优化还可以通过充分开发 stream 的重用性来实现,stream 重用性的提高使得 Kernel 可以充分消费已有的生产流,减少在标量组织数据的开销。Kernel 之间尽可能多地重用 stream 是有效地开发"生产者-消费者"局域性的另一个关键因素。stream 的重用主要分为 Kernel 间的重用和 Kernel 内的重用两个层次。

(1) Kernel 间的 stream 重用。是指从存储器中载入或由某个 Kernel 产生的 stream 被其后的 Kernel 重用。这一层次又分为两种不同的情况:一种是由于数据空间的重叠而带来的重用。如图 4.17(a)所示,是在运动估计中计算最佳运动向量时常出现的区域搜索过程。为了便于说明,将搜索区域上下、左右扩展的像

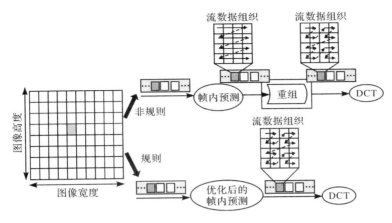

图 4.16　stream 规则化示例图

素都定为 16，即扩展的区域是以宏块为单位（实际程序设置中扩展区域是上下、左右各扩展 8 像素）。在对 frame 1 中的某个宏块进行运动估计时，需要在前一帧 frame 0 中与当前宏块相对应的位置开始搜索，并以此为中心搜索周围的 48×48 像素大小的区域。这样在相邻两个宏块的搜索过程中，必然会存在 32×32 像素大小的空间重叠，这部分区域的数据就可以在两次宏块运动估计中被重复使用，如图 4.17(a) 中灰色的方块所示。在流模型中，这部分数据常用 stream 的子流形式加以表示和使用。还有一种 Kernel 间的 stream 重用是由计算过程的重叠带来的。一些 Kernel 之间存在可以共享的计算过程，而所共享的计算过程产生的最终数据同样是可以共享的。这些数据如果粒度较大，形成了在 Kernel 间传递的流，那么就产生了 stream 的重用。如帧内预测的亮度块 16×1 宏块模式和亮度块 4×4 宏块模式对预测因子的产生是共享的。在对亮度块 16×16 宏块模式进行帧内预测的 Kernel 中，会产生每个宏块边界的预测因子，这些预测因子形成了输出流并能直接被亮度块 4×4 宏块模式重用。

（2）Kernel 内的 stream 重用。这种重用与传统的数据重用有一些不同，这是因为 stream 经常是沿着一个前进方向访问，不允许任何反向访问，因此对 stream 的重用只发生在 Kernel 内部所缓冲的最近使用的数据上。为了开发这种重用，在 Kernel 中为每一个 stream 使用一个先进先出的缓冲队列。缓冲每一次从队列头部弹出数据，并且从输入流中取出相同数量的数据放在队列尾部。对于输出流则采取相反的操作，队列头部弹出的数据放入输出流中，然后将 Kernel 中产生的相同数量的数据放在队列尾部。这样在 Kernel 中总有一定数量的流数据可用于重用。继续以运动估计为例进行说明，如图 4.17(b) 中所示，Kernel1 每次计算一个宏块中 3×3 像素区域的 SAD 值来寻找最佳的匹配向量。然后一个

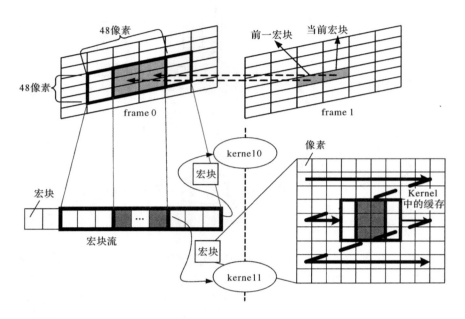

（a）Kernel 内的流重组　　　　（b）Kenel 间的流重组

图 4.17　stream 重用的示例图

1×3像素区域从 stream 中输入并且连接到原来区域的右部，形成一个新的计算 SAD 值的区域，这两个区域的重叠部分（如图 4.17(b)中灰色的方块所示）就可以在 Kernel 中被重用。

4.3.3　控制密集型组件到计算密集型组件的转化

流计算模型是一种高可预知的结构化模型，在可预知的条件下能达到很高的执行效率。现有的流模型中仍然存在一些分支和控制操作（如图 4.15 中虚线所示的椭圆形框部分），这会降低程序的可预知性，引发非核心计算开销。因此，需要通过对现有程序执行情况的分析，将这些控制密集型组件尽量转化为计算密集型组件，降低非核心计算的开销。

对以上问题的处理通常有以下三种方法。一是根据现有的程序设置情况，去除或简化当前的分支和控制情况，如 x264 编码程序在 Baseline 档次的实现中就可以去除和简化超过 50% 的分支和控制操作。二是将本来并不是关键计算部分的操作，也设计成一个独立的 Kernel 或者融入到其他的 Kernel 中去。例如，x264 编码程序中的 macroblock_cache_load( )函数，完成图像数据加载等初始化工作，就可以在 Kernel 中实现，而 predict_16x16_mode_available( )函数则可以合并到

Kernel Predict_16x16 中去。三是通过冗余操作执行所有分支的内容,再从最终结果中选择正确的数据。这种情况会增加原程序的计算量,但是在多核或多运算簇的体系结构中会达到很好的效果,因为它们能够为冗余操作提供充足的计算单元。尤其是在以 SIMD 方式运行的处理器中,这样的操作保证了每个并行单元处理行为的一致性,对程序性能的提高十分有利。

原有的流模型经过这些处理后,多余的分支和控制操作已经被消除,非核心计算开销下降到了 2.8%,程序的可预知性得到了明显的提高。

4.4　S264:流化的 H.264 框架

本章详细说明将 x264 的原有程序框架逐步转化为流模型的过程,并展示了原有框架的局域性是如何被逐步消除的。流化过程经过了三个主要步骤,分别是函数到 Kernel 的转化、结构变量到 stream 的转化和控制密集型组件到计算密集型组件的转化。这些步骤具有通用性,与目标体系结构无关,同时抓住了流化的本质,可以使用到其他媒体应用中。

通过这些流化步骤,流模型得以形成并完成了一系列优化,最终优化后的 H.264编码器数据流图如图 4.18 所示,称为 S264 (Streaming 264)。从图 4.18 中可以看出,与图 4.15 不同的是,一些 Kernel 之间的重组操作和控制密集型的组件被消除,这是 stream 规则化和控制密集型组件转化的效果。stream 只在最初的数据准备和最终的结果存回上需要访存,而在 Kernel 之间,只有对非零值计算的两个 Kernel(None_Zero_Luma)和 Final_nz_Chroma 需要在标量中重组,从而说明对生产流或消费流的顺序调整充分开发了"生产者-消费者"局域性。虚线所示的椭圆形框部分表示在多核/多运算簇的体系结构中可以被更加优化的控制密集型组件部分。最终,形成了一个主要包含 32 个 Kernel 和 16 条 stream 的流计算模型。

流模型契合度指标的变化如表 4.4 中所示。可以看出,原有程序框架经过流化步骤以后,流模型契合度指标发生了很大的变化,其流模型的契合度大大提高,已经成为了较为高效的流计算模型。

表 4.4　流模型契合度指标变化

指标名称	原始数据	现有模型的数据
关键函数的平均调用深度	5.82	3
并行潜力数据集大小	256B	30KB~2MB
指令平均调用跨度	4×10^8	7×10^6
变量平均生命周期	521330 条指令	7635 条指令
非核心计算开销	7.2%	2.8%

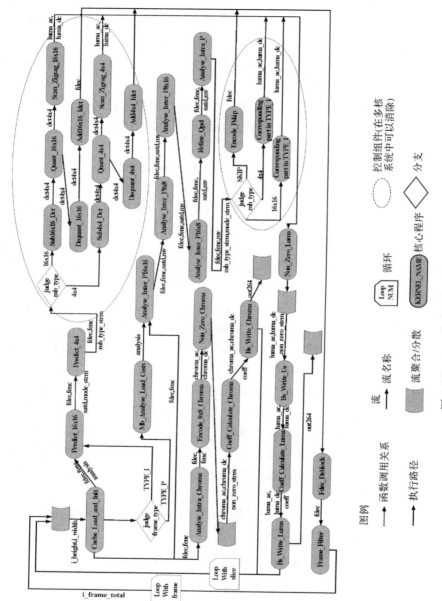

图 4.18 S264 编码器数据流图

第 5 章　S264/S：基于 SIMD 并行的
H.264 流化编码器

流体系结构是一种并行体系结构，可以提供丰富的数据级并行和指令级并行。各种流处理器都有一个共性即通过流的方式组织数据，利用流处理器提供的强大计算资源对数据进行并行处理。本书根据并行计算单元的执行方式将流处理器分为两种：基于 SIMD 并行的流处理器和基于多线程并行机制的流处理器。

所谓基于 SIMD 并行的流处理器是指处理器的计算单元任何时刻执行的指令是一致的，即所有指令的执行操作都是程序员可控的，典型的处理器是 Imagine 和 STORM。基于多线程并行机制的流处理器是指处理器的允许计算单元在同一时刻对不同的指令进行操作，即指令的执行过程是程序员无法控制的，其主要运行方式为多线程执行方式，典型处理器是 GPU。本章重点介绍 H.264 编码器在 SIMD 执行机制流处理器 STORM 上的实现。

5.1　SIMD 流处理器

顾名思义，SIMD 流处理器即是指按照 SIMD 的方式对数据进行并行处理的流处理器。这类流处理器的每个计算核心（cluster）任何时候执行的指令一致，完全同步执行。程序员在设计并行流程序时不需要考虑同步的问题，但是程序的灵活性受限。在流处理器刚问世阶段，绝大多数流处理器均以这种方式执行程序，如 Imagine、Merrimac、STORM 等一系列流处理器。本章以 STORM 系列流处理器中 STORM SP16 G220[95] 流处理器为目标平台阐述如何将第 4 章中得到的流框架映射到该处理器上。

STORM SP16 G220 是 SPI 公司于 2007 年生产的一款面向媒体处理的数字信号处理器，工作频率达到 800MHz，每秒可进行 112GOPS 的 32 位乘加操作或者 448GOPS 的 8 位乘加操作。芯片还有 256KB 的片上存储器、2 个 64 位 250MHz 的 MIPS 标量处理器核和各种 I/O 接口，是一款强大的 SOC（System-On-a-Chip）级流处理器。STORM SP16 G220 是在 Imagine 基础上设计的一款功能更加强大的处理器，其抽象体系结构如图 5.1 所示，包括以下两个主要的部件。

1）通用处理单元（General Purpose Unit，GPU）

该单元包括两个用于标量处理的 MIPS 核，一个是用于处理包括操作系统、I/O 设备驱动、用户界面任务等基本系统请求的处理器，称为 System MIPS；另一

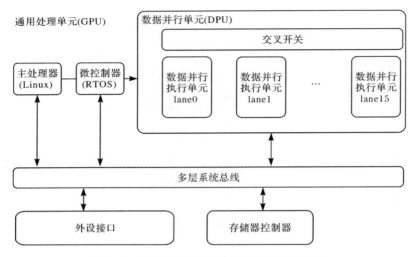

图 5.1　STORM SP16 G220 的体系结构框图

个是用于处理程序代码主线程的处理器,它与 DPU 以一前一后的方式执行,称为 DSP MIPS。

2) 数据并行单元(DPU)

DPU 的结构如图 5.2 所示,它由以下几个部分组成。

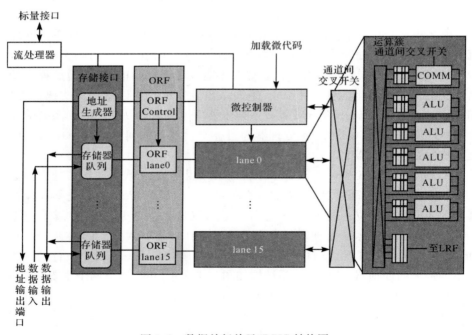

图 5.2　数据并行单元(DPU)结构图

（1）标量接口（scalar interface）。该部分连接 DPU 和 DSP MIPS,通过该标量接口,DSP MIPS 可以以内存映像寄存器的方式直接访问 DPU。确切地说,DSP MIPS 通过标量接口可以进行如加载流指令到 DPU、从 DPU 读取状态字以及性能统计信息、写数据到 DPU 和访问调试寄存器等操作。

（2）流控制器（stream controller）。该部分包括一个流指令记分牌和所有 DSP MIPS 处理器可见的寄存器。DSP MIPS 通过标量接口读写寄存器地址并检测记分牌状态,然后发送流指令到记分牌。当一条流指令对所有的程序依赖性均满足且所需的资源都可以获得时,流控制器就能选择该指令并通过控制接口发送到微控制器。

（3）通道寄存器文件（Lane Register Files,LRF）。LRF 是 DPU 的纽带,它既可以作为访存操作的目的地址和源地址,也可以作为通道数据的来源。LRF 大小为 64K 字,即每个通道 4K 字,也就是说在 Kernel 函数中使用的 stream 的大小不能超过 64K 字。对特定的通道而言,所有 Kernel 访存均通过自己的 LRF 实现,要访问其他通道中的数据只能通过流指令使用通道开关来完成。

（4）存储接口（memory interface）。DPU 的存储接口用于在外存和 LRF 之间传送流数据。它执行流控制器发送的访存指令。值得注意的是,一条流加载和一条流存储指令能够同时执行。

（5）微控制器。微控制器包括两个标量操作数寄存器（Scalar Operation Register Files,SORF）SORF-A 和 SORF-B,以及 5 个超长指令字单元。其中,UC_ALU用于算术逻辑运算,BRU 用于控制程序溢出,这两个单元属于微控制器专用;IDX 为流索引单元、COMM 为通信单元、COND 为条件控制单元,这 3 个单元与通道联合工作。微控制器主要完成 3 种功能:加载新的 Kernel 到微代码平台;从微代码平台取回和流出 Kernel 超长指令字指令;执行超长指令字指令中的操作码。当流控制器的记分牌触发 Kernel 执行时,微控制器就从一个特定的地方取指令并执行;当 Kernel 执行结束时,微控制器向流控制器发送一个信号以表示 Kernel 执行完毕,然后流控制器通过记分牌开始处理下一条流指令。

（6）通道（lane）。通道是 DPU 中执行超长指令字指令的部件。每一个通道包含 5 个 ALU,1 个 COMM 单元,1 个带有端口和缓冲区的 LRF 接口和 1 个 IDX（提供索引流功能）单元。其中,ALU 与微控制器中的 UC_ALU 类似,它提供通道主要的计算能力;COMM 跟 ALU 执行的机制相仿,只不过用于通道之间的通信和通道开关的控制;LRF 接口提供两种方式顺序流和索引流访问 LRF 中的 stream。

5.2　帧间预测的流式实现

帧间预测用于消除视频序列之间的时间冗余,通常采用运动估计与运动补偿技术。运动估计是从图像序列中提取前后视频帧之间有关物体的运动信息即运动矢量的过程,而把前一帧相应的运动部分根据运动矢量补偿过来的过程称为运动补偿。运动估计是视频编码器中计算复杂度最高的模块,因此运动估计的流化性能很大程度地影响着整个编码器流化框架的处理效率。本节通过三种典型的运动估计算法阐述不同方法的使用。

5.2.1　全搜索:流重用

全搜索虽然计算十分密集,但是对于 STORM 处理器强大的计算能力来说并不是问题。

为了使运动搜索高效运行,对搜索窗口的流组织作了如图 5.3 所示的设计。搜索当前宏块的最佳运动向量时,需要在参考帧中以目标宏块对应位置为中心,向四周各扩展 8 个像素的区域内进行,即一个 32×32 像素大小的区域。图 5.3(a)中黑框显示的区域即为 MB0 对应的搜索区域。而虚线框部分即为第二行的第一个宏块 MB120 对应的搜索区域,从图中可以看出,两者有 32×16 像素大小的区域是重合的。为了对重合的数据进行流重用,将参考帧的输入数据在宽度上按 8 个像素的步长平均分割成 4 条流,如图 5.3(a)中的 S1、S2、S3 和 S4 所示。这样 Row0 使用的输入流为 S1、S2、S3、S4,而在对 Row1 进行计算时,S3 和 S4 流就可以进行重用,只要另外载入新的 S1、S2 流就可以了,重用部分如图 5.3(a)中的灰色框所示。

而搜索的参考数据具体在各个 lane 间的分配和组织则有两种方式:一是如图 5.3(b)所示的通信方式。这时每个 lane 分配的每个宏块的搜索参考数据大小为 24×32 像素,流数据没有任何冗余。但是为了完成完整的搜索过程,lane 之间必须互相通信数据,如图 5.3(b)中的灰色部分所示。lane0 需要通过通信得到 lane1 中参考数据的最左边 8×32 像素的数据,而 lane1 则需要通过通信得到 lane0 中参考数据的最右边 8×32 像素的数据。因为通信的数据量大,所以耗时较长。另一种方式是如图 5.3(c)所示的冗余方式,每个 lane 分配的每个宏块的参考数据大小为 32×32 像素,即为该宏块的完整搜索区域,可以独立完成搜索过程。但是流的组织存在冗余数据,如图 5.3(c)中的阴影部分所示,lane 1 的左边 16×32 像素的数据与 lane0 的右边 16×32 像素的数据就是重复的。这种方式虽然增加了流的长度,但是利用 spi_load 语句,通过对参数的有效配置可以简化流的组织,而且带来的外开销不大。通过对两种方法的测试和比较,最终选择冗余方式来实现流的组织。

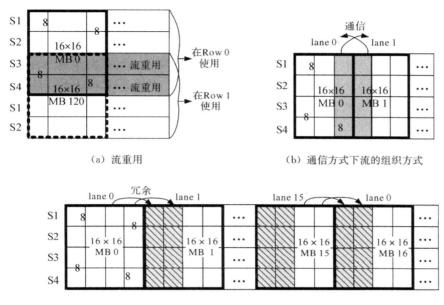

（a）流重用　　　　　　　　　　（b）通信方式下流的组织方式

（c）冗余方式下流的组织方式

图 5.3　运动估计的流组织

5.2.2　UMHexagonS：非规则流

针对 H.264 全搜索计算量大的问题，H.264 引入了一种新型的整像素运动估计块匹配搜索算法，全名为"非对称十字型多层次六边形格点搜索算法"（Unsymmetrical-cross Multi-Hexagon-grid Search），简称 UMHexagonS 算法[18]。它提供多种搜索模板，适用于各种运动特征的图像序列，并能很好地解决如三步搜索法等存在的"局部最优"的问题。同时，UMHexagonS 算法也属于利用模板限制搜索点数目的快速搜索算法，很大程度上避免了全搜索算法带来的巨大的计算量。因此，UMHexagonS 算法在串行系统中获得了良好的率失真性能，同时相对于快速全搜索算法可节约 90% 以上的计算量，这也是其作为 H.264 处理整数像素搜索标准算法的主要原因。

UMHexagonS 算法搜索过程如图 5.4 所示，分为 4 个步骤，选择搜索宽度 $W=16$ 的搜索窗口。

（1）搜索起始点预测（starting search point prediction）。采用中值预测方法，利用空间相关性，令当前子块的左、上、右上邻块的运动矢量的中间值为预测运动矢量，即当前块为进行匹配搜索的起始点。

（2）非对称十字型搜索（unsymmetrical-cross search）。运动搜索过程从十字型搜索开始,它是以初始运动向量为中心,向水平和竖直方向展开搜索,如图 5.4 中正三角形所示。通常视频图像在水平方向的运动比竖直方向显著得多,那么,最佳运动向量可以通过非对称的十字型搜索进行预测。所谓的非对称,就是指在搜索窗口中竖直搜索范围是水平搜索范围的一半。当然,对于一些竖直运动显著的特殊视频序列来说,需要及时调整竖直搜索范围。

(3) 不均匀六边形搜索(uneven multi-hexagon-grid search)。接下来的六边形搜索分两小步进行:先是在搜索中心周围的小范围内进行全搜索,然后再进行六边形搜索,如图 5.4 中圆圈和方框所示。六边形搜索的依据在于非对称的十字型搜索可以给出较精确的搜索起始点,而不均匀的多层六边形搜索用来处理不规则的运动情况。考虑到自然的视频序列中水平运动更显著的事实,UMHexagonS 算法采用了 16 点的六边形模式(Sixteen Points Hexagon Pattern,16-HP)。搜索过程从内六边形到外六边形,每个六边形的扩展因子不同(图 5.4 中是从 1 到 $W/4$),因此称为不均匀的六边形搜索。

(4) 扩展六边形搜索(extended hexagon-based search)。当前一步骤搜索得到的最佳运动向量位于偏离搜索窗口中心点较远时,搜索精度相对较低,需要对新得到的运动向量进行进一步的精化,进行扩展六边形搜索。扩展六边形搜索是在六边形搜索(Hexagon-Based Search,HEXBS)基础上做的改进,当搜索模式从大六边形向小六边形转换时,搜索过程要到最小块失真(Minimum Block Distortion,MBD)的点是刚形成的六边形的中心时才停止,如图 5.4 中倒三角形所示。如果精度要求极高,则可以进一步执行小范围的菱形搜索,如图 5.4 中实心方块所示。

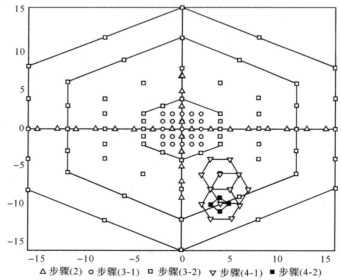

△步骤(2)　○步骤(3-1)　□步骤(3-2)　▽步骤(4-1)　■步骤(4-2)

图 5.4　UMHexagonS算法的搜索过程($W=16$)

综上所述，UMHexagonS 算法具有以下几个特点[96]。

（1）多种尺寸运动估计。H.264 的"运动估计可变块划分"采用了 7 种块尺寸划分，分步进行块匹配，通过一个逐渐减小的过程来实现由粗变细的运动估计，从而获得可靠性高、一致性好的运动矢量场。这也是 UMHexagonS 算法提高搜索精度、降低码率的原因之一，但也相应地增加了计算复杂度。

（2）起点预测准确。UMHexagonS 算法所采用的起点预测综合利用了帧内、帧间相邻块（包括 H.264 的多参考帧带来的优势）的运动矢量相关性，以及 H.264 采用的宏块划分技术所带来的不同尺寸块的运动矢量相关性，因而可以选出最能反映当前运动块趋势的点作为初始搜索点，所以准确率高。

（3）内容自适应的搜索模板和搜索方式。UMHexagonS 算法每步的搜索都与图像内容有关。它的搜索模板和搜索方式分为 3 类：大范围粗搜索混合模板（步骤（2）与步骤（3））；细搜索中心六边形模板（步骤（4-1））；精细搜索菱形模板（步骤（4-2））；对不同内容的块进行不同的搜索，搜索性能得到进一步改善。

UMHexagonS 算法使用多个搜索模式、复杂的控制流，大大改善了性能和速度，但是依然不能满足实时需求[97]。因此，陆续出现了一些针对 UMHexagonS 算法的改进与实现，包括算法结构上增加阈值判断[98]、块分类[99] 等优化策略，DSP 映射[100] 和专用 VLSI 体系结构设计[101-102] 等。然而，关于 UMHexagonS 算法的并行实现具有一定的难度，因为 UMHexagonS 算法的多适应性使得它在搜索过程中存在不可预测性（unpredictability）。这种不可预测性包括其搜索步数不可预知，导致匹配计算量未知、搜索模板位置不固定和参考点访存随机，而这主要是由 UMHexagonS 算法结构决定的。

将 UMHexagonS 搜索过程按其算法步骤简单地划分为 3 个计算核心，如图 5.5所示。K_crossS、K_hexagonS 和 K_extendedHS，分别对应于步骤（2）、步骤（3）、步骤（4）的匹配方法。块匹配所需的当前块与参考块正是这些核心的输入流，用S_currBlocks与 S_refBlocks 表示输出流是与当前块一一对应的预测块及运动矢量（图 5.5 未标出输出流形式，仅以输出流元素 predBlock 与 MV 表示）。事实上，图 5.5 给出的流与核心的设计思路是自然且可接受的。然而，将它们映射到流计算模型上却面临一系列的实现问题与性能问题。

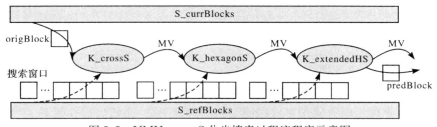

图 5.5　UMHexagonS 分步搜索过程流程序示意图

首先,考虑图 5.5 中虚线表示的箭头所示的搜索窗口内参考块组织的问题。一般来说,为充分捕获各个方向的运动特征,搜索窗口是以当前块在参考帧对应的位置为原点向上下左右四个方向延伸固定宽度的匹配区域,如图 5.6 所示。搜索窗口的大小通常设定为 $S=(M+2d)(N+2d)$,其中 M 与 N 是块的长和宽,d 为水平和垂直方向上的最大位移[96]。搜索窗口可用搜索宽度 $W=d+1$ 来表示。

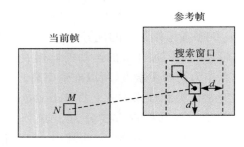

图 5.6　块匹配算法中搜索窗口示意图($W=16$)

在图 5.4 所示的十字型搜索窗口内,为核心 K_crossS 需要准备 24 个参考块(图 5.4 中正三角形所示),如图 5.7 所示。对于水平方向,假设第 k 个 4×4 大小的参考块由区域 A_h 和 B_h 组成,那么第 $k+1$ 个参考块则由区域 B_h 和 C_h 组成。显然,B_h 是两个参考块的公共部分。同理,垂直方向上的 B_v 也是两个参考块的公共部分。由于常规流都是按记录轮转方式传送到运算簇中,所以这种重叠的数据区域对于流的组织会带来流数据冗余或核心数据通信的问题,如图 5.8 所示。

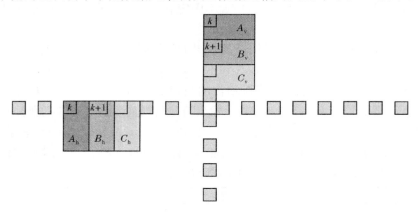

图 5.7　十字型搜索参考块示意图

相对而言,十字型搜索模板是 UMHexagonS 算法中最简单的一种,而对于后续的搜索步骤(如 16-HP)则存在更多的重叠区域或更复杂的簇间通信。其结果为冗余的数据流组织方式带来流存储空间的极大浪费,而通信操作延迟大会严重

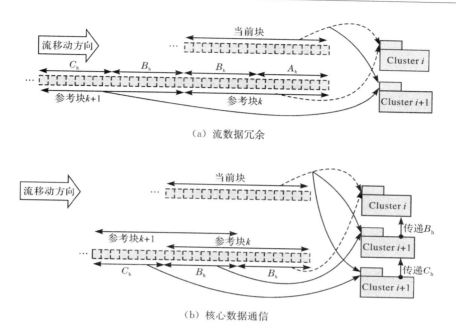

（a）流数据冗余

（b）核心数据通信

图 5.8　运动估计流化中的流数据冗余与核心数据通信

影响核心性能。

　　UMHexagonS 流化更大的困难在于搜索的后续步骤紧密依赖于前一步骤的搜索结果，因此步骤（3）和步骤（4）参考块流的准备工作必须在前一步骤产生输出之后进行。这在流处理器静态编译的执行机制下表现糟糕，造成每一步搜索的计算与访存无法重叠执行。另外，在真实视频序列的 UMHexagonS 搜索中，并非每一块都要执行所有的搜索步骤，而是可以采用一种尽早终止（early termination）策略[18]，只要参考块与当前块的最小 SAD 值小于预先设定的 SAD 阈值即可停止搜索。这种决策判断虽然增加了运动估计算法的灵活性并极大地降低了匹配计算量，但是它也使得每一块执行的匹配次数是不可预知的，从而难以在 SIMD 方式下用核心实现。如图 5.9 所示，假设 0～3 块只需执行十字型搜索便能找到满足 SAD 阈值的最佳匹配块，4～7 块则需要执行到六边形搜索才找到最佳匹配块，而8～15 块则需执行到最后的扩展六边形搜索才找到最佳匹配块。显然，对于第 0块来说，它的搜索匹配次数比第 15 块少很多。图中类似当前块这样的流称为数据相关的流（data-dependent stream），是指流的计算与流元素个体的情况有关，而是否执行计算取决于流元素相关的判断条件。反之，如果流的计算无视流元素个体，对所有流元素执行全部的计算，那么这样的流称为数据无关的流（data-independent stream）[103]。事实上，在 UMHexagonS 算法中，无论是输入的当前块对应的参考块流还是最后生成的预测块流都是难以组织的,它们都必须依赖于每次尽早终止筛选的结果,因此,无法由流程序编程者人为地加以控制。

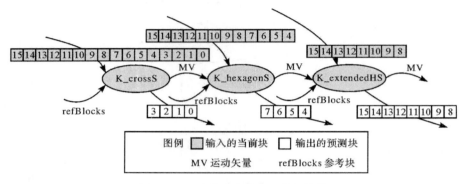

图 5.9　运动估计流化中不均匀计算

综上所述,UMHexagonS 算法代表着一种新的流应用方向,它可以包含复杂的数据流组织或非一致的核心计算,从而对传统流计算模型提出了新的挑战。

流处理的思想是将计算与访存分离,将访存很好地隐藏在计算过程中,同时大量的并行处理提高计算的吞吐率从而加速计算。流的计算行为可以分为数据相关和数据无关两种类型。

定义 5.1　规则流计算(regular stream computing),数据无关的流,每个流元素的处理是相同的,匀速通过核心,这样的流计算行为定义为规则流计算。

定义 5.2　非规则流计算(irregular stream computing),数据相关的流,每个流元素的处理不尽相同,非匀速通过核心,这样的流计算行为定义为非规则流计算。

带尽早终止策略的 UMHexagonS 算法就是一个非规则流计算的过程。

非规则流计算大致可以分为以下 4 种[42,103],如图 5.10 所示。

(1) 差量计算。所有的流元素都被依次使用,每个流元素的操作相同,但计算量不同。也就是说,流元素执行操作的次数与每次操作结果相关,见图5.10(a)。

(2) 分支计算。所有的流元素都会被依次使用,每个流元素的处理可能包含不同的计算操作,见图 5.10(b)。

(3) 分流计算。不是所有的流元素都被依次读取,而是根据某些条件选择输入,有选择地针对不同的流元素计算,见图 5.10(c)。

(4) 条件计算。不是所有的流元素都被依次写回,而是根据某些条件选择输出,并且计算可能不同,见图 5.10(d)。

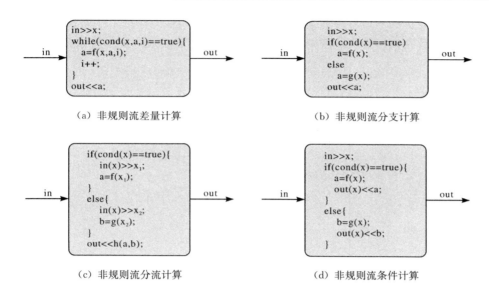

图 5.10　非规则流计算分类

　　按照非规则流计算模型分析 UMHexagonS 算法，总体来说，UMHexagonS 算法执行当前块与参考块之间的差的绝对值求和操作，每个块记录的差值向阈值迭代收敛的速度不同，循环迭代的次数也不同的，从这个意义上说 UMHexagonS 存在差量计算形式。同时，图 5.9 所示核心的输入输出包含条件流模式，后两个核心的当前块输入与前两个核心的预测块输出都是依照尽早终止策略而做出的选择读写，因此 UMHexagonS 算法也具有分流计算与条件计算两种形式。虽然 UMHexagonS 算法中没有典型的分支计算，但这种非规则流计算形式在其他媒体处理应用中是经常遇到的。例如，实时 3D 图形的 vertex-skinning 技术[104]中顶点流记录矩阵的变换公式随权值在 2～4 之间渐变，且每个顶点上的部分操作是不同的。由此可得，图 5.10 给出了一个全面的非规则流计算模型。

　　现有的典型流体系结构可以高效地解决规则流的并行计算问题，但非规则流研究仍在发展阶段。例如，Imagine 仅支持 SIMD 与 VLIW 相结合的计算模式，非常适合规则流的计算；对于非规则流，则需要利用冗余操作或标量处理重组筛选的方法来处理，也可能包含条件流实现。图 5.5 就是采用冗余计算的 UMHexagonS 算法，即每个当前块需要执行全部搜索步骤后选择最佳的匹配块，这种方式对于那些平坦的图像区域来说显然有些计算是累赘的。UMHexagonS 算法采用标量处理数据重组的方法如图 5.11 所示，在相邻两个搜索核心之间都设置一个数据重组环节，用于筛选已经满足最佳匹配的预测块输出，而其余块进入下一步继续搜索。本书流实现仅包含十字型搜索、小范围全搜索与六边形搜索三个步骤,这是因为扩展六边形搜索是在图像质量要求很高且图像细节丰富的时候才会用到,本书旨在如何解决非规则流的问题,因此未包含扩展六边形搜索步骤。

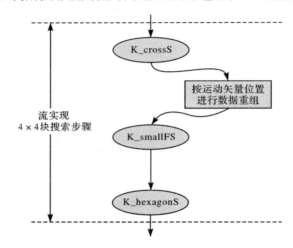

图 5.11　UMHexagonS 算法采用标量处理数据重组流的方法

尽管上述两种方法可以解决非规则流计算的问题,但是它们浪费了计算能力或存储空间和带宽,而且非规则计算会带来非规则访存,从而对流级编程也有特殊的需求。

定义 5.3　规则流访存(regular stream reference),如果存储访问的流满足流元素同构且排列顺序确定,数据顺序访问且访问序列可静态预知,则称这类流访存为规则流访存。

定义 5.4　非规则流访存(irregular stream reference),如果存储访问的流不满足规则流访存的约束,即涉及流元素构成的多样性以及数据访问的不确定性,则称这类流访存为非规则流访存。

非规则流访存经常存在于科学计算应用中,如多维数组中的多维度访问、非规则图中的邻域访问、表查询等[42]。而在 UMHexagonS 算法中,包含 3 种典型的非规则流访存模式,如图 5.12 所示。

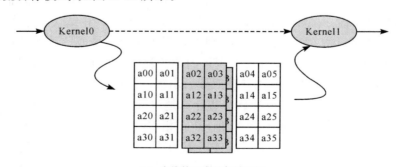

(a) 多维数组中的邻域访问

（b）条件访问　　　　　　　　　　　　　　（c）全局排序访问

图 5.12　非规则流访存类型

（1）多维数组中的邻域访问。在顺序化的访问限制下，如果要访问一个多维数据结构中一个元素周围毗邻的数据，那么必须将各个维度上临近的数据放置在流中连续的一段区域。例如，图 5.12(a)的 $aij(i=0,\cdots,3,j=0,1)$ 可以用于表示图 5.7中的区域 A_h，$aij(i=0,\cdots,3,j=2,3)$ 表示区域 B_h，$aij(i=0,\cdots,3,j=4,5)$ 表示区域 C_h。由于 Imagine 流处理器不支持二维数据类型，所以当采用按行排列的一维流时，区域 B_h 则较难描述；当采用按块排列的一维流时，将出现图 5.8 所示的流数据冗余或核心数据通信的问题。因此，一种有效的方法是当发生水平方向邻域访问时把每一列当做一个单独的流；反之，当发生垂直方向的领域访问时把每一行当作一个单独的流。但由于流的长度不宜偏小和流的个数不宜偏多的原因，采用派生流的方式，即按照计算所需的参考块从所有的参考块流中截取部分流元素放入事先设计好的 4 条表示 4 列元素的输入流中。当执行下一邻域计算时，只需重新加载其中 2 列元素便可更新当前 4 列元素组成的参考块。如图 5.13 所示，第 1~4 行是流的定义，第 5~8 行是派生子流，第 9~18 行表示带邻域访问的匹配计算过程。

```
1   im_stream<im_int>column0(streamLength);
2   im_stream<im_int>column1(streamLength);
3   im_stream<im_int>column2(streamLength);
4   im_stream<im_int>column3(streamLength);
5   streamCopy(all Column(0, streamLength), column0);
6   streamCopy(allColumn(streamLength, 2* streamLength), column1);
7   streamCopy(allColumn(2* streamLength, 4* streamLength), column3);
8   streamCopy(allColumn(3* streamLength, 4* streamLength), column3);
9   for(int i = 0; i<numColumn-3; i+ = 2){
10   if(i%4) = = 0){
11     blockSearch(column0, column1, column2, column3...);
12     streamCopy(allColumn((4 + i)* streamLength, (5 + i)* streamLength), column0);
13     streamCopy(allColumn((5 + i)* streamLength, (6 + i)* streamLength), column1);
14   }else if(i%4) = = 2){
15     blockSearch(column2, column3, column0, column1...);
16     streamCopy(allColumn((4 + i)* streamLength, (5 + i)* streamLength), column2);
17     streamCopy(allColumn((5 + i)* streamLength, (6 + i)* streamLength), column3);
18   }
```

图 5.13　UMHexagonS 算法伪代码设计

（2）条件访问。程序的条件控制在流处理器中是一种昂贵的操作，为了提高效率，通常对程序的条件控制（小规模）转移转变成对数据的条件访问，如图 5.12 (b)所示。条件流的访问需要运算簇间的通信，这是由于流元素是静态映射到流存储器中的，必须顺序化的访问再基于动态产生的条件在运算簇间分派[105]。

（3）全局排序访问。如果需要对整个流进行排序，则需要对流进行全局的随机访问，如图 5.12(c)所示。这种访问可能跟流元素的数据相关，也可能跟流元素的数据无关。例如，在 UMHexagonS 算法的六边形搜索中，16 点对应的参考块流需要对所有的参考块重新排序，前一步的搜索结果决定该 16 点的位置，从而确定16 个参考块的数据组成。这部分工作通常交由标量处理器来完成，并将全局排序后的流直接送入核心参与计算。

凡涉及非规则流访存或非规则流计算的流应用，称为非规则流应用（irregular stream application）。非规则流应用的实现依赖于具体的算法特征，如果可以在算法级上进行重新设计，尽量将非规则流转换为规则流，避免非规则流计算或访存带来的开销，那么将对非规则流应用的性能起到关键的作用。

本节针对 H.264 可变块运动估计分别实现了非规则流的 UMHexagonS 算法。因为 UMHexagonS 算法的步骤（3）使用直径不断扩大一倍的六边形模板逐步覆盖整个搜索窗口，所以在不严格要求搜索精度的情况下，经过三步骤后的搜索结果通常可以满足应用需求。为此，本书 UMHexagonS 流实现仅包含步骤（1）、步骤（2）、步骤（3），搜索片段如图 5.14 所示。运动矢量预测结束后建立搜索窗口的坐标原点（0，0），深色实心点表示十字型搜索参考块左上顶点坐标位置。如果（3，0）是十字型搜索得到的当前最佳运动矢量，那么以（3，0）为中心展开小范围全搜索与六边形搜索，分别用浅色实心点与带图案的点来表示对应搜索方式对应的搜索位置，标号代表参考块在流中的顺序。

5.2.3　多分辨率多窗口帧间预测

H.264 编码标准中的帧间预测采用了可变尺寸块运动补偿、1/2 像素和 1/4 像素精度运动估计、多参考帧等新的技术手段有效地增加了视频编码的质量。但是，这些新的技术也极大地增加了帧间预测编码的计算复杂性，使帧间预测成为 H.264 编码中计算比重最大的部分，其计算量超过整个 H.264 编码的一半。这一问题在高分辨率视频图像压缩中尤其显著，图像分辨率的增加迫使搜索范围随之增大，导致帧间预测的计算量增加。另一方面，帧间预测过程中存在明显的非规则问题，包括差量计算和不确定访存，这些问题给帧间预测的流化带来阻碍。帧间预测的大计算量和非规则问题成为基于流计算的视频编码的最主要性能瓶颈。针对这一问题，提出了一种面向高清视频实时编码的并行帧间预测算法——多分辨率多窗口帧间预测（Multi-Resolution Multi-Windows inter prediction,

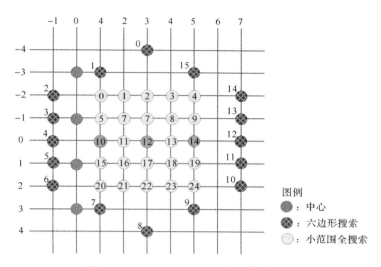

图 5.14　UMHexagonS 流实现搜索方案

MRMW)。

　　MRMW 采用在多分辨率图像中搜索的方法减少搜索点数目,从而达到减少计算量的目的。通过有限的计算量达到相当于全搜索的效果,大大提高了计算的效率。同时,通过划分相对独立的搜索步骤和全搜索算法降低非规则流问题对性能的影响;另外,采用多搜索窗口精化搜索的策略防止局部最优问题。

1. 运动估计算法计算量和并行性分析

　　通过前面的分析可知,帧间预测的计算集中在运动估计部分。对于不同的运动估计算法(包括全搜索算法和快速算法),其计算量也不同。

　　全搜索算法具有良好的计算规则性。因为全搜索算法是把当前给定的宏块与参考帧搜索窗口中的全部候选块进行比较,计算出具有最小匹配误差的一个,所以对于不同的当前块而言,都要遍历相同大小的搜索区间,而且每一步的匹配计算也是完全相同的,即具有计算规则性。文献[42]提到规则计算适合于流计算模型,并且已有多领域的实验研究表明规则计算流化后可以获得较高加速比[106-109]。但是,全搜索算法决定了它必然具有极大的计算量,在宽度为 width,高度为 height 的搜索窗口中,一个宏块的搜索位置数目 S_n 为

$$S_n = (\text{width} - 15) \times (\text{height} - 15) \qquad (5.1)$$

即需要经过 S_n 次匹配计算才能完成一个宏块的全搜索。当图像分辨率提高时,运动矢量的搜索范围也相应增大。设图像分辨率为 1920×1080 像素,搜索窗口大小为 128×64 像素,则根据式(5.1)可知,每个宏块匹配计算的次数超过 5500次。如果一帧图像包括 8160 个宏块,则一帧图像的全搜索需要超过 4500 万次匹

配计算。若为满足实时需求,设每秒编码 30 帧,则每秒仅宏块的匹配计算次数就需要近 14 亿次,其中每次匹配计算又包含 512 次加法操作。上述计算量的统计仅计算了宏块的 16×16 匹配情况,而 H.264 采用的可变块大小的运动补偿还需要对其他块(如16×8,8×8,8×4,4×4 等)进行匹配计算,因此,计算量会成倍增加,表 5.1 给出了不同块对应的单次匹配计算的加法操作数目。

表 5.1　不同块对应的单次匹配计算的加法操作数目

块大小/像素	单次匹配计算加法操作数目
16×16	512
16×8,8×16	256
8×8	128
8×4,4×8	64
4×4	32

在实际编码中,通常采用基于树状合并的匹配计算方法,能有效减小计算量,使匹配计算量与搜索位置的数目成正比。表 5.2 对比了全搜索算法中搜索窗口从 32×32 到 128×128 的搜索位置的数目,图 5.15 所示为搜索位置数目随搜索窗口增大的变化情况。

表 5.2　不同搜索窗口对应的搜索位置数目

搜索窗口/像素	搜索位置数目/个
32×32	289
64×32	833
64×64	2401
128×64	5537
128×128	12769

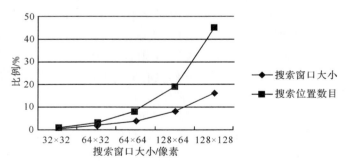

图 5.15　搜索位置数目和搜索窗口的增长比例

通过对比可知，搜索位置数目随搜索窗口增大的变化超越了线性关系，搜索窗口越大，搜索位置数目增长越快，使全搜索的计算量增加越快。前期实验表明，采用 128×64 像素搜索窗口进行全搜索，将使帧间预测的计算比重达到整个 H. 264 视频编码的 71%，成为实时 H. 264 编码的最大性能瓶颈。

采用全搜索算法进行运动估计是计算量最大的方案，因此研究者开发出 4.1 节中提到的各种快速运动估计算法来加速搜索过程。但是对实际视频编码的大量实践表明，二维对数搜索法、三步搜索法、钻石搜索法、分级范围搜索算法等快速算法在一些运动幅度小或场景细节过多的情况下容易落入局部最小值，从而影响匹配精度[11]。UMHexagonS 算法[110] 通过提供多种不同类型的搜索模板，较好地解决了上述几种搜索算法的局部最优问题。另外，与全局搜索算法相比较，UMHexagonS 算法在串行处理系统中有效地减少了近 90% 的计算量。因此，UMHexagonS 算法成为 H. 264 处理整数像素搜索的标准算法。

由上述分析可知，即使面对高分辨率视频编码，UMHexagonS 算法的计算复杂度仍然在当前处理器可以接受的范围之内，因此，为了更好地发挥当前并行处理器的性能，研究者对该算法开展了并行化研究。其中不乏采用流计算模型来并行加速 UMHexagonS 算法的研究，但是 UMHexagonS 算法本身的"非规则流"特征几乎完全掩盖了流模型带来的性能加速。

事实上，非规则流问题并非 UMHexagonS 算法所独有，而是普遍存在于通过减小搜索点数目的多种快速算法中。在匹配计算中，不同宏块具有不同的收敛速度，另外，为了达到减少匹配计算的目的，这些快速算法一般都具有尽早退出策略，从而导致了非规则计算问题；同时，快速搜索的搜索步骤之间存在依赖性，具有典型的相关性和访存的不可预知性。下面以菱形搜索法为例进行分析，其搜索步骤如图 5.16 所示，图中的数字表示搜索步骤。首先，从图 5.16 的中心位置开始搜索，每一步在菱形范围内的 5 个点进行搜索。图中数字 n 表示是第 n 步的搜索点，标明"1"的点就是第一步的 5 个搜索点。下一步将中心移动到上一步搜索得到的最佳匹配点，然后再在新中心周围进行菱形搜索。直到最近匹配点就是中心点或已经到达最大搜索区域的边界时，则减小搜索步长。直到步长减小到一个像素才到达最后一步。

如果该算法向流计算模型映射，则存在非规则计算和访存问题。非规则计算体现在如果对一帧内的不同宏块进行并行处理，则这些并行宏块之间存在差量计算的问题[42]。出现差量计算的原因是对不同宏块而言，宏块匹配情况不同，搜索步长收敛的速度不同，循环迭代的次数也不同。现有流体系结构还缺乏对非规则计算的有效支持。另外，由于迭代次数的不可预知使得所需要的输入流数据也不可预知，因此非规则计算也导致了非规则访存问题。

综上所述，目前的全搜索算法的计算量大，而快速算法与流计算模型之间出

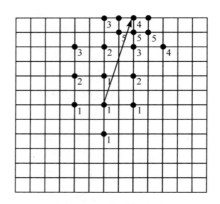

图 5.16 菱形搜索法

现了失配现象,即流计算并行加速的效果被算法中的非规则流特性抵消了,因此如何为帧间预测构造一个适合于高分辨率视频的运动估计算法成为实时 H.264 编码的关键问题之一。

2. 多分辨率多窗口帧间预测

经过 4.2 节的讨论,H.264 中计算最复杂的帧间预测部分出现了两难局面。

(1) 采用快速搜索算法可以降低计算量,但是其非规则流特性增加了实际的通信和访存开销,使得最终性能很难提高。

(2) 全搜索算法的计算比较规则,但是在高分辨率视频图像的编码中其计算比重过大,成为制约实时编码的性能瓶颈。

针对这种情况,面向高分辨率视频编码,提出了多分辨率多窗口帧间预测(MRMW)方法。该方法是对全搜索算法的一种改进,它一方面针对高分辨率图像进行了优化,另一方面也着重面向并行处理体系结构进行了设计。

1) MRMW 总体结构

MRMW 包含 H.264 编码器中帧间预测的全部内容。输入数据有两种,一是待处理的当前帧数据,二是经过去块滤波后的参考帧数据。输出数据也有两种,一是预测帧数据,二是宏块信息,包括运动矢量及对应宏块分割方式等数据。MRMW 的总体结构框架图如图 5.17 所示,其包含降分辨率全搜索、多窗口精化搜索与运动补偿三个步骤。

(1) 降分辨率全搜索(Reduced Resolution Full Search,RRFS)。这是运动估计的第一个步骤,是对原有全搜索算法的一种优化实现。它为当前帧中的每个宏块在一个大搜索窗口中使用全搜索算法获得比较粗略的最佳运动矢量,而粗略的运动矢量将作为后续搜索步骤的一个候选。由于目标是一个相对粗略的运动矢量,因此将原始输入的高分辨率图像降低为低分辨率图像,在这个低分辨率图像

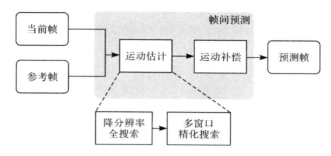

图 5.17　MRMW 的总体结构框架图

上对宏块进行全搜索。

（2）多窗口精化搜索。在此步骤中，将对每个宏块的多个候选运动矢量进行进一步的精化搜索，每个候选运动矢量对应一个高分辨率搜索窗口。候选运动矢量包括降分辨率全搜索中获得的当前宏块粗略运动矢量和周围宏块的运动矢量。每个宏块最终计算出不同宏块分割的最佳运动矢量。为了达到精化搜索的目的，将在整像素、1/2 像素和 1/4 像素精度上都执行精化搜索过程。

（3）运动补偿。上一步完成后，每个宏块的各种分割块大小均已获得各自的最佳运动矢量。因此，运动补偿通过拉格朗日率失真优化方法为每个宏块寻找最佳分割方式。然后根据宏块最佳分割和对应的运动矢量形成预测数据。

显然，采用上述步骤的 MRMW 方法将运动估计划分为两个步骤，首先在低分辨率的大范围搜索窗口中搜索，形成候选运动矢量；然后通过在高分辨率窗口中对多个候选运动矢量进行精化搜索。上述两步搜索均采用全搜索算法。

2）降分辨率全搜索

降分辨率全搜索，即在低分辨率下为当前帧内的每个宏块进行一次全搜索以获得粗略的最佳运动矢量。这一步搜索的运动矢量并非最终结果，而是一个相对粗略的值，并为下一步继续精化搜索提供候选运动矢量。因此，它具有如下两个特点：①各个宏块的运动矢量搜索不存在相关性，即对一个宏块的搜索不依赖于其他宏块的搜索结果；②搜索是在一个低分辨率的窗口中进行的，即降分辨率搜索。

"降分辨率搜索"的具体含义是指在搜索前，将当前宏块和搜索窗口以同比例降低分辨率，然后在低分辨率搜索窗口上搜索低分辨率宏块的最佳匹配的过程。这种方法在低分辨率的图像中的精确度比较低，但是在高分辨率图像上是可行的，原因如下。

首先从高分辨率视频与低分辨率视频的差异开始分析。从原理上可知，对同一场景的描述，高分辨率图像可以携带更多的信息量，例如，一幅分辨率为 2048×1536 像素的图像具有 3.15 兆个像素点，若将横向和纵向分辨率降低为原来的

1/4，即分辨率为512×384像素的图像，则有0.2兆个像素点。因此，高分辨率图像通过大量的信息使得对物体的描述更加"精确"，如图5.18所示。从图5.18可看出分辨率越高，信息量越大，图像越清晰。从这个序列中可以发现另外一个规律，即从左至右，相邻两个图像的差异越来越小。例如，5×5像素和10×10像素图像的差异十分明显，字母R的轮廓在5×5像素图像中完全没有得到表征；而50×50像素和100×100像素图像的差异则不明显，仅仅表现在图像边缘上更加平滑。从理论上分析，这是因为对物体的基本描述而言，较高分辨率的图像已经携带了足够的信息量，更高分辨的图像只是使得物体的表现更加细腻。尤其是当分辨率达到高清（1280×720像素）以上时，不同分辨率图像的差异明显缩小[111]。而运动估计是对运动物体位移的预测，这种预测对超过高清分辨率图像带来的细节敏感度低于普通分辨率的图像[1]。另外，为了提高预测精确度，H.264运动估计中具有1/2像素和1/4像素的精度预测，其中预测前的像素插值原理类似于将视频的分辨率提高至2倍和4倍。这说明本身就具有高分辨率的图像，降低分辨率就类似于没有进行像素插值的普通分辨率图像，因此适当降低分辨率对运动估计的影响不大。况且，还有后续的多窗口精化搜索步骤对运动矢量进一步求精。

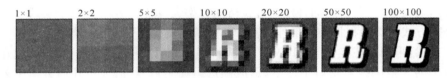

图5.18   图像清晰度随分辨率的变化示例

基于上面的讨论，针对高分辨率视频编码，MRMW第一步采用降分辨率全搜索的方法。降分辨率全搜索，是先将当前帧和参考帧的分辨率降低为原始分辨率的1/2，然后对参考帧的边缘进行填充，最后在1/2分辨率下对当前帧的每个宏块进行全搜索获得粗略运动矢量的过程。如图5.19所示，降分辨率全搜索具体包括降低分辨率、边缘填充和低分辨率全搜索三个步骤。

（1）降低分辨率。在当前帧和参考帧内，进行降低至1/2分辨率的操作，将每个宏块大小从16×16像素降为8×8像素，称这种宏块为半分辨率宏块（Half resolution Macro Block，HMB）。同时每帧的横向和纵向分辨率也分别降低到原来的1/2，称这种帧为半分辨率帧（Half resolution Frame，HFrame），如图5.20下半图所示。针对宏块的具体计算方法如下。

① 在宏块中取一个4×4块，其中16个元素按照图5.20中的方式划分为4个区域，每个区域是一个2×2的小块。

② 按照式（5.2）将2×2小块的4个像素a、b、c和d合成为一个像素p，并以

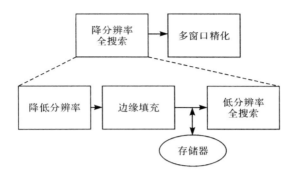

图 5.19　降分辨率全搜索流程图

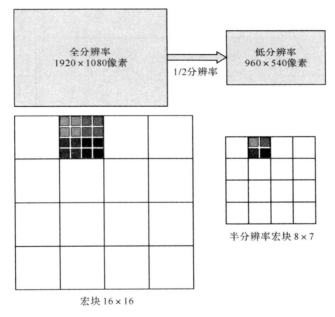

图 5.20　MRMW 的降低分辨率过程

像素 p 作为该 2×2 小块的代表像素。并在求均值的基础上加入了一个小的权值 α,目的是使得在 2×2 小块中当 4 个像素的和值很小时(如和值为 3),代表像素仍然可以得到一个非零小值;而当和值较大时,加权值 α 经过右移 2 位的操作,对代表像素的增加是微不足道的。这样代表像素可以更准确地反映 2×2 块的情况。在本书的实际实现中,α 取 2。

$$p=a+b+c+d+\alpha \tag{5.2}$$

③ 按上述过程依次处理每个 2×2 小块,将其降低为 1 个像素,从而使该 4×4 块降低为 2×2 块,然后处理其他 3 个 4×4 块,直到该宏块被处理完毕,降低为

8×8的半分辨率宏块。

　　上述降低分辨率过程仅在本宏块内进行,因此宏块间是无关的,所以可以很容易地采用流计算将降低分辨率过程映射到并行处理体系结构上。

　　(2) 边缘填充。边缘填充是只针对降低分辨率后的参考帧的处理过程。由于下一步将进行每一宏块的全搜索,而 H.264 标准支持跨越图像边界运动矢量的存在,所以为了使当前帧边缘的宏块具有与其他宏块同样大小的搜索窗口,需要在半分辨率参考帧的边缘进行适当的填充。这种方法的主要目的是通过统一大小的搜索窗口,使对各个宏块的全搜索处理保持一致,防止边缘宏块由于搜索窗口小于内部宏块而提前结束搜索,从而避免差量计算导致的非规则流问题。图5.21为 MRMW 边缘填充示意图。

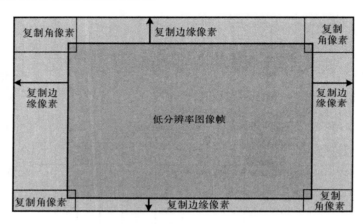

图 5.21　MRMW 的边缘填充示意图

　　具体的边缘填充原则为:①对于半分辨率参考帧的边缘,通过复制边缘像素的方法向外填充。②对于半分辨率参考帧的角点,通过将角点像素复制为一个矩形在角方向扩充。③4 个方向的扩充范围与全搜索使用的搜索窗口大小相关,只要满足边缘宏块具有完整的搜索窗口即可。图 5.21 中设置为:Top(上边缘复制边缘像素宽度)=2 HMB,Down(下边缘复制边缘像素宽度)=1 HMB,Left(左边缘复制边缘像素宽度)=4 HMB,Right(右边缘复制边缘像素宽度)=3 HMB。另外,因为边缘扩充是在半分辨率参考帧中进行的,所以扩充时考虑搜索窗口大小要按半分辨率计算。

　　(3) 半分辨率全搜索。以全搜索的方法,为当前帧内的每个半分辨率宏块(HMB),在半分辨率参考帧的搜索窗口中寻找最佳块匹配。由于视频中水平运动出现的概率明显大于垂直运动,因此搜索窗口设置宽度为高度的 2 倍,如图 5.22所示,CurHMB 为当前帧内的半分率率宏块。既然此方法面向高分辨率视频编码,那么搜索窗口面积必须足够大。虽然搜索窗口的大小受限制于处理器性能,但是此方法通过降低分辨率减小了计算量,所以可以采用大搜索窗口。在图 5.22 中采用了 8 HMB×4 HMB 大小的搜索窗口,如果对应于原始分辨率,则相当于在 128×64 像素的区域进行搜索。

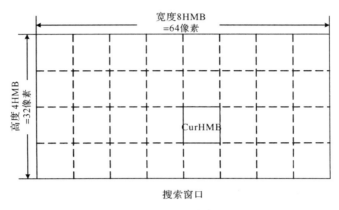

图 5.22　MRMW 的搜索窗口设置

另外,在半分辨率全搜索中,基于降低计算量和维持计算规整性的目的,进行了三点折中。第一,8×8 宏块匹配计算不使用可变块大小的分割,即只做 8×8 的整块匹配,不进行 8×4、4×8 或 4×4 的更小块的匹配。第二,最佳块匹配的计算采用求最小 SAD 的方法,即求当前块与搜索窗口中全部位置重建块的 SAD,最小 SAD 值对应的重建块即最佳匹配。第三,各宏块的搜索不依赖于其他宏块的搜索结果。这是因为一方面并不要求获得精确的最佳运动矢量,另一方面是为了计算的规则性。因为不存在宏块间相关,所以可以多处理核心并行执行多个宏块的搜索。

(4) 1/4 分辨率全搜索。如果视频分辨率很高(如达到分辨率为 4096×2048 像素),则可以根据上述原则进一步降低分辨率至原始视频的 1/4,即分辨率为 1024×512 像素,已经达到标清视频水平(分辨率为 1280×480 像素),对于粗略的运动估计而言已经足够。1/4 分辨率全搜索将原始宏块降低为 4×4 大小的 1/4 宏块(Quarter resolution Macro Block,QMB),因此在单个搜索点的匹配计算量降低为原始 16×16 宏块的十六分之一,而对于同样的搜索区域,1/4 分辨率参考帧将使搜索点个数再降低为原来的十六分之一。

降低分辨率全搜索最终获得当前帧中每个宏块的粗略最佳运动矢量及其对应的 SAD 值。这里需要注意的是,这个运动矢量和 SAD 值的计算都是基于低分辨率层次(1/2 或 1/4)的,在下一步的计算之前需要转换为与原始分辨率对应的值。另外,只有降低分辨率全搜索使用低分辨率,后续步骤都是在原始的高分辨率内进行的。

3）多窗口精化搜索和可变块大小运动补偿

降低分辨率全搜索过后，当前帧的全部宏块都具有一个粗略的最佳运动矢量，多窗口精化搜索（Multi-Windows Refine Search，MWRS）则负责根据这些粗略的运动矢量为每个宏块寻找更精确的最佳匹配。

多窗口是指，对每个宏块进行搜索时并不仅在一个搜索窗口中进行，而是在多个搜索窗口中搜索。采用多窗口能够有效地避免单一搜索窗口容易落入局部最小值的问题。

精化搜索包含两层含义，一是指对前面降低分辨率全搜索获得的粗略运动矢量进一步地求精，包括对宏块进行可变块分割；二是指为了更准确地运动估计，搜索在整像素至 1/4 像素的不同精度级别上进行。

图 5.23 是多窗口精化搜索算法流程图，算法对当前帧中的每个宏块进行处理，处理过程按不同搜索精度级别划分为 3 个精化阶段，分别是整像素精化、1/2像素精化和 1/4 像素精化。需要注意的是，由于 1/2 像素精化需要用到邻块的整像素精化的搜索结果，因此采用将当前帧全部宏块进行整像素精化处理过后，再进行 1/2 像素精化和 1/4 像素精化的方法。

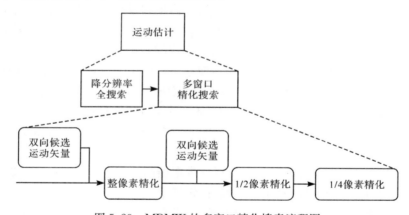

图 5.23　MRMW 的多窗口精化搜索流程图

对当前帧的每个宏块而言，每个精化阶段的输入都包含多个候选运动矢量（Motion Vector Candidate，MVC）。在精化阶段内部对这些候选运动矢量分别进行求精，求精过程将该宏块的每种可变块分割成一个最佳运动矢量。这些运动矢量在经过筛选后成为更细精度的候选运动矢量，进入下一精化阶段继续搜索，直到 1/4 像素精化完毕。比较 3 个阶段的匹配，最终获得当前宏块最佳运动矢量及对应的宏块分割。

因为多窗口精化搜索的 3 个阶段都有多个候选运动矢量，所以在详细论述各精化阶段的算法以前，需要先讨论这些候选运动矢量是如何被选择出来的。在一些经典运动搜索算法（如 UMHexagonS 算法）中，宏块的运动矢量搜索在空间上存在依赖关系，即当前宏块的运动矢量搜索使用了前面已经搜索完毕的宏块的最佳运动矢量的相关信息。例如，在 UMHexagonS 算法中，以当前块的左、上、右上邻块的最佳运动矢量的中间值作为当前块运动矢量搜索的起始点，也就是将这个中间值作为候选运动矢量。这种起始点的预测是比较高效准确的，因为它利用了相邻块的运动矢量相关性[96]。本书在继续利用这一优势的前提下，提出了新的候选运动矢量选择方法——双向相关运动矢量选择法。

　　双向相关运动矢量选择法的主要思想是使候选运动矢量包含向前和向后两个相关方向的运动矢量，这样可以综合利用当前宏块周围各方向相邻宏块的相关性，从而使预测更为准确。图 5.24 给出了当前宏块（CurMB）的双向相关运动矢量。按照 H.264 编码标准中逐个宏块进行帧间预测的顺序，对当前宏块的左上、上、右上和左邻块进行编码，产生最佳运动矢量，即前向相关运动矢量（如图 5.24 中 NW，N，NE 和 W 块的运动矢量）；而当前宏块的右、左下、下和右下邻块尚未开始运动估计，称这类块的运动矢量为后向相关运动矢量（如图 5.24 中 E，SW，S 和 SE 块的运动矢量）。宏块处理的顺序性迫使当前已有的搜索算法中只有前向相关运动矢量被使用。与此不同的是，双向相关运动矢量选择法同时使用了前向和后向相关运动矢量作为当前宏块的候选运动矢量。现在面临的问题是，根据宏块处理顺序，后向相关运动矢量尚未开始搜索。但是，如 4.3.2 节所述，降低分辨率全搜索已经获得当前帧全部宏块的粗略运动矢量，所以使用粗略运动矢量作为后向相关运动矢量。

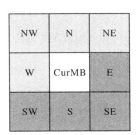

图 5.24　当前宏块的双向相关运动矢量

　　采用双向相关运动矢量选择法时三阶段精化搜索可以选取当前宏块以及周围的全部 8 个相邻宏块的运动矢量作为候选运动矢量，其中 4 个候选运动矢量是前向相关运动矢量，4 个候选运动矢量是后向相关运动矢量，还有 1 个候选运动矢量是当前宏块在降低分辨率全搜索中的粗略运动矢量。实际上如果考虑到计算量的问题，则可以只选择其中的一部分作为候选运动矢量（MV），这些运动矢量只要兼顾到前向和后向两个相关方向即可。图 5.25 给出了一种方案，其中，中心宏块表示当前宏块，Integer 表示在整像素精度下搜索获得的最佳运动矢量，RRFS 表示降低分辨率搜索的粗略运动矢量。图 5.25(a)是整像素精化阶段候选运动矢量的选择，其中候选运动矢量包括当前宏块的粗略运动矢量（RRFS Cur）、前向相关运动矢量（Integer N 和 Integer W）、后向相关运动矢量（RRFS E 和 RRFS S）、这样兼顾了当前宏块上下、左右 4 个邻块。1/2 像素候选运动矢量的选取如图 5.25(b)所示，共有 5 个。与整像素精化不同的是，在 1/2 像素精化阶段，由于搜索精度更精确，因此采用粗略运动矢量作为候选是不合适的，所以考虑采用整像素精化阶段获得的最佳运动矢量作为候选。基于这种考虑，为了使当前宏块获得全部邻块的整像素精化最佳运动矢量，必须将当前帧内全部宏块的整像素精化都执行完毕后再进行后续的 1/2 像素精化。在 1/4 像素精化中，负责对前面的运动矢量进一步求精，因此只使用 1/2 像素精化的最佳运动矢量，如图 5.25(c)所示。

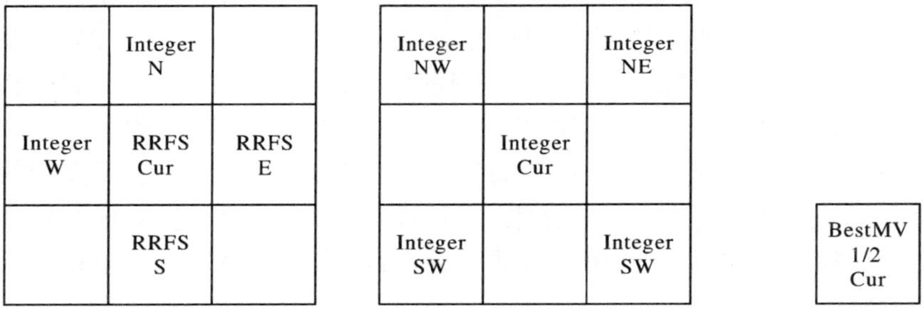

(a) 整像素搜索候选 MV　　　(b) 1/2 像素搜索候选 MV　　　(c) 1/4 像素搜索候选 MV

图 5.25　双向相关候选 MV 选择方案示例

　　另外，对于分辨率足够大的视频图像（如分辨率超过 4096×2304 像素），双向候选运动矢量可以全部采用相邻宏块的粗略运动矢量。这样在整像素精化开始前，每个宏块的搜索窗口通过其候选运动矢量精确，消除了整像素精化搜索中的宏块间相关。

　　候选运动矢量的选择方案确定后，就可以开始 3 个阶段的精化处理。其过程是类似的，下面以整像素精化过程为例进行详细描述。

　　整像素精化：整像素精化使用全搜索的方法为当前帧的每个宏块寻找最佳块匹配及对应的运动矢量。与降低分辨率全搜索不同，此时需要对宏块的不同可变块分割进行搜索。对每个宏块的整像素精化共分 3 个步骤，如图 5.26 所示。

　　(1) 生成多个搜索窗口。以输入的每个候选运动矢量为起始点，在其周围分别生成一个搜索窗口。因为降低分辨率全搜索已经确立了大致的运动矢量，现在

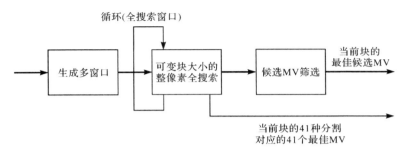

图 5.26　整像素精化过程

只需要对其求精，因此采用小搜索窗口（如向外扩展 1 至 2 个像素）即可。图 5.27
为当前宏块在整像素精化阶段的搜索窗口示意图。其中 0～4 分别表示候选运动
矢量形成的搜索窗口。在图 5.27 中搜索窗口在水平和垂直方向均向外扩展了
＋1/－1 个像素，因此每个窗口有 9 个搜索位置。采用多个窗口对一个宏块搜索，
可综合利用当前宏块周围多个区域的邻块的信息，能有效增大搜索面积，防止落
入局部最小值。

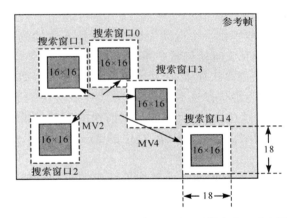

图 5.27　当前宏块在整像素精化阶段的搜索窗口示意图

　　（2）在搜索窗口中全搜索。在每个搜索窗口的不同搜索位置执行块匹配。
在每个搜索位置，要为宏块分割的各种块大小执行匹配计算。每个宏块有 7 种不
同的分割块大小，共需完成 41 个分割块的匹配计算。这里，采用基于 4×4 块的树
状合并算法完成匹配计算，如图 5.28 所示。在每个搜索位置，首先为每个宏块的
16 个 4×4 块进行匹配计算，得出 16 个 SAD 值，然后采用图 5.28 的方式通过这
16 个 SAD 值计算出其他 25 个不同块大小的 SAD 值，至此该搜索位置的 41 个
SAD 值全部计算完毕。当前宏块在所有搜索位置的 SAD 值全部计算完成后，进
行 SAD 值比较，为 41 个分割块分别选择最小 SAD 值对应的运动矢量作为该分割

块的最佳运动矢量。

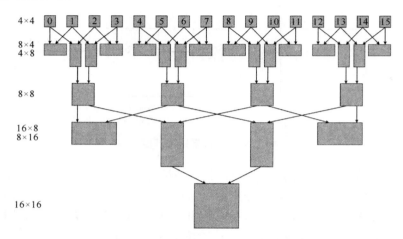

图 5.28　基于 4×4 块的树状合并法求 41 种分割的 SAD 值

（3）候选运动矢量筛选。此步骤负责为相邻宏块的精化提供候选运动矢量。在步骤（2）计算完毕后，获得的 41 个最佳运动矢量可能完全一致，也可能各不相同。但是每个宏块只需要提供一个运动矢量作为其他宏块的候选运动矢量，于是采用多数原则，即认为 41 个运动矢量中重复率最高的运动矢量代表了宏块的总体运动趋势。故此，用筛选算法在 41 个运动矢量中为每种运动矢量计数，将具有最多计数的运动矢量称为最佳候选 MV，并作为代表该宏块的运动矢量。这个过程纯粹是为相邻块提供候选运动矢量，而与当前块的运动矢量精化没有关系，其当前块的最佳运动矢量仍然是根据步骤（2）中的 41 个最佳运动矢量在运动补偿中求得的。

1/2 和 1/4 像素精化的过程与上面整像素精化的过程类似，最终多窗口精化搜索为每个宏块的每个分割块生成了最佳运动矢量。这些运动矢量将作为下一步运动补偿的输入。另外，1/2 像素精化仍然使用了 5 个搜索窗口，而像素插值需要在这 5 个窗口内进行，如果需要进一步减少计算量，则可以不使用相邻宏块的候选运动矢量，而仅使用当前宏块的运动矢量，将搜索窗口减少为 1 个。

可变块大小运动补偿根据运动估计得出的最佳运动矢量生成预测帧。由于在多窗口精化搜索中采用了可变块大小的运动估计，因此运动补偿过程分为两步。第一步是可变块分割选择，第二步是生成预测数据。

（1）可变块分割选择。多窗口精化搜索为当前宏块的 41 个分割块计算得到各自的最佳运动矢量后，需要根据拉格朗日率失真优化方法计算出代价最小的宏块分割方式。先通过 4×4、8×4、4×8 和 8×8 块的率失真代价计算 8×8 块各种分割方式的率失真代价，然后取具有最小率失真代价的分割方式为最佳 8×8 分割方式。当每个 8×8 块最佳分割计算完毕后,以类似的方法计算 16×16 宏块的最佳分割方式。

（2）预测数据帧生成。根据上一步计算得到宏块最佳分割方式和对应的运动矢量,将参考帧对应位置的数据组合而生成预测宏块数据,至此运动补偿结束。预测宏块与帧内预测的宏块进行比较,优胜者与当前宏块做差值运算,再对残差进行后续的变换编码。

3. MRMW 流式实现:计算引擎

将计算和访存解耦合,计算部分封装在多个独立的计算核心引擎（Kernel engine）中,并以数据带（data strip）的形式组织数据,进行访存。具体设计如下。

根据不同的功能将视频编码器划分成一系列不同的计算核心引擎,每个计算核心引擎完成视频编码中的一项完整的任务,通常包含一个或多个编码模块的任务（如帧间预测核心引擎、去块滤波核心引擎等）。事实上,计算核心引擎只是在逻辑上对计算任务的粗粒度封装,具体执行则依靠计算核心（Kernel）完成。在计算核心引擎内部,包含一系列计算核心,每个计算核心完成一项相对独立而简单的具体任务,这样,一组 Kernel 共同合作完成一个计算核心引擎的功能。

数据带是 Kernel 处理的基本数据单元。本书将一帧视频图像划分为多个数据带,并将每个数据带输入计算核心引擎,经过处理后输出。一般情况下,一个数据带包含图像中多个连续宏块或块的数据。数据带被视为一个逻辑概念,即每个数据带只在逻辑上定义了输入到计算核心引擎的数据具体来源于哪些宏块或块;而流则负责将数据带对数据如何划分的定义具体实例化为实际的数据组织形式,即根据数据带规定的宏块,将其中的数据组织成一条或多条的流,然后输入到计算核心引擎。

接下来讨论将 MRMW 设计为适合在并行处理体系结构上运行的计算核心引擎。MRMW 在设计之初就考虑到了并行性问题,因此在其不同阶段都针对并行处理进行了优化,使之具有并行特征。下面详细讨论每个阶段根据 MRMW 并行特性的具体并行设计。

MRMW 计算核心引擎是由不同计算核心子引擎构成的。子引擎的设计意图在于通过数据带访存设置独立的计算步骤,达到降低非规则流等问题目的。MRMW 计算核心引擎的设计结构如图 5.29 所示,包括三个子引擎。第一个子引擎负责降分辨率全搜索,第二个子引擎负责整像素精化搜索,第三个子引擎负责亚像素（1/2 像素、1/4 像素）精化搜索和运动补偿。三个子引擎之间通过数据的片外访存自然隔离,采用了不同并行处理粒度。

（1）降分辨率全搜索计算核心子引擎。降低分辨率全搜索的过程包括降低分辨率、边缘填充和全搜索三个步骤。降低分辨率通过将每个宏块降低为半分辨

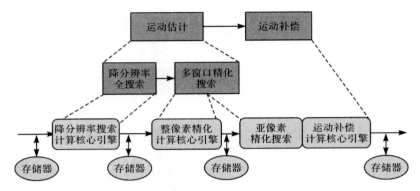

图 5.29　多分辨率多窗口帧间预测计算核心引擎设计结构

宏块达到降低整帧图像分辨率的目的,因此在计算过程中,各个宏块之间不存在相关性。边缘填充显然也不具有宏块间数据相关。在多分辨率多窗口帧间预测的降低分辨全搜索中提到,全搜索过程也在各宏块内部进行,不使用其他宏块的搜索结果,即不存在宏块间相关。综上所述,降分辨率全搜索的三个步骤都没有宏块间数据相关,因此可以考虑以宏块为并行粒度来设计该子引擎。设现有 n 个并行处理单元(Parallel Processing Unit,PPU),待处理图像帧大小为 width×height 个宏块。降分辨率全搜索子引擎的伪代码描述如下。

```
void Reduced_Resolution_Full_Search()
{
    //主循环
    While(I<Img)
    {
        //降分辨率
        while(j<HR_StripRow)
        {
            //原始图像数据流加载
            stream_load(InputStream,InputLuma);
            //降分辨率 Kernel
            RR_kc(InputStream,OutHRStream);
            //降分辨率图像数据流保存
            spi_store(OutHRStream,HRLuma);
            j+ +;
        }
        //低分辨率搜索
        while(k<RRFS_StripRow)
```

```
        {
            //加载低分辨率图像数据流
            spi_load(InpHRStream,HRLuma);
            spi_load(RefHRStream,RefHRLuma);
                //半分辨率全搜索
                HR_Full_Search_kc(InpHRStream,RefHRStream,Mv_SAD_Stream);
                //保存 MV 和 SAD 流
                spi_store(Mv_SAD_Stream,          //Stream
                        mem_mvs);                 //memory
            k++;
            }
        i++;
        }
    }
```

图 5.30 为宏块并行的降分辨率全搜索子引擎的一种数据带组织方式。对于图中的一帧图像，数据带按照纵列方向的顺序组织，每个 PPU 对应一个宏块行，每行具体包含的宏块个数受到片上存储的大小约束，为了便于讨论，假设片上存储足够大。因此，如果一个数据带包含 n 个宏块行（即 $n \times$ width 个宏块），那么每个 PPU 对应一整行即 width 个宏块，而下一个数据带则包含下面 n 行宏块。根据这种数据带组织方式，子引擎的处理方式如下：在 Kernel 内部的每次 Kernel 内循环中，每个 PPU 处理一个宏块，则 n 个 PPU 将纵列上的 n 个宏块处理完毕。经过 width 次循环后，n 个 PPU 将整个数据带处理完毕。在实现中，如果片上存储空间较小，则可以将当前一个数据带纵向切分为多个数据带。

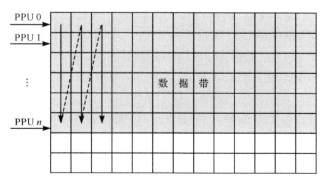

图 5.30　降分辨率全搜索子引擎的数据带组织方式 1

数据带的组织方式还可以有其他选择。例如，横向顺序组织数据带，以一行宏块为一个数据带，每调用一次 Kernel 就处理一行宏块，如图 5.31 所示。

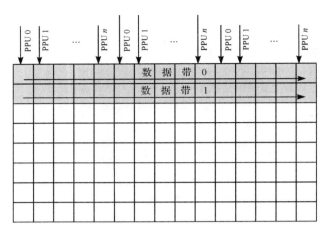

图 5.31　降分辨率全搜索子引擎的数据带组织方式 2

（2）整像素精化搜索计算核心子引擎。为了向 1/2 像素精化搜索提供候选运动矢量，多窗口精化搜索被一分为二，其中整像素精化搜索单独作为一个子引擎，其余的亚像素精化搜索和运动补偿作为另一个子引擎。整像素精化的候选运动矢量可以部分地使用相邻宏块的精确运动矢量，也可以全部使用粗略运动矢量。前者具有宏块间数据相关，后者则消除了宏块间数据相关。为了适应分辨率更广泛的视频，整像素精化搜索子引擎的设计采用了存在宏块间相关的情况：当前宏块的前向相关运动矢量是前面宏块搜索的结果。宏块间的相关性导致不能使用宏块级并行。但是，在宏块内部，16 个 4×4 块间不具有相关性，因此整像素精化搜索子引擎可以采用块级并行设计。图 5.32 是块级并行的数据带组织形式。采用块级并行，即将一个宏块的 16 个块分别交给不同的 PPU 处理。为了讨论方便，假设 PPU 的个数为 16，则一个宏块的 16 个块按图 5.32 中的扫描顺序分配给 16 个 PPU，数据带的长度假设为一行宏块个数（width）。根据这种数据带组织方式，子引擎执行方式为：kernel 内每循环一次，每个 PPU 处理一个 4×4 大小的块，16 个 PPU 将一个宏块处理完毕。经 width 次循环后，一行宏块处理完毕。

值得注意的是，每个数据带开始处理前，必须要为其中每个宏块载入搜索窗口数据。但是，在没有处理前，每个宏块的前向相关运动矢量还没有计算，因此对应的搜索窗口也是未知的，从而造成数据加载的不可预知性。这个问题可以通过下面的方法解决。首先，每个宏块的最大搜索范围是已知的，而相邻宏块的搜索窗口有很大一部分区域是重叠的，因此整个数据带的搜索范围也是已知的，而且相邻数据带的搜索窗口是可以重用的。如图 5.33 所示，按照图 5.22 指定的搜索窗口大小设置，深色部分是数据带 n 的搜索范围，并将参考帧中该搜索范围内的

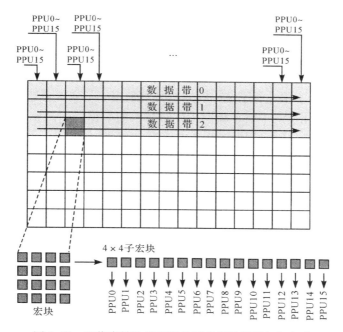

图 5.32　整像素精化搜索的块级并行数据带组织方法

数据以输入流的形式载入片上存储。然后，在子引擎计算过程中，每个宏块计算运动矢量的同时将该运动矢量指向的搜索位置形成一个记录。后面宏块开始处理时，则根据该记录从流中取出对应的搜索窗口数据。当计算下一个数据带 $n+1$ 时，搜索窗口范围则如图 5.33 中斜线部分所示，它们有 75% 的数据是重叠的，因此可以使用流重用技术[112]避免额外的片外访存。整像素精化搜索后，将每个宏块的 41 个最佳运动矢量、筛选出的 1/2 像素候选运动矢量和对应的 SAD 值以输出流的形式保存至片上存储。

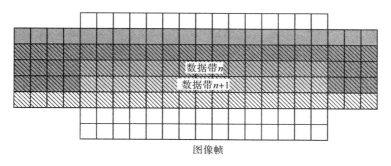

图 5.33　搜索窗口数据重用

（3）亚像素精化搜索和运动补偿计算核心子引擎。1/2 像素精化搜索、1/4 精化搜索和运动补偿，融合为帧间预测计算核心引擎的最后一个计算核心子引擎。与前面降分辨率搜索和整像素精化的整帧处理方式不同,这个子引擎对一个宏块连续执行这三个步骤,直到获得该宏块的最佳分割以及对应的运动矢量。因此,子引擎的三个步骤选择了统一的并行处理粒度——块级并行。数据带的组织方式与整像素精化搜索子引擎相同。此时载入的数据仍然是整像素数据,而 1/2 像素和 1/4 像素数据则采用即时生成的策略:搜索时在候选运动矢量对应的小搜索窗口内进行插值计算。

5.2.4　分析与讨论

本书以 QCIF 视频序列作为输入,分别测试 UMHexagonS、全搜索（FS）两种算法的整像素运动估计和 FS 算法的亚像素运动估计的流实现程序,测得各种搜索方法的流实现执行时间与加法器利用率如表 5.3 所示。

表 5.3　运动估计流实现执行时间与加法器利用率

模　　　块	算　　　法	流实现执行时间/μs	加法器利用率/%
整像素运动估计	UMHexagonS	40.97	76
	FS	32.13	84
亚像素运动估计	FS	17.96	89

实验数据表明,采用 UMHexagonS 算法处理一帧视频图像比采用 FS 算法还要慢 28%。在 FS 流实现中,97% 的运行时间用于核心计算,如图 5.34 所示。虽然 FS 算法计算量大,但是各计算资源尽可能地满负荷运行,功能单元利用率高。而 UMHexagonS 流实现的带数据重组的流访存及其他(如核心微码加载等)时间占总运行时间的 41%。即便 UMHexagonS 流实现以大量的冗余匹配计算来避免过多的昂贵的流数据重组,也难达到规则的 FS 密集计算效率。因此,UMHexagonS 算法原本的节省匹配候选点的设计初衷在流处理机制下没有效率收益,那么对于运动估计的流化来说,首选的算法方案是全搜索。这从一个角度说明了算法级的流程序设计对于流程序实现性能具有较大的影响,也决定着流程序编程的难易度;也从另一个角度为流体系结构的发展提供了非规则的需求,特别是希望流存储结构能够很好地支持非规则访存,从而改善非规则流应用的整体性能。

接下来对多分辨率多窗口帧间预测（MRMW）的计算量和非规则问题进行分析。

（1）计算量分析。在计算量分析中,将全搜索算法与 MRMW 方法进行对比。两种不同算法中,计算量的差异主要体现在整像素搜索阶段。原因有两个:一是当整像素运动矢量计算完成后,亚像素搜索仅在整像素搜索最佳 MV 附近的

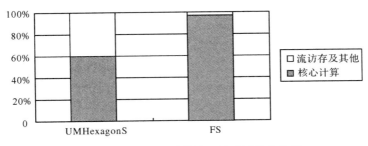

图 5.34　整像素运动估计运行时间分布比例

很小的范围内进行搜索,搜索计算量对运动估计的总计算量影响不大。二是全搜索与 MRMW 两种方法在亚像素搜索及运动补偿过程的计算量基本相同。因此,为了便于对比,这里仅分析整像素搜索完毕时的计算量。表 5.4 是分析中的图像及搜索参数设定,可见二者的基础设置是完全相同的。其中搜索窗口大小以像素为单位,均对应于图像原始分辨率。候选 MV 数目是指在多窗口搜索中双向候选 MV 的个数。即对一个宏块而言,其搜索窗口的个数。这里 MRMW 选择最大值 9,此时 MRMW 达到计算量最大。MRMW 选择仅降低到 1/2 分辨率,而不是降低到 1/4 分辨率。另外,MRMW 算法的统计需要计入为完成整像素搜索的全部计算量,即也包括降分辨率全搜索等辅助计算量。

表 5.4　全搜索和 MRMW 搜索相关参数设定

搜索算法	全 搜 索	MRMW
搜索窗口大小	128×64 像素	128×64 像素
是否使用可变块大小	是	是
图像分辨率	1920×1080 像素	1920×1080 像素
候选 MV 数目	NA	9
降低分辨率精度	NA	1/2 分辨率

表 5.5 是全搜索算法和 MRMW 算法对同一个宏块进行整像素运动估计的计算量统计数据对比。由于运动估计中的大多数操作都是加法和移位操作,而这二者在硬件的处理速度都很快,因此统计时不进行区分,仅统计总操作数。

表 5.5　全搜索和 MRMW 对同一个宏块进行整像素运动估计的计算量统计数据对比

	搜索算法	全 搜 索	MRMW
	搜索位置个数	5537	81
整像素搜索	单个搜索位置一个宏块的匹配计算量	537	537
	整像素搜索一个宏块的计算量	2973369	43497

	搜 索 算 法		全 搜 索	MRMW
辅助计算	每宏块降低分辨率对应的计算量		NA	640
	平均每宏块对应的边缘填充计算量		NA	54
	低分辨率全搜索计算量	搜索位置数目	NA	833
		单个搜索位置的匹配计算量	NA	128
		低分辨率搜索一个宏块的总计算量	NA	106624
	辅助计算对应一个宏块的总计算量		NA	107318
搜索一个宏块的总计算量			2973369	150815
计算量对比			100%	5%

　　通过表 5.5 的比较可知,对于搜索窗口大小为 128×64 像素的整像素运动估计,MRMW 的计算量仅为全搜索法的 5%。因为运动估计是整个 H.264 编码中计算比重最大的部分,所以 MRMW 方法能有效降低 H.264 编码的整体计算量。

　　(2) 非规则问题分析。运动估计快速算法的非规则问题主要来源于运动矢量计算的不可预知性和宏块间相关性。计算的不可预知性导致了差量计算,而宏块相关导致了访存的不确定性。

　　MRMW 方法通过小窗口全搜索消除差量计算问题。该方法的各个阶段,无论是降低分辨率全搜索还是多窗口精化搜索,都采用了全搜索策略。对于同一阶段被处理的各个宏块,搜索步骤规整,搜索过程完全一致,搜索位置的数目也完全相同,因此不存在差量计算问题。

　　宏块间相关性源于减小搜索点数目的基本原理,因而它导致的访存不确定性问题很难完全消除。表 5.6 是基于 UMHexangonS 算法的帧间预测和 MRMW 算法的非规则流访存数据对比。

表 5.6　UMHexangonS 算法的帧间预测和 MRMW 算法的非规则流访存数据对比

帧间预测方法	描　　述	流数量/条	非规则流所占百分比/%
UMHexangonS	基于 UMHexangonS 算法的帧间预测	27	30
MRMW(精确)	使用精确运动矢量作为整像素搜索的候选运动矢量,块级并行	22	8
MRMW(粗略)	仅使用粗略运动矢量作为整像素搜索的候选运动矢量,宏块级并行	19	0

　　表 5.6 的数据表明,使用 UMHexangonS 快速算法的帧间预测的非规则流访存比例为 30%,使用 MRMW 非规则流访存可以降低至 8%,而如果 MRMW 的整像素搜索阶段完全使用粗略运动矢量作为候选运动矢量,则可以消除非规则

访存。

综上所述，MRMW 专门针对高分辨率视频进行了降低计算量的优化，同时兼顾了非规则问题，其特点是更加契合当今可编程处理器的微体系结构特点。随着人们对视频清晰度的需求日益增加，MRMW 方法以其低计算量、大范围搜索面积、多精度搜索和多粒度并行性等优势为面向高分辨率视频的实时编码提供一种有效解决方案。

5.3　帧内编码：多模式和强数据相关

5.3.1　相关性分析

帧内预测和变换量化过程中的相关源于帧内预测和变换量化在编码器中形成的反馈回路，如图 5.35 所示。帧内预测为当前块产生一个预测块 P，当前块与预测块的差值即残差经过变换量化，然后再经过逆变换反量化生成 D'_n，D'_n 与预测块 P 相加就得到重建块。这个重建块用做当前帧其他块帧内预测的参考数据。上述过程说明，当前待预测块需要使用相邻块预测并编码重建后的数据，因此在前面的块预测编码重建完成以前，后面的块是无法开始帧内预测的。显然，这是一种写后读相关。帧内预测的反馈回路包含多种模式的预测、预测模式选择、变换和量化、逆变换和反量化、重建等多个计算密集的编码模块，整个回路的处理过程很长，一旦由于这种写后读相关而不能并行，则将耗费大量的执行时间，成为并行编码的瓶颈。

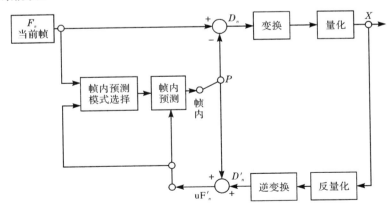

图 5.35　帧内预测与变换量化反馈回路

H.264 编码中的帧内预测是以宏块为单位进行处理的，因此在这个回路中每个宏块中 16 个块的帧内预测都要使用部分相邻块的重建后数据，从而形成了块间以及宏块间数据相关。下面以亮度帧内预测为例说明待处理亮度宏块在帧内预测过程中的相关性问题,8×8 的色度预测与 16×16 的亮度预测相关性问题基本类似。待处理亮度宏块大小是 16×16,需要进行 4 种 16×16 亮度帧内预测和 9 种 4×4 亮度帧内预测。

　　16×16 亮度帧内预测模式的相关性如图 5.36 所示,4 种预测模式的相关关系数目是不同的。在垂直和水平预测模式中,预测算法分别按照式(5.3)和式(5.4)计算,其中 Pred[x,y] 代表位置 (x,y) 的像素的预测值,坐标原点为待预测亮度宏块的左上角像素。由式(5.3)和式(5.4)可知,垂直和水平预测模式仅需要一个相邻宏块的像素值:在垂直预测模式下,当前宏块(CurMB)需要其上边宏块的数据;在水平预测模式下,当前宏块需要其左边宏块的数据,相关关系如图 5.36(a)和 5.36(b)所示。在 DC 预测模式中,当前宏块的全部预测像素值都是左边宏块像素 V 及上方宏块像素 H 的平均值,因此包含 2 个相关关系,如图5.36(c)所示。在平面预测模式中,预测像素根据式(5.5)计算[1]。由式(5.5)可知,当前宏块的平面预测需要上、左上、左三个相邻宏块的数据,具有宏块间数据相关性,如图 5.36(d)所示。

$$\mathrm{Pred}[x,y]=p[x,-1] \qquad (5.3)$$

$$\mathrm{Pred}[x,y]=p[-1,y] \qquad (5.4)$$

$$\mathrm{Pred}[x,y]=\mathrm{clip}((a+b\times(x-7)+c\times(y-7)+16\gg5) \qquad (5.5)$$

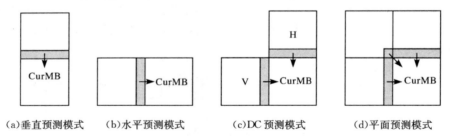

(a)垂直预测模式　　　(b)水平预测模式　　　　(c)DC 预测模式　　　　(d)平面预测模式

图 5.36　16×16 亮度帧内预测模式的相关性

　　4×4 亮度帧内预测模式的相关性与 16×16 预测模式类似,只是从宏块粒度变为块粒度的相关,如图 5.37 所示。其中深色小正方形代表当前块预测中所需的邻块像素。由此可知,4×4 预测中有 3 种模式(模式 0、1、8)需要 1 个相邻块数据;3 种模式(模式 2、3、7)需要 2 个相邻块数据;3 种模式(模式 4、5、6)需要 3 个相邻块数据。每个 4×4 块在完成 9 种预测模式的过程中,一共需要 4 个相邻块的数据,分别是左上块、上块、右上块和左块。

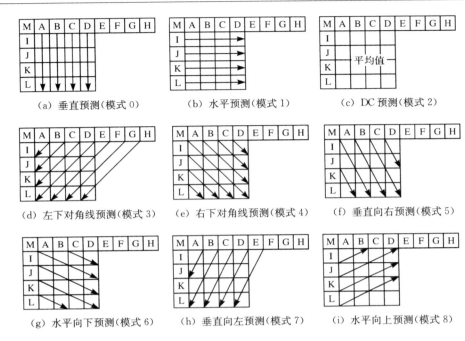

图 5.37　4×4 子宏块亮度帧内预测模式的相关性

从上面讨论可知 16×16 亮度预测的宏块相关性限制了帧内预测的宏块级并行,4×4 预测的块相关性限制了帧内预测的块级并行。同时由于预测模式多样化,也增加了 Kernel 设计的难度与工作量。

在预测结束后的预测模式决策阶段,整个亮度宏块比较获得最佳预测模式,在此过程中,不需要其他宏块或块的数据,因此不存在相关性。

与帧内预测相比,变换量化部分的计算是十分规整的。变换量化是针对块的独立计算过程,所需要的数据处于本块内部,在各个块之间不存在依赖关系,因此没有数据相关。

5.3.2　相关性问题:可扩展块并行

帧内预测存在宏块间和块间两个粒度的相关,本书采用分别解决的方案。文献[112]采用了宏块级并行的方法,其代价是以原始帧作为参考帧,完全消除了编码反馈回路带来的相关性问题,同时付出的代价是无法利用反馈回路带来的预测优势,最终导致图像质量下降。为了消除宏块间相关的影响,同时不影响图像质量,本书采用以块为粒度的并行帧内预测方法。

块级并行按宏块的光栅扫描顺序组织数据带,计算核心引擎中的 Kernel 内部循环一次即处理一个宏块。这样,宏块中的 16 个块将分配给不同的并行处理单元并行处理。在块级并行的帧内预测中,宏块是按顺序串行处理的,当前宏块所需的参考像素都已经计算完毕,可从相邻宏块获得。因此,16×16帧内预测的宏块间相关不会对块级并行产生影响,需要考虑的只有帧内预测中的块间相关。

虽然4×4帧内预测的9种模式使每个块同4个相邻块有相关关系,但是并非每两个4×4块之间都会产生直接相关,这一点使块级并行成为可能。图5.38给出了一个宏块内各个4×4块之间的相关关系,其中标号代表相应的块,箭头表示相关关系。如图5.38所示,显然存在很多不直接相关的"块对"(如由块0和块4组成的块对(0,4)等)。由于依赖的传递性,所以无直接相关的块对仍然可能具有间接相关。例如,块对(0,4)的两个块因为块1的传递而具有间接相关关系。

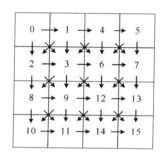

图 5.38　帧内预测一个宏块内部各个 4×4 块间的相关关系

块级并行的基本思想就是将不存在相关关系的块并行执行,这里的相关关系包括直接和间接两种。因此,块级并行的关键问题是寻找无相关关系的块。为了明晰地表示宏块中各4×4子宏块的相关关系,将图5.38按照"点火方式"进行适当的变化。这里的点火方式是指一旦某个块的相关关系全部得到满足,立刻执行该块。图5.39给出了块0至块8的相关关系,可见块对(2,4),块对(3,5)和块对(6,8)都是无相关关系的块,这些块对中的两个块可以在同一时刻开始执行预测,即在图中处于相同水平层次的块可以并行执行预测。按照上述方法,一个宏块中可以并行执行的块对共有6对,分别是块对(2,4)、块对(3,5)、块对(6,8)、块对(7,9)、块对(10,12)和块对(11,13)。

这些块对形成的块级并行预测方案如图5.40所示。此方案共经历10个阶段,因此称为十阶段块并行法。图5.40中的数字标号n表示该块在第n个阶段执行。其中,阶段1、2、9、10这4个阶段只执行一个块的预测,而阶段3至阶段8则有两个块并行预测。此方案的执行时间是原来的十六阶段串行时间的62.5%。

在流计算模型中,这种并行方式能开发的并行粒度只有2,即只需要两个PPU。在阶段3至阶段8,为每个PPU分配一个块;在阶段1、2、9和10,将唯一需要处理的块分配给一个PPU。由于流计算模型采用SIMD并行执行模式,因此在

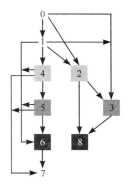

图 5.39　块 0 至块 8 的相关关系

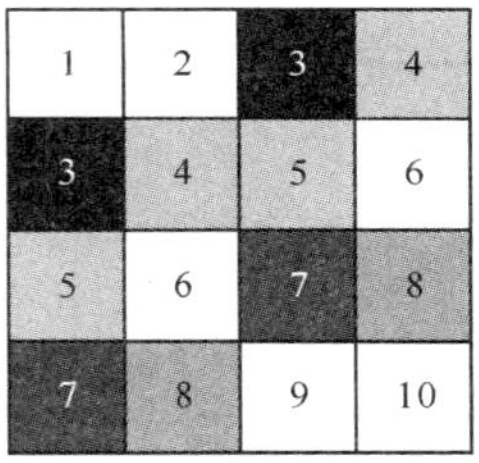

1	2	3	4
3	4	5	6
5	6	7	8
7	8	9	10

宏块

图 5.40　十阶段块并行帧内预测

一个阶段中，全部 PPU 都同时执行预测，但是只有每个阶段对应的部分 PPU 的计算结果是有效的，其他 PPU 的计算结果都是无效的。

　　进一步考虑是否有更优化的方案，发现在 9 种预测模式中，只有模式 3 和模式 7 需要右上相邻块的数据，而研究表明不使用模式 3 和模式 7 的帧内预测仅仅会使码率提高 0.5% 左右。因此，从 9 种预测模式中将模式 3 和模式 7 移除，则每个块的相关关系数目从 4 降低到 3。在这种优化方法中，相关性的减少带来可并行处理的块数目的增加。图 5.41 所示为优化方法的块级并行预测阶段分布，其中所标数字为阶段顺序。可见 4×4 帧内预测进一步减少到 7 个阶段，其中阶段 4 包含 4 个并行预测的块。这种优化方法的执行时间是十六阶段串行执行时间的 43.75%，称为七阶段块并行法。

　　对于 16×16 亮度预测，块级并行的并行度可以增大到 16。这是因为 16 个块在 16×16 的亮度预测中可以独立执行，并且块间不存在相关性。

　　七阶段块并行帧内预测的数据带组织方式如图 5.42 所示。每个数据带包含多个宏块，帧内预测和变换量化计算核心引擎内的 Kernel 的内循环一次处理一个宏块，该宏块的 16 个块分配给 16 个 PPU 分阶段执行。例如，在第 3 阶段分配给

宏块

图 5.41　七阶段块并行帧内预测

PPU3、PPU6、PPU9 和 PPU12 的 4 个块并行执行。

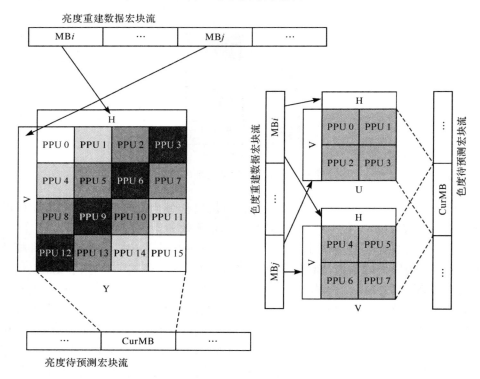

图 5.42　七阶段块并行帧内预测的数据带组织方式

变换量化由于本身就不存在相关性,并且计算规则度非常好,因此是 H.264 编码模块中最容易并行的部分。因为变换量化与帧内预测联系紧密,所以本书将它和帧内预测一起考虑,故此变换量化也采用基于块的并行方案。由于变换量化的并行易于实现,并且文献[112]、[113]已详细阐述了基于流计算的变换量化方法,因此本书就不再详细讨论。关于变换量化的具体实现的数据流图参见 5.6.1

节。其七阶段块并行帧内预测和变换量化的伪代码如下。

```
kernel Intrax4x4Prediction_kc(stream QpData(in),TopPix(in),LeftPix(in),TopLef
                              t(in),qp_tbl_offset(in),QutRow[4](out),
                              QCoef[8](out),Sad(out),IPredMode(out))

{
    total_sad = 0;
    num_stages = 7;
    cur_stage = 0;

    //七步遍历过程
    while(num_stages>0)
    {
        //指定当前有效的 PPU
        active_flag = is_active(cur_stage);
        top_nbr_pix = get_tnp(is_top_row_blk,TopPix);
        left_nbr_pix = get_lnp(is_left_col_blk,LeftPix);
        top_left_nbr = get_tlnp(is_top_row_blk,TopLeft);
            //各个 PPU 对一个 4×4 块的预测
        Intra4x4Prediction(
            top_nbr_pix,     //上一行相邻块中的 4 个相邻像素
            left_nbr_pix,    //左边相邻块中的 4 个相邻像素
            top_left_nbr,    //当前块左上块的相关像素
            prefered_pred_mode,
            SrcRow,
            Sad,
            PredMode,
            PredRow
            );
            Sad = active_flag(is_active_blk,Sad,0);
            total_sad = total_sad + Sad;
            //变换编码重建,为下一次遍历准备预测数据
        Intra4x4BlockTransformAndReconstruct_kc(SrcRow,PredRow,QpData,
                                     Qp_tbl_offset, TempQCoef[8],
                                     TempOutRow[4]);
                                     IPredMode = get_IpredMode(is_ac-
                                     tive_blk,PredMode);
```

```
QCoef = get_Qcoef(is_active_blk,TempQCoef);
OutRow = get_outrow(is_active_blk,TempOutRow);

num_stages = num_stages - 1;
cur_stage = cur_stage + 1;
    }
}
```

为了尽可能减少数据相关对性能的影响,在执行 16×16 亮度预测、宏块变换量化、逆变换量化和宏块重建过程时采用 16 并行度的并行执行机制;在执行 4×4 亮度预测、块变换量化、逆变换量化和块重建过程时,采用分阶段的并行度可变的并行执行机制。

5.3.3　多模式问题:Kernel 参数化

帧内预测的 Kernel 实现中存在一个主要的特征就是对多模式选择问题的实现,这一点在参数化 Kernel 中已经做了一般化的说明。总体的思想就是将模式间的共有部分实现成可共享的程序资源,并将它们有机地合并成整个模式的计算过程,这样能将计算过程进行重叠,从而节省指令加载的开销和计算开销。具体针对 STORM 流处理器,利用 StreamC 提供的程序功能,尽可能地将 Kernel 代码进行合并和优化。

代码合并分为两个层次。一是 inline kernel 层次,将许多模式中都会使用到的共有程序功能实现为 inline kernel,通过不同的输入输出参数来实现对同一个 inline Kernel 的调用。例如,在所有模式中都会频繁计算一个 4×4 块的 SAD 值,而计算过程对于所有模式来说都是相同的,不同的是参与计算的数据。那么,将 4×4 块的 SAD 计算过程设计成一个包含 32 个输入参数(16 个原始像素值和 16 个预测像素值)和一个输出参数的 inline kernel,并将各个对应的原始像素值和预测像素值分别做差值计算,然后经过一定的 Hadamard 变换,得到最终的 SAD 值并输出。各个模式只要给定参与计算的 4×4 块的原始像素值和预测像素值,并调用这个 inline kernel 就可以完成相应的 SAD 值计算了。

另一个层次是 Kernel 层次,即第 3 章提到的参数化 Kernel 的过程。通过分析不同 Kernel 的特征和相互联系,将实现相似度很高的 Kernel 进行代码合并。在第 3 章中,已经以帧内预测中的亮度块 16×16 宏块模式和色度块预测模式的 Kernel 实现为例进行了参数化 Kernel 过程的说明。在这里只要使用 StreamC 提供的微控制器变量作为具体的参数控制参数化 Kernel 的执行过程,完成在 STORM 上的映射过程。最终针对这个参数化的 Kernel,共使用了 7 个微控变量,如图 5.43 所示。微控变量 loop0 用于控制两种预测模式在直流预测、水平预测和垂直预测方式中的循环次数;loop1 用于控制平面预测方式的循环次数;微控变量 add0 和 shift0 用来执行两种模式在直流预测循环部分结束后不同的计算过程。最后 3 个微控变量(shift1,sub0,mul0)用来产生平面预测最后的预测因子。

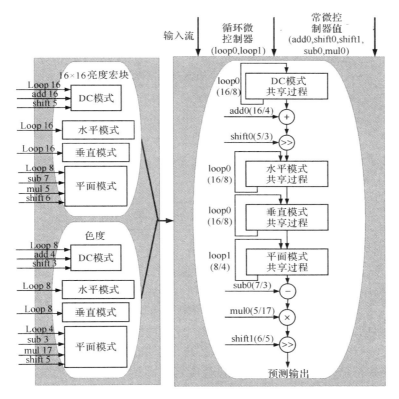

图 5.43 参数化 kernel 在 STORM 流处理器上的具体实现

5.3.4 分析与讨论

本书提出的七阶段块并行方法实现了 H.264 帧内预测与变换量化,在具体实现中,分为亮度帧内预测及变换量化 I_luma_IE 和色度帧内预测及变换量化 I_chroma_IE。同时对 H.264 中多种帧内预测方法进行了量化评估,评估范围包括 x264 的串行帧内预测、十阶段块并行帧内预测、七阶段块并行帧内预测和文献[59]中提出的宏块并行帧内预测方法,其中后 3 种帧内预测均是基于流计算模型的并行方法。表 5.7 是上述帧内预测方法的评估数据(以亮度数据的帧内预测为例),表中每一行表示不同的方法。主要关注的并行指标在表中按列表示,包括并行粒度、并行度、吞吐率、核心循环体执行次数、预测对空间相关信息的利用。

表 5.7 中并行粒度是指在帧内预测中能够并行处理的最大数据粒度;并行度

是指按照并行粒度指标,并行处理数据的数目;吞吐率是指单位时间内被并行处理的数据量,统计时取 4×4 预测过程的数据;核心循环体执行次数是指程序中执行预测编码的核心循环体执行的次数,包括 16×16 预测和 4×4 预测,统计数据以一帧 1920×1080 像素的图像为标准,为了便于比较,表 5.7 以 x264 为标准进行了归一化处理;预测对空间相关信息的利用是指在预测过程中,是否按照帧内预测原理利用了宏块间、块间相关数据。

表 5.7 帧内预测方法并行指标量化表

帧内预测方法	并行粒度	并行度	吞吐率	核心循环体执行次数/%	预测对空间相关信息的利用
x264	NA	NA	256B	100	完全利用
十阶段并行	4×4 块	1~2	400B	64.7	完全利用
七阶段并行	4×4 块	1~4	585B	47.1	完全利用宏块间相关信息;块间相关信息利用 78%
宏块并行	16×16 宏块	120	30KB	0.8	未利用同一行宏块间的相关信息

从表 5.7 中数据可得以下结论。

(1) 并行程度取决于对相关性限制的解决程度。表中各帧内预测方法,自上而下并行程度越来越高。十阶段块并行和七阶段块并行方法仍然利用了宏块间相关信息,因此并行处理的数据粒度必须限制在块级;十阶段块并行法完全利用块间相关信息,因此并行度的峰值仅为 2;七阶段块并行法没有利用右上块的相关信息,因此并行度峰值可达 4;文献[59]提出的宏块并行方法没有利用宏块间相关信息,因此并行粒度达到宏块级,而并行度可以高达 120 个宏块。如果处理器的并行处理核的数目超过并行度,则会造成浪费,从这一点来说,宏块并行具有较大优势,七阶段块并行法次之。

(2) 各并行帧内预测方法的程序执行性能自上而下逐渐升高。表中各并行方法的吞吐率均高于 x264 的串行帧内预测(如七阶段并行法吞吐率是串行的 2.3 倍)。如果处理器并行处理核心数目能够超过 120 个,宏块并行法的吞吐率将高达 30KB。另外,核心循环体的执行次数也随着并行度的升高而降低,不但缩短了计算时间,也减少了控制开销。

(3) 帧内预测的有效性依赖于对相关数据的利用。十阶段并行法利用宏块和块间的相关数据进行预测,能够获得同串行帧内预测相同的预测效果。宏块并行方法则没有利用同一行间相邻宏块间的相关数据,预测效果较差。实验图像测试结果表明在 I 帧较多的参数设定下图像质量受到严重影响,其 PSNR 值与串行帧内预测法比较相差 5dB,因此宏块并行法虽然从并行化的角度来说更优,但是图像压缩质量不过关。七阶段并行法舍弃了对右上块相关信息的利用,但是这部分相关信息占块间相关性信息的 9% 左右，因此预测效果仅略逊于串行帧内预测。

综合而言，在保证图像质量的前提下，七阶段块并行帧内预测的并行效果最好。一方面，它充分利用了宏块和块间的相关性信息，虽然图像质量有所下降，但是并不影响视频观看效果；另一方面，它有效地解决了相关性问题对并行的限制，在并行度、吞吐率和程序执行效率方面都有明显提高。

5.4　CAVLC 的流式实现：可变长编码

5.4.1　相关性分析

CAVLC 算法中大量采用了基于上下文自适应的思想，直接导致了 4×4 块内部、4×4 块之间以及宏块之间存在相关性。在 CAVLC 最后的码流生成阶段，块间、宏块间的按位写原则也形成了块间和宏块间相关。本节详细分析了 H.264 标准中 CAVLC 算法的各类相关性问题，以及它们对采用 SIMD 并行的流框架的影响。

根据对 CAVLC 的算法原理分析，将其中的相关性问题分为三类，分别称为码流存储的优先约束、数据相关、控制相关。

（1）码流存储的优先约束。CAVLC 在码流的生成过程中，不可预知的码流长度造成了不同块之间和不同宏块之间存在优先约束型的相关问题。CAVLC 的输出码流是按照逐个宏块，宏块内逐个块的顺序存储的。在一个 4×4 块内，则是将 1.4.7 节描述的 5 个语法元素生成的编码依次存储。由于 CAVLC 是变长编码即各个块中语法元素的个数和编码长度是不可预知的，因此每个块生成的码流长度也是不可预知的。又因为块与块之间的码流是紧密衔接的，所以在前一块没有生成码流之前，后一块因为不能预知写码流的起始位置而无法向码流结构中存储。另外，码流是以位（bit）为单位拼接的，也就是说前一块的码流长度可能不是整数字节。图 5.44 给出了宏块间的码流拼接情况。设宏块 MB0～MB2 的码流长度分别是 18bit、12bit 和 14bit，如果 MB0 码流的最后一个字节只写 2bit，那么宏块 MB1 的码流首先要填充该字节中剩余的 6bit，然后再从下一个字节开始存储剩下的编码，结果又在码流的第 4 个字节余下 2bit。宏块 MB2 以上述方式继续按位（bit）完成码流存储。CAVLC 按位紧密拼接的码流输出特点使相邻块（或宏块）间存在优先约束相关，即必须等前一个块（或宏块）写完才能继续写下一个块（或宏块）。码流存储的优先约束是限制 CAVLC 并行的最大制约因素，即使编码过程能够并行，也无法达到并行生成码流的目的，目前已有的 CAVLC 并行研究中始终没有克服码流存储的优先约束问题。

（2）数据相关。数据相关是指算法本身造成的数据集合之间存在数据依赖，

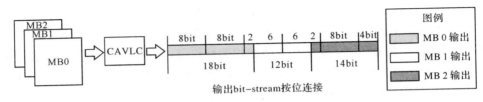

图 5.44   CAVLC 中的码流存储的优先约束

这些数据集合的类型包括 4×4 块、16×16 宏块等。换句话说，即一个块在计算过程中需要其他块计算的中间或最终结果，从而形成等待，导致者无法并行。在 CAVLC 中，数据相关源于基于上下文自适应的思想。在一个 4×4 块内，对语法元素非零系数数目（TotalCoeffs）编码的过程中，CAVLC 使用变量 nC 选择合适的码表。nC 的计算基于上下文考虑，除了色度直流系数外，其他系数的 nC 值是根据当前块的左边块的非零系数数目 NA 和上面块的非零系数数目 NB 计算得到的。这造成了块间数据相关，同时块间的数据相关进一步形成了宏块间数据相关。图 5.45 给出了 CAVLC 宏块间的数据相关情况。其中宏块 MB121 第一行块和第一列块与宏块 MB1 以及 MB120 中的块具有数据相关。这种数据相关使具有依赖关系的块或宏块不能被并行处理。

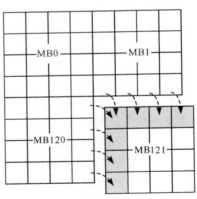

图 5.45   CAVLC 宏块间的数据相关

（3）控制相关。控制相关是指计算过程与输入数据的特征相关，不同的输入数据使程序中的控制语句产生不同的结果，从而影响 CAVLC 向流框架的并行设计。这里的控制相关主要指由于多个并行过程输入的数据不同，可能引起循环次数不同、进入分支不同，导致了不同的计算过程，即 5.2.2 节提到的非规则流问题中的差量计算问题。在 CAVLC 算法中，不同的块具有不同的特征，例如，不同块可能拥有不同的非零系数数目。因此，每个块中需要编码的语法元素个数是不可预知的，反映在具体实现中即体现为循环次数的不可预知。与此类似的还有控制相关导致的分支操作，控制相关使不同的块执行不同的程序语句，这与 SIMD 并行的流计算特性相悖。

CAVLC 算法的相关性强，串行特征明显，所以被众多研究者称为典型的串行程序。针对 CAVLC 算法的并行研究主要集中在采用专用硬件的并行加速领域，而且一般采用流水执行的方式。

文献[114]采用不同硬件对 YUV 分量并行处理。因为 YUV 三个分量之间没有数据相关，因此可以使用 3 个处理核心并行处理这 3 个分量。同时还针对宏块流水执行。

文献[115]和[116]并行处理一个 4×4 块内的不同语法元素。当一个块进行之字形扫描后，各语法元素的处理被划分为 4 个并行的部分：第 1 个部分计算变量 nC 和编码 Coeff_token；第 2 部分编码非零系数幅值和拖尾系数符号；第 3 部分编码 total_zeros；第 4 部分编码 run_before。然后将 4 个部分获得的码流组装后输出。

文献[117]则将一个 4×4 块的处理过程划分为粒度更细的并行任务。在一个块的数据输入后，整个处理过程被划分为 Zigzag 排序、反向扫描、色度 nC 计算、亮度 nC 计算、Coeff_token 编码、Level 编码、变长编码组装等 15 个子任务，然后采用 15 个处理核心流水执行这些任务。

这些并行处理方法的共同特征是采用流水的方式达到并行执行的目的，各个处理核执行不同的流水段。流水存储的方式实质上并没有解决优先约束的存储问题，各个块的存储仍然是以串行方式执行的。另外，这种 MIMD 的并行方式还存在一个问题，即流水段的负载是不均衡的。例如，在 YUV 并行处理中，Y 分量的数据处理量是 U 分量的 4 倍。而语法元素并行方案中，在最差情况下，非零系数幅值的编码量将是 Coeff_token 编码的 16 倍。由于并行处理的性能由流水线中负载最重的任务决定，所以这种并行方式带来的性能提升是有限的。文献[117]致力于更细粒度的任务划分，任务被细化为 15 个阶段，但是在关键路径上的 5 个子任务中，负载最重任务与负载最轻任务的处理时间之比约为 1.6∶1。

流水执行的方式显然更适合于采用专用硬件加速的 MIMD 并行，这样可以为每个任务量身定制具有不同目标和复杂度的处理核心。然而，可编程并行处理体系结构一般具有结构设置、计算能力都完全相同的并行处理核心，显然更适合采用 SIMD 的并行处理方式。就目前的研究情况表明，本书提出的采用 SIMD 并行的 CAVLC 方法具有独创意义。

5.4.2　解耦合分段并行

本节讨论具有多种相关性的 CAVLC 算法在可扩展流框架中计算核心引擎的并行化设计，在设计中首要考虑的因素是如何消除 5.4.1 节中提到的 3 种相关性问题。

首先详细分析在编码器的具体实现中 CAVLC 算法的处理过程。如图 5.46 所示,CAVLC 经历帧、片和宏块 3 个层次的循环,主处理过程 MB_CAVLC_ encode负责对一个宏块的亮度和色度数据进行 CAVLC 编码。实际的编码过程按照 4×4 块的粒度展开:一个宏块内被编码的块包括亮度直流块(Luma_DC)、亮度交流块(Luma_AC)、色度直流块(Chroma_DC)和色度交流块(Chroma_AC)4 种,共计 27 个块,如图 5.47 所示。

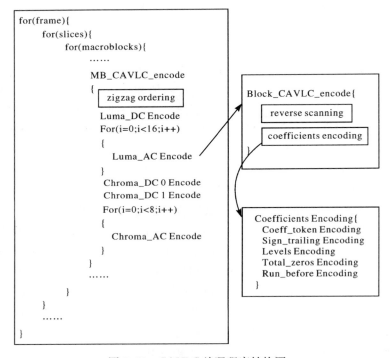

图 5.46　CAVLC 编码程序结构图

其中亮度直流块是 16 个亮度块的左上角像素组合而成的,2 个色度直流块分别是 U 和 V 分量的数据块左上角像素组合而成的。与其他块不同的是,色度直流块(图 5.47 中的 16 和 17 号块)是 2×2 的块。CAVLC 对一个宏块内 27 个块的处理过程是基本一致的,因此以块为粒度的并行处理方式是一种自然的选择。与此类似,宏块级的并行粒度也是值得考虑的。但是无论块级并行还是宏块级并行都受到 CAVLC 三种相关性问题的困扰,只要解决相关性问题,块级和宏块级并行都能顺利实现。

本书采用了宏块级并行的方案,原因有两个:一是在码流存储过程中,块级并行的各个 4×4 块形成的多条码流还需要进行按位紧密链接,从而形成一个宏块码流;而宏块级并行则在宏块的处理过程中就直接生成按位紧密链接的宏块码

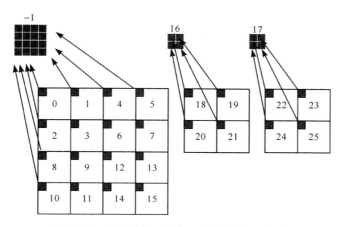

图 5.47 CAVLC 编码中一个宏块的 27 个块

流,可以比块级并行执行更少的链接操作。二是每个宏块中实际需要处理的块数是 27 而不是 16,多数并行处理体系结构中的并行处理单元数目都是 2 的次幂,块级并行容易造成部分并行处理单元的浪费。例如,采用 16 核的处理器,块级并行处理的 27 个块需要分 2 批执行,第二批执行过程中将有 5 个处理核空转。宏块并行则相对灵活,在解决相关限制的前提下,图像中的宏块均可以被并行处理,而一帧图像中包含的宏块数目较多(如一帧分辨率为 1920×1080 像素的图像中,宏块数目为 8160 个),很容易满足多核处理器的并行处理需求,每批中只有最后一批才可能形成处理核空转。

　　CAVLC 计算核心引擎以亮度、色度残差系数和宏块的头信息为输入,以宏块最终产生的码流为输出,采用宏块粒度的并行方式。计算核心引擎内的 Kernel 的初始设计方案如图 5.48 所示,包含 3 个主要的计算步骤(之字形扫描、系数编码和写码流)。其中系数编码是计算核心子引擎,它包含多个功能更细致的 Kernel。CAVLC 计算核心引擎的数据带组织如图 5.49 所示,采用行顺序组织,即每个数据带包含一行宏块,Kernel 内循环每次取 16 个宏块,分配给 16 个 PPU 并行处理。实际上一帧图像中的全部宏块都可以并行地进行 CAVLC 编码,但是考虑到对于高清图像而言,数据量较大,处理器的片上存储很难同时容纳一整帧图像的数据。因此,本书在设计中,采用以宏块行为单位的分批并行方式,即每次并行处理的宏块仅限于同一行宏块。这种方式相对灵活,更易于实际实现。

　　这种计算核心引擎设计仅是一个初始方案,三种相关性的解决过程还会对计算核心引擎产生影响。下面详细讨论三种相关问题的解决方法。

　　1) 并行移位存储法解决码流存储的优先约束

　　采用宏块级并行的 CAVLC,每个并行处理核心加载一个宏块,宏块内部的各

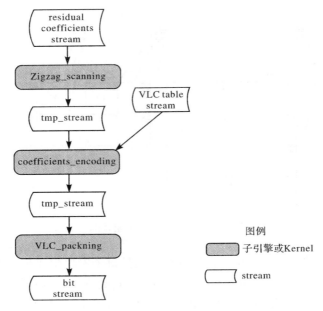

图 5.48　CAVLC 计算核心引擎内的 Kernel 初始设计

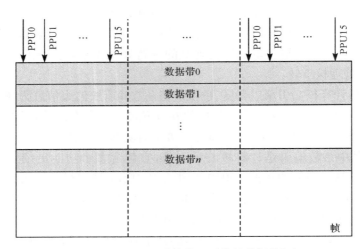

图 5.49　CAVLC 计算核心引擎的数据带组织

个块依次被处理并按顺序输出码流,所以块间的按位拼接问题就不存在了。现在,需要解决的是各并行宏块间的码流存储的优先约束型相关问题。

　　针对 CAVLC 这种具有优先约束型存储问题的应用,提出一种并行移位存储法,通过预先计算存储长度、并行移位等技术将存储位置的不可预知变成可预知,从而解决优先约束型存储的相关问题。该方法使用 3 个步骤完成多宏块的并行码流存储，现以七阶段块并行帧内预测和变换量化的情况为例，其并行方法如图 5.50 所示，具体过程如下。

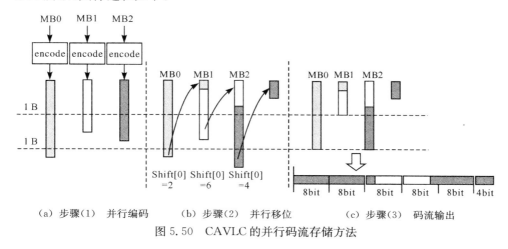

(a) 步骤(1) 并行编码　　(b) 步骤(2) 并行移位　　(c) 步骤(3) 码流输出

图 5.50　CAVLC 的并行码流存储方法

（1）并行编码。各宏块被分配到不同的处理单元中进行并行编码即每个宏块内的 27 个块依次编码，为每个宏块生成一个拼接好的码流。这个码流可能是字节对齐的，也可能不是。在码流的生成过程中每个宏块记录生成的码流长度为 L，该长度以 bit 为单位。

（2）并行移位。这一步的目的是将每个宏块的码流按字节对齐。宏块码流的结尾如果不是字节对齐的，则将多余的不足 8 位的码流填充至下一个宏块的码流首字节，如图 5.50(b) 中 MB0 末尾的 2 位将保存至 MB1 码流的开始。为了与新移入的码流拼接，下一个宏块则需要将原来的码流向后移位，如图 5.50 中 MB1 需要向后移 2 位。然后下一个宏块根据新的码流长度计算移出码流的长度，继续形成整字节对齐的码流。上述码流的移出、填充和移位过程仍然是一个串行过程，因为前面的不移位完成，后面的无法移位，实际上仍然没有解决优先约束存储问题。为了将这一过程并行起来，首先必须计算每个宏块的移位长度。既然在步骤(1)中已经为每个宏块计算出码流长度 L，那么在步骤(2)的一开始就可以精确计算出每个宏块最终需要移出的码流长度和整体的移位长度。这时各个宏块可以实现并行的移出、移位和填充。另外，每批并行宏块中的最后一个宏块，将移出码流作为变量传递给下一批将要被并行处理的宏块，填充进其中第一个宏块的开始字节即可。

（3）码流输出。现在每个宏块中的码流都是整字节对齐的，并且长度已知。这些码流不需要任何调整即可直接输出。

其流化 CAVLC 算法中并行码流生成的伪代码如下。

```
//并行码流生成
kernel bitstream_make()
{
    //1 计算初始移位数目
    pre_size = vselect32(veq(laneid(),0),s_pre_size,0);
    //2 保存每宏块写 bitstream 的位数
    update_len = len + pre_size-next_size;
    stream_write(len_bit_stream,update_len);        //每宏块写 bitstream 的位数
    //3 并行移位
    bs_left = 32 - pre_size;
    bs_word = 0;
    bs_index = k* 64;
    while(vrorl(for_flag)! = 0)
    {
        array_read(bit_ue_stream,bits,(idx + offset_in5_bitstrm));
        size = vselect32(for_flag,32,0);
        bits = vselect32(for_flag,bits,0);
         bitstream_write(1, size, bits, bs_word, bs_word, bs_left, bs_left,
                        bs_index,bs_index,bit_stream);
        idx = idx + 1;
        for_flag = spi_vlt32i(idx,word_num);
    }
    //写 bit_stream 尾
    bitstream_write(1,tail_size,tail_word,bs_word,bs_word,bs_left,bs_left,
                bs_index,bs_index,bit_stream);
    //把最后一个 lane 算出的尾值赋值下次循环使用
    bs_word = vselect32(tail_flage, ((first_word>>bs_left)|bs_word),
                bs_word);
}
```

　　上述方法对于块并行也同样适用，只是通常每块的码流长度很短。在不同宏块内部完成块间码流拼接后，还需要再进行宏块间的码流拼接，造成了计算的浪费，这是 CAVLC 选择宏块级并行的原因。

　　并行码流生成法的意义在于为优先约束存储的相关性问题提供了一种有普遍意义的并行解决方案，其核心思想是将存储过程分解为长度计算和数据存储两部分，通过前期的长度计算为数据存储做好准备（如码流的移位调整）。该方法支持并行度的扩展，只要是图像的同一行宏块，均可以使用该方法并行编码和移位。

而且并行度越大越有优势,当并行处理一整行宏块时,仅需计算一次移位长度并且并行移位一次就完成了整行宏块的码流组装。

2) 计算过程分离法解决数据相关

数据相关的问题是当前块所需的 nC 值对相邻块的非零系数数目值的依赖造成的。实现中通常首先对 nC 值进行计算,这一过程称为 nC_predicting。例如,在 x264 的实现中就在每个宏块编码之前执行 nC_predicting,为其中的每个块计算 nC 值。同时 CAVLC 中宏块的串行执行过程使每个宏块所需的邻块 nC 值都已经计算完成。

但是这仍然不能解决宏块并行的数据相关。虽然 nC 的计算是在非零系数编码以前发生的,但是这只解决了一个宏块内部的块间相关。在宏块并行中图 5.51 显示了相邻宏块间的数据依赖关系。其中 MB a 和 MB b 是两个相邻的宏块,两者在并行处理的过程中,每个宏块内部的各个块是按顺序执行的,即在 MB a 中按 $a0$、$a1$、$a2$、$a3$ 的顺序处理,在 MB b 中按 $b1$、$b2$、$b3$、$b4$ 的顺序处理。因此在宏块中对应位置的块将同时被处理,如块 $a0$ 和块 $b0$。按照这种顺序,块 $b0$ 被处理时,块 $a3$ 还没有被处理,所以 $b0$ 无法在计算前获得必需的数据——其左块 $a3$ 块的非零系数数目。

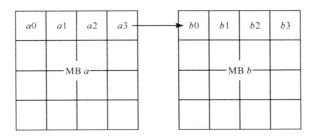

图 5.51　相邻宏块间的数据相关

现采用计算过程分离的方法解决宏块间的数据相关。将每个宏块中全部块的非零系数数目的计算从整个编码过程中单独分离出来,为其设计一个 Kernel,专门负责完成对每个块的非零系数数目统计。这个 Kernel 将在 CAVLC 计算引擎中首先被执行,然后将各宏块中各块的非零系数数目值以流的形式输出给后续 Kernel。更优化的方法是在做之字形扫描的同时计算非零值的数目。计算过程的分离并不影响 CAVLC 中其他 Kernel 的设计和数据带组织,只关注与解决宏块间的数据相关。

3) 冗余计算法解决控制相关

CAVLC 中的控制相关具体表现在分支和循环两个方面,可以通过冗余技术的方法解决。冗余计算法,是指为了使各并行处理单元执行相同的程序,将程序的可能路径全部执行,然后根据判定条件取最终结果。对于分支情况,即执行每个分支语句,然后根据对条件值的判断取其中一个分支的结果作为最终结果;对于循环情况,按照最大循环长度执行,但是在执行期间一旦判断出已经获得实际结果,就将结果保存,待循环结束后将该结果作为最终结果。图 5.52 给出了采用冗余计算法的分支执行情况,其左方是原始分支代码,共有 2 个分支,根据判断条件选择执行一个然后获得变量 A 的结果值;右方是在并行处理单元中的执行方式,为变量 A 分别执行两个分支,并将结果保存在变量 $A1$ 和变量 $A2$ 中,最后不同的 PPU 根据自身的判断条件值选择变量 A 的值。虽然冗余执行增加了单个PPU 的计算量,但是对 CAVLC 的执行效率影响并不大,原因有三:第一,CAVLC的性能瓶颈主要是顺序存储问题,而计算量本身并不是很大,另外在分支冗余执行情况中,当各个 PPU 都判断出已经获得所需的结果后即可同步跳出循环,而不需要再继续循环到最大次数。第二,流计算模型擅长开发计算中的 ILP,冗余执行的语句可以很好地被打包到 VLIW 中并行起来。第三,多个 PPU 并行处理带来的计算加速优势远远超过冗余执行导致的性能下降,尤其当 PPU 的数目达到 16 或更高时。

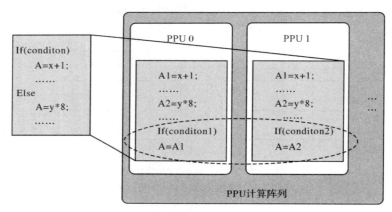

图 5.52　冗余计算法解决分支情况示例

综上所述,码流存储的优先约束、数据相关和控制相关问题都得到了有效的解决,为 CAVLC 计算核心引擎的并行化设计铺平了道路,具体的 Kernel 设计以及流的输入输出组织不存在任何阻碍,按照流计算模型的通用方法即可实现。

5.4.3　分析与讨论

本书设计实现了 H. 264 的 CAVLC 计算核心引擎,包括 3 个子引擎、7 个Kernel,并对 x264 的串行 CAVLC 方法、块并行 CAVLC 方法、以及宏块并行CAVLC 方法进行了量化评估,如表 5.8 所示(表中数据统计以分辨率为1920×1080像素的图像为例)。其中,"宏块并行"表示整帧图像的宏块均可并行的情况,而表中最后一行的"行宏块并行"则表示按宏块行分批并行的宏块并行方案。表 5.8 统计了包括并行粒度、并行度、吞吐率、核心循环体执行次数等 4 项指标,其含义与5.3.4节相同。另外,表中的块并行和宏块并行 CAVLC 方法的数据均按照并行处理核数目无限的情况统计。

表 5.8　CAVLC 方法的并行指标量化表

CAVLC 方法	并行粒度	并行度	吞吐率	核心循环体执行次数百分比/%
x264	NA	NA	384B	100
块并行	4×4 块	27	10KB	4
宏块并行	16×16 宏块	8160	3MB	0.01
行宏块并行	16×16 宏块	120	45KB	0.8

表 5.8 的数据表明,在去除了 CAVLC 的多种相关性限制后,块并行和宏块并行方法均能够充分实现,从而提高了吞吐率,减小了程序执行时间。块并行和宏块并行方法的并行度分别达到了 27 和 8160。

块并行法的并行度已经达到一个宏块内被 CAVLC 编码的块数目最大值(27),在处理核心数目超过 27 的情况下,只有 27 个处理核能够有效计算,其他处理核则空转,因此其扩展性较弱。宏块并行 CAVLC 方法的扩展性则很强,整帧图像的全部宏块都可以并行处理。对于分辨率为 1920×1080 像素的图像而言,并行度高达 8160,可以令 8160 个核心并行处理。在这种情况下,宏块并行的吞吐率可以达到 3MB,而 x264 的串行 CAVLC 方法的吞吐率仅为 384B。同时,并行方法明显降低了程序中核心循环体的执行次数,块并行的循环次数为 x264 串行方法的 4%,而宏块并行则只有串行方法的 0.01%左右。

如果考虑实际应用中片上存储容量的问题,则可选择一行的各个宏块之间并行的方式,这样并行粒度仍然同整帧宏块并行方式相同,但是并行度减小到一行宏块的数目(分辨率为 1920×1080 像素的图像中一行有 120 个宏块),吞吐率下降为 45KB,核心循环执行数目则是串行的 0.8%左右。

5.5　去块滤波的流式实现:控制密集型

5.5.1　相关性分析

去块滤波包含两个方面的相关性问题:①滤波顺序导致的数据相关,②控制相关。其中,滤波顺序导致的数据相关使去块滤波成为 H.264 编码中相关性最复杂的部分。而控制相关导致去块滤波的过程的执行路径复杂多变,不适合并行。

1) 滤波顺序导致的数据相关

H.264 编码标准规定了去块滤波的顺序,首先是在图像中按照光栅扫描方式进行宏块滤波,宏块中的边界滤波顺序是首先水平滤波然后垂直滤波,边界中的 4 条边按顺序依次滤波。图 5.53 给出了去块滤波的顺序,其中以边为单位按数字顺序依次滤波。

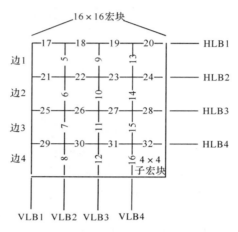

图 5.53　去块滤波的边滤波顺序

在滤波的过程中,需要遵循如下三条原则。

(1) 当前宏块左侧和上方相邻宏块中已经经过滤波更新后的像素数据将作为当前宏块滤波的输入数据,并且在当前宏块的滤波过程中可能被进一步更新。

(2) 当前宏块内部,水平滤波后被更新的像素数据将作为垂直滤波的输入数据并可能被再次更新。

(3) 前一边界被滤波更新的像素数据将作为下一边界滤波的输入数据并可能被再次更新。

这三条原则说明了每个像素点都可能不止一次被去块滤波所更新,如图 5.54 所示。其中像素 p0 有可能被多次滤波,例如,在垂直边界 VLB4 的滤波过程、水平边界 HLB4 的滤波过程、右侧相邻宏块 MB1 的滤波过程、下方相邻宏块 MBn 的滤波过程。

在多步的滤波过程中,上述情况经常发生,于是形成了去块滤波中的宏块间、块间、块内多个层次的数据相关。其中原则(1)显然形成了宏块间数据相关,而且这个相关还是双向的。也就是说一个宏块处理完毕后,不但影响后续宏块的滤波,而且该宏块边缘块内的数据还可能受后续宏块滤波过程的影响而获得更新。原则(2)和原则(3)则形成了块间和块内的数据相关,同时这也是双向相关。这种多层次双向数据相关造成宏块间无法并行,块间也无法并行的局面。

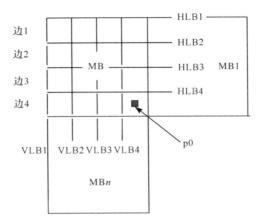

图 5.54　像素被多次滤波更新

2）控制相关

去块滤波中边界强度以及抽样梯度的计算都依赖于输入的亮度或色度分量数据。对一个宏块中的 32 条边,边界强度与抽样梯度可能各不相同,因此对每条边的处理过程也不一致:某些边需要最强模式滤波,某些边只需按周普通模式滤波,而其余边则根本不需要滤波。这在串行程序的实现中表现为循环内部出现条件分支,即非规则流的差量计算问题。

多层次双方向数据相关和控制相关并存,使得去块滤波的相关性十分复杂,为可扩展流框架并行实现提出了挑战。

5.5.2　去块滤波的流式实现:分组并行

针对去块滤波这类具有多层次双方向数据相关的应用,提出一种分组并行方法,即将任务分解为多个子步骤,为子步骤设置合适的并行度来达到并行的目的。

分组并行是将一个任务切分成多个连续的子阶段,同时将待处理数据切分成多个组,每个子阶段处理一组数据,在该组数据内部并行执行。切分的原则是按照数据相关的时机切分,从时间上将双向数据相关切分在不同子阶段中,使单个子阶段中的这组数据只存在一个方向的相关性。

下面具体讨论分组并行法在去块滤波中的实际应用。去块滤波不仅有多层次双方向的数据相关,而且有控制相关,两者的组合使问题比较复杂,因此首先假定去块滤波不存在控制相关,单纯考虑多层次双方向数据相关,待问题解决后再说明如何解决控制相关。

分组并行的实质问题在于如何把双向相关分别切分到不同时间的子阶段中。在去块滤波中,前向数据相关和后向数据相关并不是同时发生的,以图 5.53 中对垂直边界的水平滤波为例,宏块中第 1 列 4 个块的前向数据相关发生在对 VLB1 的滤波过程中,而后向数据相关发生在对 VLB2 的滤波过程中。第 2 列 4 个块的前向数据相关发生在对 VLB2 的滤波过程中,而其后向数据相关发生在对 VLB3 的滤波过程中。类似地,其他列块的相关也是如此。同理,对水平边界的垂直滤波也是一样的,同一行块的双向相关也分别落在对不同水平边界的滤波过程中。表 5.9 是不同块的数据相关时间分布图,其中边序号参见图 5.53。

表 5.9　宏块中不同块在去块滤波的相关时间分布

时间	在同一时间不存在相关的边序号
$t0$	1、2、3、4
$t1$	5、6、7、8
$t2$	9、10、11、12
$t3$	13、14、15、16
$t4$	17、18、19、20
$t5$	21、22、23、24
$t6$	25、26、27、28
$t7$	29、30、31、32

由表 5.9 可知一个宏块中 16 个块的数据相关是先以列块为单位依次发生,然后再以行块为单位依次发生的。因此,可以将去块滤波划分为 8 个子阶段,并按列块和行块方式将数据分为对应的 8 组,如图 5.55 所示。每个阶段恰好包含对一个边界的处理过程,前 4 个子阶段分别处理 4 条垂直边界,后 4 个子阶段分别处理 4 个水平边界。为了维持相关性,这 8 个子阶段是按顺序串行执行的。但是,子阶段内部对一个组内 4 个边的处理过程是各自独立的,因此可以并行。这种情况虽然没有达到 16 并行度,但是每个子阶段内部是并行度为 4 的滤波处理,所以分组并行的方法将 32 次串行滤波减少到 8 次并行滤波,并且完全不会影响滤波算法的对相关信息的利用。

现在再来考虑如何解决控制相关的问题。在分组并行方法中,同一组中的 4 个块因为输入数据和相关信息的不同而产生不同的边界强度(Bs)值,并且对应不同的滤波模式,形成差量计算。实际上这个问题可以分两步考虑。首先,一个宏块内 32 条边的 Bs 值计算过程是相互独立的,并且计算过程相同,所以可以完全并行起来,在每条边的 Bs 值计算完成后,根据 Bs 值选择不同的滤波模式,从这里开始各个块才存在控制相关。对于控制相关,借鉴 CAVLC 中的冗余执行法。虽然 Bs 值有 5 种,但滤波模式实际上只有 2 个,分别是最强模式(对应于 Bs 值为 4 的情况)和普通模式(对应于 Bs 值为 1～3 的情况),而且滤波的计算并不十分复杂。因此可以在每条边的滤波过程中将 2 种模式都计算。然后根据 Bs 值选择滤

图 5.55　去块滤波的分组并行方法

波结果，当 Bs 值为 1 时将原数据输出即可。其流化去块滤波的伪代码如下。

```
kernel deblock_mb()
{
    //循环处理输入流
    while(s_no_of_iter)
    {
        stream_read(in_out_framec,data_c,cur_in_idxc);
        //块内数据转置
        transpose_block(data_c,q_v);
        transpose_block(data_prev_c.q_prev);
        //获得左相邻块的数据
        p_v = get_In(right_edge_c,q_prev);
        //色度垂直滤波
        filter_chroma_edge(bs_v_c,p_v,q_v,data_c,nf_v_edge);
        transpose_block(q_v,data_c);
        transpose_block(q_prev,data_prev_c);
        //色度水平滤波
        filter_chroma_edge(bs_h_c,p_h,data_c,nf_h_edge);
        stream_read(in_frame,cur_d,cur_in_idx + offset);
        //亮度垂直滤波
        filter_luma_edges(bs,t_left,t_cur,nf_v_edge,);
        //亮度水平滤波
        filter_luma_edges(bs,top_a,cur,nf_h_edge);
        cur_out_idx = idx_sle(process_mb,in_idx_c,strip_size);
        stream_write(out_frame_inter,cur,cur_out_idx + offset_o);
    }
}
```

综上所述,多层次双方向相关和控制相关的去块滤波可以采用分组并行和冗余执行的方法获得并行,且并行度为 4,是多层次双方向相关问题的一种有效解决方案。

5.5.3 分析与讨论

本书根据分组并行方法设计实现了 H.264 去块滤波计算核心引擎,包括 4 个子引擎、6 个 Kernel。并对 x264 的串行去块滤波方法、分组并行去块滤波方法、和文献[29]中提到的像素并行去块滤波方法进行了量化评估,其中后两种方法都是基于流计算模型的并行方法。数据如表 5.10 所示(表中数据统计以分辨率为 1920×1080 的图像为例),其中关注的指标包括并行粒度、并行度、吞吐率、核心循环体执行次数和对相关信息的利用,其含义与 5.3.4 节相同。

表 5.10 去块滤波方法的并行指标量化表

去块滤波方法	并行粒度	并行度	吞吐率	核心循环体执行次数百分比/%	对相关信息的利用
x264	NA	NA	384B	100	完全利用
像素并行	像素	4	1.5KB	25	水平滤波没有利用相关数据
分组并行	4×4 块	4 或 16	1.7KB	16	完全利用

表 5.10 中的数据表明基于流计算模型的两种并行方法在吞吐率和核心循环体执行次数两项指标中均有较好表现:像素并行和分组并行的吞吐率比串行提高 4 倍和 4.5 倍,而二者核心循环体执行次数则分别只有串行的 25% 和 16% 左右。

对并行效果、实际实现和滤波效果等多个角度而言,分组并行方法优于像素并行方法。首先,分组并行针对去块滤波过程的特点,将 Bs 计算和滤波划分为两个过程,并分别采用了不同的并行度,其中 Bs 计算过程的并行度可以达到 16,充分开发了其并行性,使核心循环体执行次数少于像素并行方法。其次,从程序实现角度来看,分组并行的并行粒度较大,更易于采用流的方式组织数据,而像素并行方法的并行粒度较小,数据的组织比较细致,不宜于程序的实现。最后,也是非常重要的一点,像素并行方法在水平滤波过程中,采用未经滤波的左邻块的右侧 3 列作为当前块的水平滤波参考像素,因此未能利用左右邻块间的相关性,而分组并行方法与串行方法对相关性的利用完全相同,滤波效果要优于像素并行方法。

5.6 基于 STORM 的 SIMD H.264 编码器

5.6.1 S264/S 编码器

根据本章其他章节对 H.264 编码器各个模块的分析与设计,采用多分辨率多窗口帧间预测，并基于 STORM 实现了流化后的 H.264 编码器，称为 S264/S（Streaming 264 based on SIMD），共包含 45 个 kernel。图 5.56 是 S264/S 编码器的基本处理流程，其中浅色矩形表示计算核心引擎，深色矩形表示其中的主要计算核心子引擎。

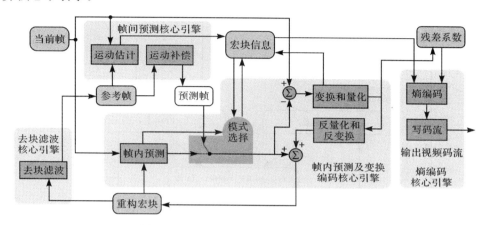

图 5.56　S264/S 编码器的基本处理流程

　　S264/S 编码器首先判断输入帧，若是 I 帧则进行帧内预测和变换量化（I_frame_IE）；若是 P 帧则首先进行帧间预测（P_frame_ME），然后再进行帧内预测和变换量化（P_frame_IE）。经过变换量化后的残差系数再进行熵编码（CAVLC）以及去块滤波（Deblock Filter）。

　　图 5.57～图 5.68 是流化的 H.264 编码器各模块内部子结构的数据流图。其中圆角矩形表示计算核心子引擎或计算核心，箭头表示数据流向，平行四边形表示输入数据，倒拱形表示数据的片外访问。下面以图 5.57 为例进行简要描述。

　　图 5.57 是 I 帧帧内预测和变换量化（I_frame_IE）的数据流图。I_frame_IE 计算核心引擎的输入数据是划分为数据带的当前待编码帧数据，输出变换量化后的残差系数、重建数据和熵编码上下文参考数据。I_frame_IE 中的 kernel 每调用一次处理一个数据带，循环执行直到将一帧处理完毕。其中主要计算核心子引擎包含 I 帧亮度预测和残差编码计算核心子引擎（I_luma_IE）、I 帧色度预测和残差编码计算核心子引擎（I_chroma_IE）和熵编码参考数据计算核心（cavlc_block_context_intra）。子引擎（I_luma_IE）和（I_chroma_IE）的数据流图如图 5.58 和图 5.59 所示。

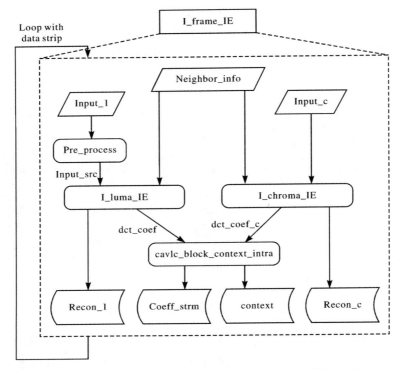

图 5.57　I 帧帧内预测和变换量化(I_frame_IE)的数据流图

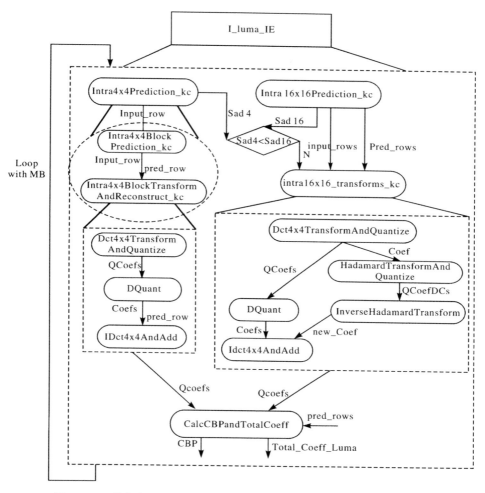

图 5.58 Ⅰ帧亮度预测和残差编码计算核心子引擎(I_luma_IE)数据流图

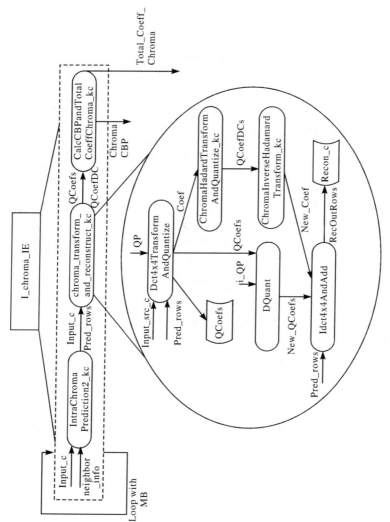

图 5.59　I 帧色度预测和残差编码计算核心子引擎（I_chroma_IE）数据流图

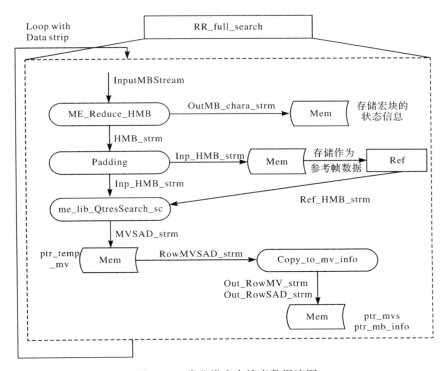

图 5.60　降分辨率全搜索数据流图

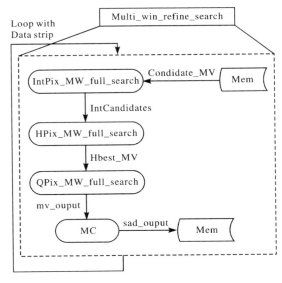

图 5.61　多窗口精化搜索数据流图

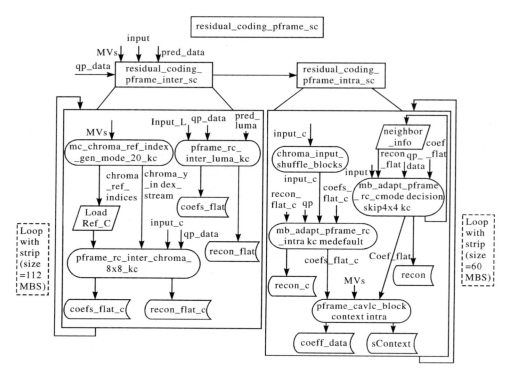

图 5.62　P 帧残差编码数据流图

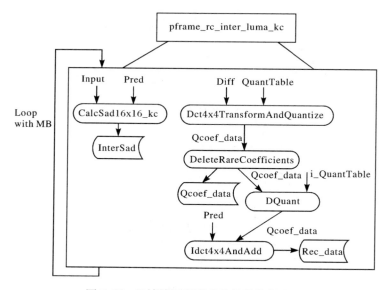

图 5.63　P 帧帧间亮度残差编码数据流图

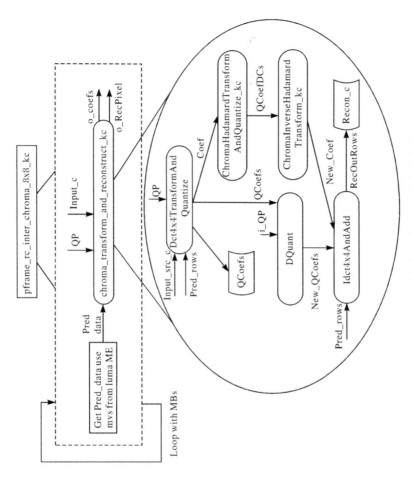

图 5.64　P 帧帧间色度残差编码数据流图

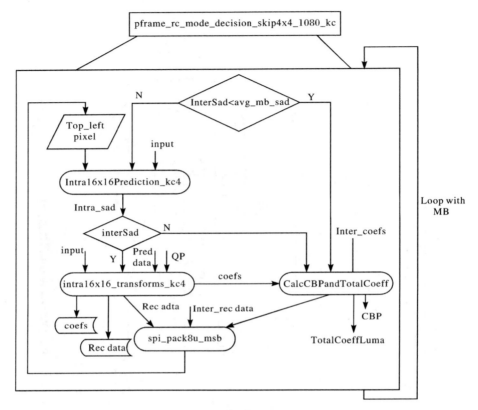

图 5.65　P 帧帧内亮度残差编码数据流图

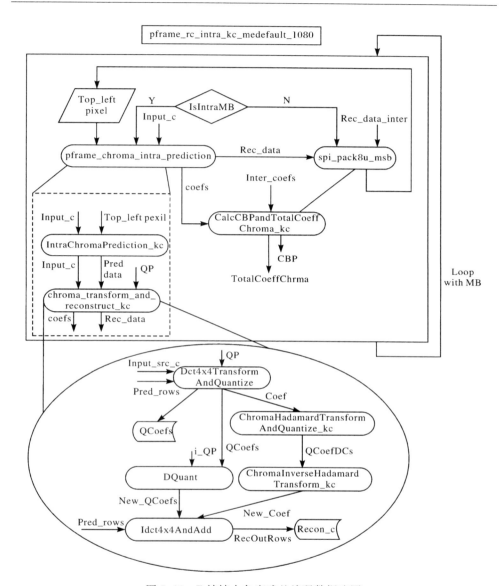

图 5.66　P 帧帧内色度残差编码数据流图

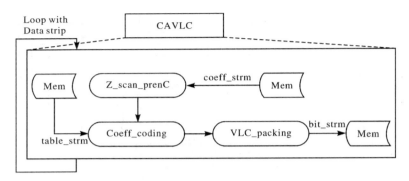

图 5.67 CAVLC 数据流图

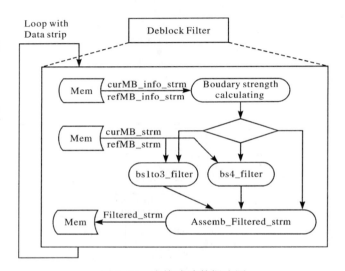

图 5.68 去块滤波数据流图

5.6.2 评测与分析

本节对 S264/S 编码器的测试和分析包括编码器性能、视频质量和压缩率两个方面。

1. 测试环境

使用表 5.11 所示的硬件测试环境对 S264/S 的性能进行测试。

表 5.11　硬件测试平台参数

处理器 参数	流 处 理 器 STORM SP16 G220	桌面处理器 X86 Core 2 E8200	DSP TMS320C6416
处理核的数目	1MIPS，1 流处理 DPU	2Cores	1Core
CPU 主频	MIPS：330MHz DPU：800MHz	2.67GHz	600MHz
峰值功耗/W	10	65	1.6
工艺/nm	90	45	90
片外存储器容量	1GB	4GB	256MB
存储器带宽/GB/s	8.3(DDR2)	10.7(DDR2)	2.4(SDRAM)
片上数据存储容量/KB	256(DPU)	2×32	16

实际实现中，X86 通用处理器和 DSP 上最主要的改变是将原有程序按照 S264 框架进行重新组织：在这两个平台上所有的功能模块（function）都一次只处理一块数据，而无法采用数据并行的方法同时执行多个数据块，这是处理器结构本身所决定的。虽然 X86 E8200 具有双核结构，但是在程序层仍然无法使这两个处理核并行执行一个编码任务。同样地，DSP C6416 的两组相同的功能单元也不能实现流计算模型中的 DLP 开发，但是可以通过在 Kernel 中使用循环展开技术将更多的无关指令打包在 VLIW 中，形成高效的指令级并行。尽管这两类处理器都不能有效开发编码中的 DLP，但是在这两个平台上的程序仍然保持着流和计算核心相分离的流基本特征，并以流计算的方式执行，因此能够在一定程度上反映基于流计算模型的 S264/S 编码器的性能。

面向未来高清视频的发展，本书选取高清视频测试序列作为实际性能评测的视频测试序列。HD-VideoBench 是专门用于高清数字视频处理的 benchmark，它包含一系列 MPEG-2/4 和 H.264/AVC 视频编解码器，以及 4 个高清视频测试序列。这些视频序列是通过 Sony HDW-F900 数码相机拍摄的，片源格式是 1920×1080 像素逐行扫描，帧率为 25fps，色度采样格式 4：2：0。本书的测试视频序列包括 HD-VideoBench 的测试序列以及其他被广泛使用的高清视频序列，表 5.12 列出它们的主要参数，其中前 4 个是 HD-VideoBench 的视频序列。

表 5.12　高清视频测试序列参数

测试序列	分辨率	帧数	格式	视频数据量/MB	序列内容
Blue_sky	1080P	217	YUV 4：2：0	644	

测试序列	分辨率	帧数	格式	视频数据量/MB	序列内容
Pedestrian_area	1080P	375	YUV 4：2：0	1112	
River-bed	1080P	250	YUV 4：2：0	742	
Rush_hour	1080P	500	YUV 4：2：0	1483	
Station2	1080P	313	YUV 4：2：0	928	
Sunflower	1080P	500	YUV 4：2：0	1483	

表中视频的具体内容描述和特征如下。

(1) Blue_sky：视频内容是两颗树的树冠部分,背景是蓝天。视频特点是对比度高,树冠部分细节较多;蓝天部分面积较大、色彩差异较小;旋转镜头式拍摄。

(2) Pedestrian_area：视频内容是行人区的步行者。视频特点是镜头位置低,行人与镜头距离近,行人移动速度较快;静态镜头。

(3) River_bed：视频内容是通过流水看到的河床。视频特点是动态细节丰富,水流表面突变随机性高。

(4) Rush_hour：视频内容是德国慕尼黑交通高峰时期的街道和车流。视频特点是大量缓慢移动的汽车;有部分雾气遮掩;视角缓慢近移。

(5) Station2：视频内容是慕尼黑火车站的铁轨和一个行人。视频特点是画面细节多,包含规则的铁轨的静态背景。

(6) Sunflower：视频内容是近景向日葵花和一只蜜蜂。视频特点是色彩差异较小,包含大面积的高亮度颜色(如黄色);镜头缓慢移动。

上述测试序列关注图像的质量和内容，涵盖了实际视频应用中的大部分视频特征（包括静态物体、慢速和快速移动物体；静态背景；随机突变；视角变化；高图像细节等），能够满足对编解码性能和质量的综合评测需求。

2. 编码性能

S264/S 编码器的主要目的是提高视频压缩编码的速度，因此编码性能是最重要的测试目标。

表 5.13 是 6 个高清视频测试序列在流处理器上的编码性能；其中分别使用了 x264 和 S264/S 编码器对视频序列进行编码。表 5.14 是 6 个高清视频测试序列在 X86 桌面处理器和 DSP 上的编码性能，其中分别使用了 x264 和 S264/S 编码器对视频序列进行编码。

表 5.13　x264 与 S264/S 在流处理器和 GPU 上的编码性能

测试序列	编码器性能/fps		加速比
	x264	S264/S	
Blue_sky	5.05	29.84	5.91
Pedestrian_area	5.12	30.33	5.92
Riverbed	4.54	26.48	5.83
Rush_hour	4.87	30.21	6.20
Station2	4.92	30.40	6.18
Sunflower	5.21	30.89	5.93

表 5.13 中的数据表明，与串行的 x264 编码器相比，S264/S 编码器的编码性能加速明显，全部视频测试序列在 STORM 流处理器上平均获得了 6 倍的加速。相对地，在 X86 桌面处理器和 DSP 上的实验数据表明，S264/S 同样能够带来性能提升，平均加速比分别为 1.6 和 3.2 倍。本书在 DSP 上实现了基于 S264/S 的部分关键编码模块，完整的 S264/S 编码器有待进一步实现，表 5.14 中的 DSP 数据是根据关键编码模块的性能加速数据估算得出的。

表 5.14　x264 与 S264/S 在 X86 双核处理器和 DSP 上的编码性能

测试序列	X86 E8200			DSP C6416		
	编码器性能/fps		加速比	编码器性能/fps		加速比
	x264	S264/S		x264	S264/S	
Blue_sky	5.64	9.20	1.63	0.29	0.93	3.21
Pedestrian_area	5.76	9.21	1.60	0.28	0.89	3.17
Riverbed	5.09	8.08	1.58	0.26	0.80	3.08
Rush_hour	5.47	8.84	1.62	0.28	0.93	3.32

测试序列	X86 E8200			DSP C6416		
	编码器性能/fps		加速比	编码器性能/fps		加速比
	x264	S264/S		x264	S264/S	
Station2	5.58	9.07	1.63	0.29	0.98	3.38
Sunflower	5.82	9.42	1.62	0.31	0.99	3.20

表 5.13 和表 5.14 的测试结果说明 S264/S 支持处理平台扩展,并获得明显的性能提升。通过采用一定的程序层调整,S264/S 不仅能够适用于多种体系结构,包括流体系结构、经典 X86 体系结构等,而且都能获得性能提升。这是因为 S264/S 利用了流计算模型将计算和访存解耦合的优势,形成高效的连续访存;开发了编码器中的"生产者-消费者"局域性,减少了片外访问次数;通过程序结构的转换大量消除了原有编码框架存在的各类问题,降低了非计算类开销。测试数据也表明,在不同的体系结构中,S264/S 的加速效果是不同的,在流处理器上的性能明显优于桌面处理器。这一方面是因为流体系结构中的 SIMD 并行计算阵列充分利用了 S264/S 对 DLP 的开发,而 X86 结构则只能采用串行编码;另一方面也因为流体系结构是面向计算负载设计的,其计算单元及其丰富,能够有效应对密集计算类型的视频编码任务;而桌面处理器是面向控制型负载设计的,计算单元少。

上述 6 个视频测试序列分辨率均为 1920×1080 像素,在 STORM 上 30fps 的编码性能说明 S264/S 能够在该流处理器上满足全高清视频实时编码的性能需求。

另外,本书将 S264/S 编码器与视频压缩编码加速实现的其他相关研究进行了性能对比,对比平台包括桌面处理器、ASIC 专用硬件、Imagine 软模拟器和可编程流处理器,其性能数据如表 5.15 所示。在可编程处理器上的编码实现中,通用桌面处理器的性能可以满足标清视频(480P)的实时编码[118];文献[29]中基于流计算模型提出的 H.264 ESF 编码器的性能达到 720P 实时编码;而本书提出的 S264/S 则能够满足全高清 1080P 视频的实时编码性能需求,与采用专用硬件设计的编码器[119]在性能上相当。S264/S 具有多方面的扩展性,在灵活性、开发周期和成本上均优于 ASIC 实现。

表 5.15　H.264 编码加速实现相关研究的性能比较

	Vaughn Iverson[118]	Tung-Chien Chen[15]	H.264 ESF[29]	S264/S
处理器	Pentium IV+Pentium M	ASIC	Imagine	STORM SP16 G220
频率	3.4GHz+1.7GHz	108MHz	500MHz	800MHz
编码效率	720×480@ 30fps	1280×720@ 30fps	1280×720@ 33fps	1920×1080@ 29fps 1280×720@ 60fps

3.　视频质量和压缩率

对 S264/S 压缩编码后的视频质量以及压缩率进行测试，具体测试内容包括基本解码测试、质量评价和压缩比测试。

1）基本解码测试

首先是基本解码测试，其目的是检验经编码后的码流是否能够被正确解码。实验使用 H.264 官方解码器 JM Decoder[120]对压缩后的视频进行解码，结果表明经过 S264/S 编码后的 6 个视频序列均能正常解码。

2）质量评价

质量评价包括主观质量评价和客观质量评价。主观质量评价采用 DSCQS（Double Stimulus Continuous Quality Scale）测试系统[121]，由 18 名评价者评分。按照高清晰度七级评分等级，若经过 S264/S 编码后再解码并播放的 6 个视频序列获得 7 级或 6 级评分，则 S264/S 在主观质量评价中表现良好。

客观质量评价采用峰值信噪比（PSNR）为评价指标。使 PSNR 有效的测试条件是：使用相同的编码类型和相同的图像内容[122]。因此本书对 x264 和 S264/S 采用相同的参数设置进行编码，具体参数设置如表 5.16 所示。6 个视频测试序列经 x264 和 S264/S 编码的视频 PSNR 值如表 5.17 所示。

表 5.16　测试视频序列及编码器参数设置

参　数　项	参　数　值
帧序	IPPIPP…
帧数	均大于 200 帧
I 帧量化参数	23
P 帧量化参数	26

表 5.17　x264 与 S264/S 编码视频的 PSNR 值　　　　（单位：dB）

测 试 序 列	分量	x264 PSNR	S264/S PSNR	PSNR 差异
	Y	41.08	40.42	−0.66
Blue_sky	U	41.03	41.28	0.25
	V	42.36	42.48	0.12
	Y	41.47	41.00	−0.47
Pedestrian_area	U	45.55	45.45	−0.10
	V	47.18	47.03	−0.15
	Y	40.05	39.26	−0.79
Riverbed	U	43.01	42.37	−0.64
	V	44.79	44.27	−0.52

测 试 序 列	分量	x264 PSNR	S264/S PSNR	PSNR 差异
	Y	41.64	41.37	−0.27
Rush_hour	U	45.43	45.38	−0.05
	V	47.32	47.24	−0.08
	Y	40.20	39.66	−0.54
Station2	U	44.18	44.19	0.01
	V	44.72	44.74	0.02
	Y	42.48	42.00	−0.48
Sunflower	U	43.01	42.91	−0.10
	V	43.91	43.83	−0.08

表 5.17 的实验数据表明,对于 6 个测试序列的亮度分量 Y 的 PSNR 值,S264/S 编码相对 x264 编码降低 0.27~0.79dB;S264/S 编码与 x264 编码在色度分量 U 和 V 的 PSNR 值方面十分接近,其中 S264/S 编码在 Blue_sky 和 Station2 测试中色度 PSNR 优于 x264,在其他 4 个测试则相反。总体而言,S264/S 在 PSNR 值的表现上略低于 x264,最大差值在 0.8dB 以内,所以 S264/S 在客观质量评价中表现优秀。

3）压缩比

既然视频编码的主要目的是压缩,H.264 又以高压缩率著称,那么 S264/S 必须对压缩比进行测试。压缩比与编码的选项有关,例如,一般情况下选择 IPPP⋯帧序就比选择 IPPIPP⋯帧序的压缩比高。因此,本书使用 x264 和 S264/S 编码进行对比测试时采用相同的编码选项。表 5.18 是帧序为 IPPP⋯时二者的压缩比;表 5.19 是帧序为 IPPIPP⋯时二者的压缩比。

表 5.18　x264 与 S264/S 的压缩比对比（IPPP⋯）

测 试 序 列	原始序列大小/KB	x264 的压缩比	S264/S 的压缩比
Blue_sky	659138	72	68
Pedestrian_area	1139063	115	112
Riverbed	759375	19	19
Rush_hour	1518750	130	126
Station2	950738	257	246
Sunflower	1518750	163	157

表 5.19　x264 与 S264/S 的压缩比对比（IPPIPP···）

测 试 序 列	x264 的压缩比	S264/S 的压缩比
Blue_sky	26	25
Pedestrian_area	51	50
Riverbed	16	16
Rush_hour	63	62
Station2	44	43
Sunflower	42	41

由表 5.18 和表 5.19 中数据可知，S264/S 的压缩比要略差于 x264 的压缩比。造成这一情况的主要原因是 S264/S 与 x264 采用了不同的帧间预测方法。与 S264/S 中降低分辨率的帧间预测相比，x264 的帧间预测采用的全搜索运动估计更加精确，因此残差数据零值多、非零值幅值小，有利于压缩。不过，6 个测试序列的结果表明 S264/S 的压缩比与 x264 相差都在 6% 以内，压缩比降低可以接受。

第 6 章　S264/G:基于 GPU 的并行 H.264 编码器

现代图形处理设备(GPU)能够支持上千个线程同时执行,并且提供高达 1TFLOPS 的峰值计算性能,从而对工业界和学术界都具有强大的吸引力。本章着眼于如何利用 GPU 的强大计算能力来加速视频编码的过程,主要从两个方面论述基于 CUDA 的 H.264 编码器并行化:总体结构的优化、各个模块在 CUDA 上的并行化。

6.1　GPU 和 CUDA

6.1.1　GPU 概述

在图形图像处理和视频渲染等应用的强势推动下,过去几年间 GPU 在各个方面都取得了巨大的发展,如今 GPU 的计算能力和访存带宽已经远远大于通用 CPU。图 6.1[123]描述了 GPU 和 CPU 在计算能力和数据带宽上的区别及性能增长趋势。这种变化主要是由于它们的体系结构不同所带来的。GPU 是一种高度并行化、多线程(thread)、多核的处理器,具有杰出的计算功率和极高的存储器带宽。例如,NVIDA 公司的 Tesla C2050 可达到 1.03TFLOPS 的浮点计算能力和 140GB/s 的数据传输能力[124]。由于计算能力和带宽的大大提升以及越来越灵活的可编程性,GPU 已不再仅仅作为一种图像显示加速设备存在,而是被广泛应用于其他非图形应用(如线性代数计算、视频处理和科学模拟等),通常称这类应用为 GPU 上的通用计算(GPGPU)[125]。面向 GPU 体系结构的应用具有如下几个特点[126]。

(1) 计算量大。实时渲染要求每秒对上亿个像素进行处理,而且每个像素的处理需要上百甚至更多的操作。GPU 需要提供强大的计算能力才能满足这类复杂的实时应用的计算需求。实时高清视频编码处理同样需要巨大的计算量,核模拟等科学计算需要的计算量更加大的特点均与 GPU 的特性吻合。

(2) 丰富的并行性。GPU 是一种基于 MIMD 执行模式的加速设备,其流水线设计十分适合于并行处理。对顶点和块的处理能够很好地匹配 GPU 中细粒度紧密联系在一起的并行处理单元。这种对数据片段和点的处理广泛存在于其他计算领域。视频编码正好是对像素的大规模处理,如果能够设计良好的并行模型,发挥 GPU 的强大计算性能,那么基于 GPU 实现的视频编码器将很可能获得

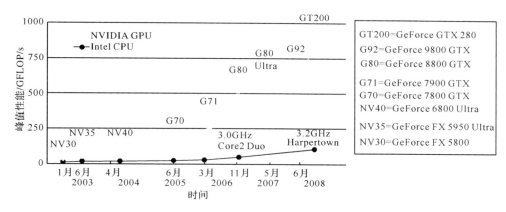

（a）计算能力

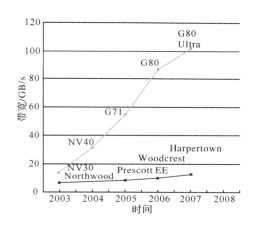

（b）数据带宽

图 6.1　CPU 和 GPU 在计算能力和数据带宽上的区别及性能增长趋势

良好的性能。

（3）相比延迟,吞吐率显得更为重要。GPU 流水线设计更多的是考虑吞吐率而不是延迟,因为人的视觉灵敏度是毫秒级的,而 GPU 的操作是纳秒级的,6 个数量级的差距,使得单个操作的延迟显得不是那么重要。

2007 年 6 月 NVIDA 公司推出了统一计算设备架构（Compute Unified Device Architecture,CUDA）。CUDA 是一种并行编程模型和软件环境[126],这一可透明地扩展并行性的应用软件,可以有效地适应日益增多的处理器内核数量。CUDA的出现使得在 GPU 上开发程序变得更加容易,CPU 对 GPU 的使用就像调用一个 C 函数一样简单。它采用统一的架构,可以更加有效地利用过去分布在顶点渲染器和像素渲染器的计算资源;另一方面,CUDA 引入了片内共享内存器,有效地解决了数据通信问题[48],并推动了 GPU 在通用计算领域的快速发展。CUDA 的核心是 CUDA C 语言,它包含对 C 语言的最小扩展集和一个运行时库,CUDA 的软件堆栈由 CUDA 库、CUDA 运行时、CUDA 驱动 API 组成,这 3 个层次和 CUDA 应用程序组成了 CUDA 的软件体系结构,如图 6.2 所示。

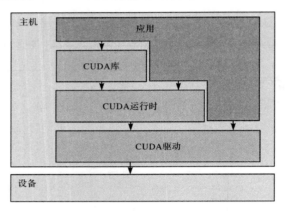

图 6.2　CUDA 软件体系结构[126]

6.1.2　CUDA 硬件模型

基于 CUDA 架构编写的程序以 CPU-GPU 协同工作的模式执行。其中串行程序运行于主机端,CUDA 程序以多线程的方式运行于设备端,CUDA 程序执行时面向的硬件体系结构如图 6.3 所示。这个结构不是 GPU 某一具体型号的体系结构,而是一种以可伸缩的多线程流处理器阵列为核心的抽象体系结构。该结构主要包含流多处理器阵列和对应的存储器层次。每个流多处理器包含 8 个流处理器,两个用于超越函数的特殊功能单元,一个多线程指令单元和片上共享存储器。每个流多处理器拥有如下 4 种片上存储器[48]:

(1) 每个流处理器上的一组通用的 32 位寄存器;

(2) 每个流多处理器中的 8 个流处理器共享的共享存储器;

(3) 由所有流处理器共享的只读常数存储器;

(4) 一个只读纹理存储器,由所有流处理器共享,它是全局存储器中的一片只读存储空间。

流多处理器在硬件中创建、管理、执行轻量级并发线程,每个流多处理器拥有自己的指令发射和控制单元,并以 SIMT 的方式实现线程的并行执行。每个线程根据自己的指令和寄存器状态独立执行,由于每个线程拥有独立的执行空间,可以实现零开销线程切换。SIMT 执行模式类似于 SIMD 的向量并行方法,它们都是使用单指令来控制多个处理单元。差别在于 SIMD 是以一种固定的并行宽度

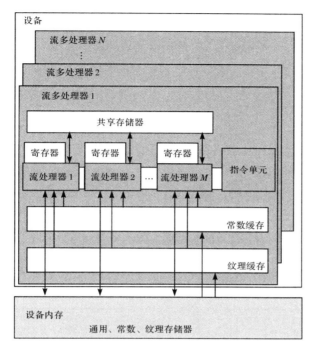

图 6.3　CUDA 硬件体系结构

对程序进行加速并且不需要进行同步；而 SIMT 根据应用需要可以灵活指定同时执行的线程数量并且线程之间的同步需要程序员指定。SIMT 不仅允许程序员为独立、标量线程编写线程级的并行代码，还允许程序员为协同线程编写数据级并行代码。SIMT 指定单个线程的行为和分支行为，并不规定线程规模，线程规模由 Kernel 的配置决定，而且线程的执行不是同步的，通信的时候需要显示同步。CUDA模型中，连续的 32 个线程组成一个 warp 块，SM 每发射一条指令就指定一个 warp 中的线程分 4 次执行该指令，每次执行均以 SIMD 的方式在一个流多处理器的 8 个流处理器上执行。也就是说在 CUDA 中，单个 SM 以 SIMD 的方式执行指令，整个 GPU 以 MIMD 的方式执行指令。

6.1.3　CUDA 编程模型

　　一个完整的 CUDA 程序包含一系列运行于设备端的 Kernel 函数和主机端的串行处理步骤，它们以主从协同的方式共同完成任务。程序员只需按照 CUDA 编程规范编写程序即可，编译器根据程序代码的特征进行不同的编译处理，指定哪些代码在主机端执行，哪些代码在设备端执行。图 6.4 给出了 CUDA 的编程模型，主机端执行负责事务处理的串行程序，并且完成对 Kernel 的组织，而并行计算部分则以 Kernel 的形式运行于设备端。设备端程序以 Kernel 的形式被主机端程序调用,理想情况下,CPU 串行代码的作用应该只是清理上一个 Kernel 并启动下一个 Kernel,这样可以尽可能的将任务交给设备并行执行,减少主机设备之间的数据传输。一个 Kernel 分两级实现大规模的数据并行即线程块中的线程和组成 grid 的线程块。线程是细粒度的并行层次,它执行在流处理器上,大量的线程可以同时执行,多个密切相关的线程组织成一个线程块,通过共享存储器一个线程块中的线程进行通信。相对而言,线程块实现粗粒度的并行,它完成对某一块数据的处理。多个并行执行的线程块构成一个 grid,共同完成 Kernel 指定的任务,不同线程块中的线程只能通过全局存储器实现通信,通信代价昂贵。线程由线程 ID 表征,根据所在线程块的 ID 和线程 ID 共同决定线程处理的数据。线程和线程块均可配置成一维、二维、三维的形式,但是目前规范中线程块的第三维只能为 1,而且线程在各个维度上的大小均不超过 512。对于一个二维的线程块(Dx,Dy),那么线程(x,y)的 ID 为 $x+y\times Dx$;同理对于三维的线程块(Dx,Dy,Dz),线程(x,y,z)对应的 ID 为 $x+y\times Dx+z\times Dx\times Dy$。线程块的 ID 按照类似的方式计算。

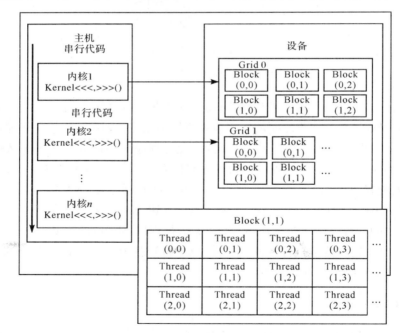

图 6.4　CUDA 编程模型

6.1.4　CUDA 存储模型

CUDA 将存储空间分为多个层次,线程执行时可以访问多个存储空间中的数据,图 6.5 所示为 CUDA 的存储模型,它由各种存储器设备和对应的访问规则组成。每个线程拥有自己的本地寄存器和局部存储器,寄存器提供了最快的访问速度,但是每个线程最多只能占用 32 个寄存器,而局部存储器对应的物理设备是显卡,访问开销大。当一个线程使用过多的寄存器或者申明了大型数据结构体,或者编译器无法确定数组大小时,线程的私有数据可能会被分配到局部存储器中,因此在 Kernel 设计过程中,线程的负载不应该太重,处理的数据粒度不应该超过 32 个字,否则私有数据的存储会溢出寄存器而被保留在局部存储器中,从而增加数据访问开销。每个线程块拥有一块片上共享存储器,可以实现线程内的同步通信,同时也可以通过巧用共享存储器灵活组织数据,加速对全局存储器的访问。整个 grid 中的线程可以访问同一块全局存储器,它提供了大量的存储空间,主要用来与 CPU 交互和保留 Kernel 执行的中间结果。另外,CUDA 提供了可以被所有线程只读访问的两个存储器(常数存储器和纹理存储器),它们是针对不同的应用而进行的优化,其物理载体对应于显卡,但是提供了缓存的功能,可以利用数据的局域性提高访问速度。

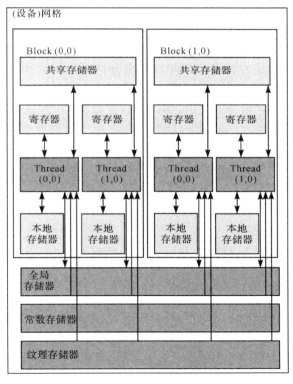

图 6.5 CUDA 存储模型

6.2 基于 CUDA 的 H.264 编码器框架

GPU 具有上百个简单流处理器内核,处理能力达到了上百 GFLOPS 甚至是 TFLOPS 的量级,需要同时对大量的数据进行处理才能有效发挥出其高计算性能的特点。另外,CPU-GPU 之间的数据传输带宽是影响应用加速效果的一个主要因素之一。为了尽量减少 CPU-GPU 之间数据传输的次数,本节对第 4 章提出的流化编码器的整体结构进行进一步修改。在帧一级对各个功能模块进行分离,并且每一帧的处理只在第一个模块(帧间预测)的输入和最后一个模块(去块滤波或熵编码)的输出才进行 CPU-GPU 之间的数据传输,从而得到了一个基于 GPU 的并行H.264编码器即 S264/G。

图 6.6 给出了经过调整后的 H.264 并行编码器框架。可以看出,整个编码器被分成了帧内预测编码、帧间预测编码、CAVLC、去块滤波等几个部分,只有对上一模块整帧的处理完成之后才转到下一模块的处理。在模块内部,根据数据依赖关系以及目标体系结构选择合适的并行方式进行并行处理,例如,就运动估计而言,对于 STORM-I 这样并行规模较小的流处理器[127],每次可以对一行宏块进行并行处理;对于 GPU 这类大规模并行处理器,则可以一次对整帧进行处理。本节将变换编码分别移到帧内预测和帧间预测部分执行是因为预测和编码是密不可分的,尤其是帧内预测需要使用编码重建的数据。

经过功能模块的帧级分割之后,编码器具有如下几个优点。

(1)更加清晰的层次结构,传统串行编码框架以数据规模为标准对编码器进行划分,各个功能模块融合在同一个循环内,相互约束,不易于并行。而本框架以功能为参照对编码器划分,层次结构清晰,有利于针对各个模块进行详细的优化。

(2)更加松散的耦合关系。不同于串行结构中各个共能模块在循环内部相互耦合,并行框架中各个模块只在最外层有数据流动,并且都是对一帧数据进行处理,易于大规模并行处理。

(3)更大的数据并行粒度。并行的编码器框架中,由于各个功能模块的分离,核心循环之间不再受限于原来串行编码路径长的约束。将各个功能模块对应的循环展开后,在满足数据相关的条件下可以进一步增大数据并行粒度。

(4)更少的数据传输次数。每个模块之间数据传递是整帧的中间结果,虽然传输的数据量没有多少变化但是传输次数明显减少,从而减少了并行程序中非计算开销。

虽然 GPU 已经具有很强大的处理能力,而且其可编程性也随着各种开发环境(CUDA,OpenCL[128]等)的出现和完善而大大提高,但是其作为一种协处理器与 CPU 协同工作的本质无法改变。因此,任何基于 GPU 开发的程序均离不开主

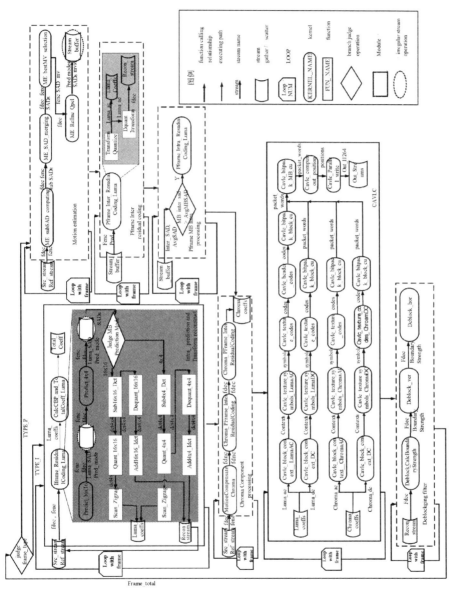

图 6.6　基于 GPU 的并行 H.264 并行编码器(S264/G)框架

机,必须以 CPU-GPU 协同方式完成一个任务。通常根据应用的数据流特征合理的安排各个模块的执行方式。根据 H.264 的数据流特征,本节将 H.264 编码器中几个计算负载重的功能模块安排在 GPU 上处理,而视频的输入输出以及预处理等 GPU 无法完成或处理效率较低的工作交由 CPU 完成,图 6.7 描述了 H.264 各个功能模块在 CPU-GPU 上的划分以及 CPU-GPU 之间的数据流动情况。

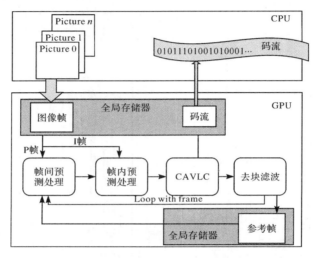

图 6.7　H.264 在 CPU-GPU 上的任务划分和其数据流动

首先 CPU 完成视频文件的输入并进行预处理,包括视频分量 YUV 的分离以及编码器基本参数设置等;然后将原始帧和参考帧(I 帧编码不需要)传送给 GPU 进行主要的编码操作;最后,GPU 以帧为单位对各个模块进行处理。例如,对一帧的帧间预测结束之后,再进行相应的帧内预测编码,然后对得到的变换量化系数再进行熵编码,依此类推,直至整帧的熵编码和去块滤波结束之后再将结果数据传回主机端。这种任务划分方式与以往划分方式的最大不同点是:将去块滤波和熵编码等分支路径多的模块安排到 GPU 上执行。虽然 CAVLC 和去块滤波等过程有很多的分支操作,但是其并行度却远远大于分支路径的数目,因此采用冗余的方式可以得到一定的性能提升。这样做还带来了其他好处:减少了 CPU 与 GPU 之间数据流动的次数,同时由于编码后的数据量远远小于残差数据量,所以 CPU-GPU 之间传输的数据量也减少,从而减少数据传输时间。

6.3　帧间预测:平衡线程数与并行粒度

本章以 MRMW 的实现为例阐述如何在 GPU 上实现高效的运功估计算法。从前面的分析可知,帧间预测是一种计算密集型组件,同时第 5 章提出的 MRMW

算法数据依赖性较弱,适合于大规模并行。然而,基于 GPU 的应用程序的性能很大程度上受限于并行执行的线程数和并行粒度。不同的并行粒度所产生的效果差异巨大。接下来将阐述如何选择合适的并行粒度以获得高效的性能。

虽然 MRMW 被划分为多个子引擎,但是经过分析可发现每一个引擎都包含传统运动估计的两部分即预测块在各个搜索点处的 SAD 计算和最佳运动向量的选择。不同点是搜索的范围以及最佳运动向量选择时所采用的算法。因此在对每个子引擎设计并行 Kernel 时具有很大的相似性,本节以整像素分辨率的处理过程为例阐述基于 CUDA 的帧间预测并行模型。

6.3.1　SAD 计算

为了获得精确的预测效果,H.264 标准将一个 16×16 大小的宏块划分为各种大小不同的子块,包括 4×4,8×4,4×8,8×8,16×8,8×16 等大小子块。对每一种可能的划分,均需要进行相应的搜索操作以计算 SAD 值来获取最佳运动向量。所谓 SAD 的计算是指当前块像素与预测块像素的绝对差之和。对于每帧图像而言,所有宏块对应的 SAD 值的计算过程没有相关性,可以并行执行。对于 16×16 宏块的 SAD 计算,可以采用三种不同的并行粒度:16×16 宏块,8×8 子宏块,4×4 子宏块。采用不同的并行粒度对性能影响十分显著。表 6.1 给出了采用三种并行粒度求解一帧图像(包含宏块)在各个搜索点处 SAD 值对应的资源消耗和执行时间。可以看出,选用 4×4 子宏块作为并行粒度得到的性能是最好的。这意味着在这种并行粒度下,GPU 资源和线程大小以及数目之间达到了一个相对平衡的状态。通过比较,其他两种情况对应的活跃线程数目有所降低,主要是因为每个线程的处理粒度太大导致每个线程消耗的资源太多。

表 6.1　三种不同并行处理粒度下 SAD 计算 Kernel 的性能及资源消耗情况
(搜索窗口大小为 16×16,输入图像分辨率为 1920×1080 像素,线程块大小为 256)

并行处理粒度	执行时间/μs	GPU 占用率	最大并行度	限制占用率因素
16×16 宏块	93345.6	50%	8160×16×16	寄存器
8×8 子宏块	4845.6	87.5%	8160×16×16×4	寄存器
4×4 子宏块	982.1	100%	8160×16×16×16	无

因此,采用 4×4 子宏块作为并行处理粒度,将整个 SAD 计算过程分为两步。首先对各个 4×4 子宏块在对应的搜索点处的 SAD 进行计算,然后将这些 4×4 子宏块对应的 SAD 值合成其他各种划分方式下在对应点处的 SAD 值。

(1) 4×4 子宏块最佳 SAD 计算

将一个宏块分为 16 个 4×4 大小的子宏块,每个线程计算一个 4×4 子宏块在一个搜索点处的 SAD 值。由于没有任何相关性,所以所有 4×4 子宏块在不同参考点处的 SAD 值可以同时求解。假定搜索范围为 $N \times M$(其中，N 为水平方向的搜索宽度，M 为数值方向的搜索宽度)，线程块包含的线程数为 256；那么可以并行执行的线程数(Thread_nums)和线程块数 Block_nums 分别为

$$\text{Thread\_nums} = (\text{Frame\_width}/4)(\text{Frame\_height}/4) \times N \times M \qquad (6.1)$$

$$\text{Block\_nums} = \text{Thread\_nums}/256 \qquad (6.2)$$

假设处理的视频大小为 1920×1080 像素，由于在整像素精度搜索之前已经经过了两重搜索，为了减少计算量，搜索窗口为 16×16 像素。那么线程数量达到了 33423360，而线程块数量也达到了 130560。通常 GPU 中的流处理器核为几十到几百个，那么分配给每个 SM 的线程块将达到上千个。在访存操作不多的情况下，GPU 运算部件将达到满负荷运转状态。幸运的是，在 SAD 计算过程中，无论是数据的读取还是操作类型都十分规则，不会由于分支以及访问存储器而引起长时间停顿。

图 6.8 给出了 4×4 子宏块在不同参考点处的 SAD 求解过程在 CUDA 架构上的并行模型。一个线程处理一个搜索点对应的 SAD 值求解过程，一个线程块处理一个 4×4 子宏块在同一个搜索窗口(20×20 像素)中所有参考点处的 SAD 值。

(2) 各种划分模式对应 SAD 的合成

为了获得更加精确的预测值，H.264 中将 16×16 宏块划分成多种子块：8×4,4×8,8×8,16×8,8×16,16×16。如果分别对每一种划分的子块都进行全搜索，那么得到的各种形状块对应的运动矢量肯定是最佳的，但是所需的计算量也是最大的。在此没有对各种划分进行全搜索，而是根据步骤(1)得到的 4×4 子块 SAD 值来合成对应划分下各种形状块的 SAD 值。合成过程如图 6.9(a) 所示，4×4 子宏块对应的 SAD 值合成 4×8 以及 8×4 形状块的 SAD，再由 4×8 子块合成 8×8 子块对应的 SAD 值，依此类推，得到更大规模形状块在各个搜索点处的 SAD 值。虽然图像质量有一定的损失，但是并不足以被肉眼察觉，而它带来的计算复杂度的降低却是十分可观。

为了简化 Kernel 的实现，此处指定一个线程处理一个宏块对应的各种划分方式下不同形状块对应的 SAD 的合成过程，这样可以避免在多个线程合成一个宏块时各种划分方式下 SAD 值需要通信的问题。但是，这种方式对计算资源和存储资源的压力较大，一个线程私有的 SAD 数将达到 41(16+16+9)，每个线程占用的寄存器超过了能够分配的最大值 32 个，部分数据将存储于本地存储器中，访问开销将大大增加。因此，程序实现时一旦得到 8×4 和 4×8 模式的子块对应的 SAD 值就马上释放原来存储 4×4 子块 SAD 值的寄存器，尽量减轻寄存器压力，如图 6.9(b) 所示。另外，如果线程块仍然包含 256 个线程，那么一个线程块至少需要使用 8192 个寄存器。对于计算能力为 1.3 的设备，每个 SM 拥有的寄存器为 16384 个，每个 SM 上处于活跃状态的线程块将不超过两个。一旦线程块出现同

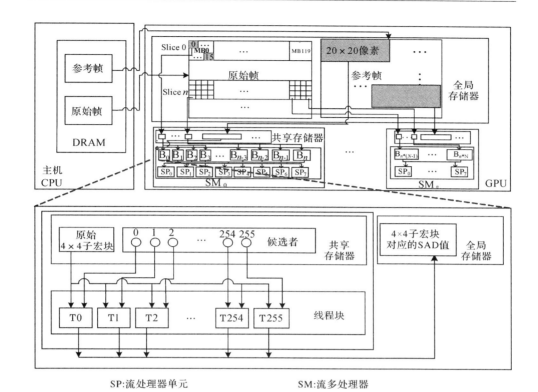

图 6.8　4×4 子宏块 SAD 求解在 CUDA 架构上的并行模型

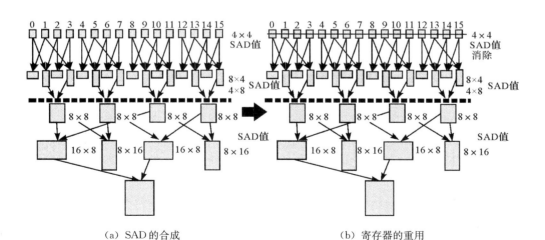

（a）SAD 的合成　　　　　　　　　　（b）寄存器的重用

图 6.9　各种划分对应的 SAD 合成树

步,计算单元将处于停滞等待状态。因此,在实现过程中设定线程块大小为 128 个线程,各种划分对应 SAD 的合成过程在 CUDA 上的并行模型如图 6.10 所示,每个线程读入一个宏块的 16 个 4×4 子块在同一个参考点处求得的 SAD 值,根据图 6.9 的合成数最终得到该宏块其他划分方式下共 25 个 SAD 值并存储到全局存储器中。

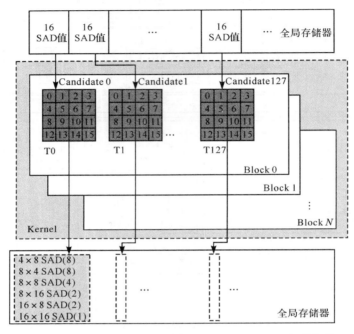

图 6.10　各种划分对应 SAD 的合成过程在 CUDA 上的并行模型

6.3.2　最佳运动向量的选择

最佳 MV 的比较选择过程是一个并行归约的过程,其输入为一个宏块对应的搜索窗口中 256 个参考点处的 SAD 值,输出为 SAD 值最小的参考点相对于原始帧宏块的 MV。对于本书提到的一个宏块的 7 种划分方式,整个归约过程都是一样。此处以 16×16 宏块对应的 MV 比较选择为例说明基于 CUDA 的实现方法。通常情况下不同的线程块之间的同步通信需要通过 Kernel 重新启动来实现,通信代价相当大,所以一个宏块对应的 256 个 SAD 的比较过程应该在一个线程块内部完成。假设与该 Kernel 对应的线程块的大小为 128 个线程而不是 256 个,这样做是为了使每个流多处理器上处于活跃状态的线程块尽可能多,因为在将每次比较的结果写回共享存储器,在下一次规约之前必须进行线程块内的同步,如果活跃的线程块越多,则延迟隐藏更加容易。图 6.11 给出了基于 CUDA 的 SAD 比较规约并行模型,首先每个线程从全局存储器中取出 2 个 SAD 值进行比较得到其中较小者并存到共享存储器，然后对这 128 个较小的 SAD 值进行规约，每一遍规约之后有效线程数减半，总共经过 7 次规约可得到最小 SAD 值及其对应的参考点，根据该参考点即可得到最佳 MV。

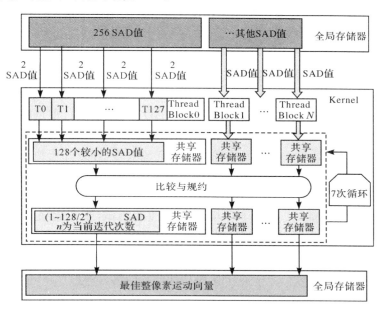

图 6.11　基于 CUDA 的 SAD 比较规约并行模型

　　在进行比较规约的过程中，如果邻近线程相互比较，会出现两个比较严重的问题：①共享存储器访问冲突；②warp 分支严重。为了解决这个问题，指定每一次比较过程中有效线程始终是前 N（每一遍循环减半）个线程，并且每个线程取自身 SAD 值和线程 ID 号与本线程相差为 N 的线程对应的 SAD 值进行比较，将较小者及对应的 MV 存储到线程本身对应的共享存储器中。

　　另外，Kernel 使用的存储模型与性能紧密相关。帧间预测会使用大量的预测数据，而 GPU 的片上存储空间是十分有限的。更进一步，在 SAD 计算过程中，不同搜索点之间有大量的数据重叠。例如，对于 4×4 子块 SAD 的计算，数据重叠率达到了 3/4。针对这些问题，提出了一个存储模型，如图 6.12 所示。采用冗余的技术处理相邻搜索窗口之间的数据重叠问题，将每个线程块对应的搜索窗口包含的所有数据加载到共享存储器中。除了搜索窗口之间的数据重叠外，同一个搜索窗口中相邻搜索点之间也存在大量的像素重叠。在同一个搜索窗口中相邻搜索点之间只有一个像素位置的差异，大量像素重叠导致不同线程对同一像素的多次访问。每个线程从共享存储器中访问对应的搜索点所需的像素，这就将大量的片外访问转换为对共享存储器的片上访存。该存储模型有两个优点：①对全局存储器中所有的参考像素值读取一次,减少了对同一个搜索窗口中重用像素的多次片外读取,并将大量对片外存储器的访问转换为对片上共享存储器的访问;②利用共享存储器的多 bank 机制和全局存储的合并访问机制实现并行访问,相邻的线程访问相连的数据,规避按照使用方式访问导致的串行访问。

6.3.3　小结

本节以整像素分辨率的运动估计为例,阐述了基于 CUDA 的运动估计的实现过程。将运功估计分为三个部分:4×4 子块 SAD 的计算,各种划分 SAD 块对应 SAD 的合成以及最佳运动向量的选择。在 SAD 的计算阶段,重点阐述了并行粒度和线程数量的平衡等问题。实验结果表明,对于帧间预测(MRMW),如果选择宏块为并行粒度,那么每个线程消耗的计算资源太多,导致并行执行的线程数很少,效果不够理想。选择 4×4 子块作为并行粒度不仅可以减轻线程对计算资源和存储资源的压力,而且并行度也可获得很大的提升。为了评估本书提出的并行 H.264 编码器的性能,使用如下环境进行了性能测试,主机配置为 2.7GHz 的 AMD Athlon 5200+ 2GB 的内存,设备端为 GeForce 260+ GTX(216 流处理器、1.29GHz、889MB),后续实验结果均以此为测试平台。表 6.2 给出了选用两种并行粒度实现整像素分辨率运动估计时 kernel 的性能及资源消耗情况。

表 6.2　两种并行粒度实现整像素分辨率运动估计时 Kernel 结果比较

核心(Kernel)	执行时间/μs	GPU 占用率/%	并行度	并行粒度	线程块大小
ME_SAD_16×16MB	9345.6	50	8160×16×16	16×16 宏块	256
ME_Best_MV	1180.435	25	30720	SAD	256
ME_SAD_4×4SubMB	982.0965	100	8160×16×16×16	4×4 子块	256
ME_SAD_Merge	543.4821	87.5	8160×16×16	4×4 子块	256
ME_Best_MV	1180.435	25	30720	SAD	256

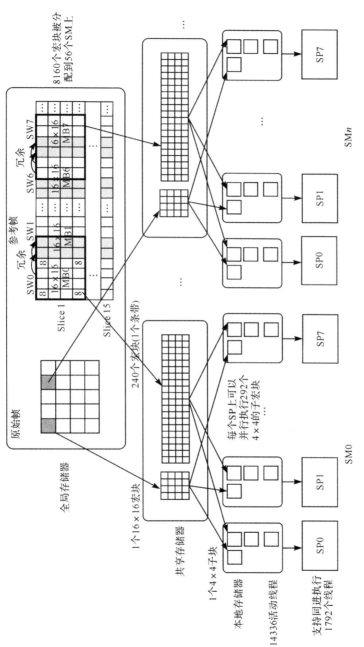

图 6.12　SAD 计算 kernel 对应的存储模型

6.4　帧内编码:开发多级并行

　　由于重建环路的存在,帧内预测的并行度十分低。第 5 章提出了七阶段块并行算法提高了宏块内部的并行度,但是并没有开发宏块之间的并行性。然而,GPU 的并行处理单元远远大于 STORM 处理器,为了发挥 GPU 的强大计算性能,需要保证 GPU 中同时执行的线程数达到上千个。为了提高帧内预测的并行度,采用了三种策略:①通过七阶段块并行算法开发宏块内部的并行性;②采用多片(slice)并行和行波流水的方式开发宏块之间的并行性;③采用可扩展的方式开发整个帧内编码流程中不同计算核心之间的并行性。

6.4.1　开发多级并行

　　1) 开发宏块内部的并行性

　　由于重建环路的存在,帧内预测过程中宏块之间以及宏块内部各个子宏块之间存在很强的数据相关性。这些数据相关性导致即使采用行波流水的并行方式一个宏块的处理仍然需要多步才能完成,如图 6.13(c)左边所示。每个宏块需要 10 步才能完成帧内预测过程,其中每个小方格表示一个子宏块,方格内数字表示该子宏块最早能够处理的顺序,箭头表示数据的依赖关系。经过对多个测试序列的分析,发现使用右上方子宏块的重建像素的预测方式(4×4 模式下的第 3 种和第 7 种,16×16 模式下的第 3 种)对图像的编码效率影响不大,去掉之后仅仅会使码率提高 0.5% 左右。因此,去掉了 4×4 模式和 16×16 模式下使用右上方子宏块重建像素的预测方式,采用行波流水方式,7 步可完成对一个宏块的帧内预测编码过程,各个子宏块的处理顺序如图 6.13(c)右边所示。

　　2) 开发宏块之间的并行性

　　虽然经过修改后的七阶段块并行算法在一定程度上提高了并行度,但是并行度仍然很低。为了增加并行度,将每帧图像分为多个不相干的片(slice),每个片之间不存在相关性,可以独立编解码。通过片之间以及片内部行波流水结合的方式来提高帧内预测编码的并行度。在帧层面上,多个片被并行处理;在片层面上,片内部宏块或子宏块以行波流水的方式处理,这正好与 CUDA 两级并行模型吻合。图 6.13(a)给出了按照行优先的方式将一帧 1080P 格式的图像分为多个片的方式,图 6.13(b)则描述了每个片内部不同宏块或者子宏块之间采用行波流水的方式对不同行的宏块进行处理的方式。图 6.14 给出了基于 CUDA 的多级并行帧内预测编码的并行模型,每个线程块对应一个片,而片内部的每个子宏块的帧内预测则交由一个线程处理。对于 16×16 预测,同一个线程块内的线程都是有效的,对于 4×4 预测模式,16 个线程通过 7 次迭代循环完成一个宏块的预测过程。相对于行波流水并行方式,多级帧内预测编码算法的起始并行度为片的数量,而行波流水的起始并行度为 1,其整个水线的建立和排空期间,并行度较低。

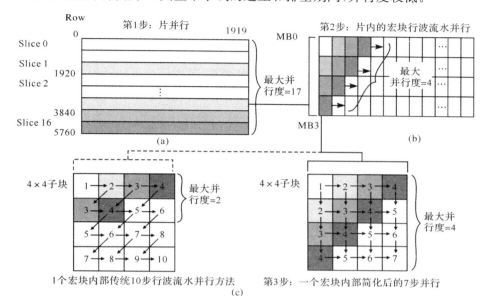

图 6.13　多级并行帧内预测编码

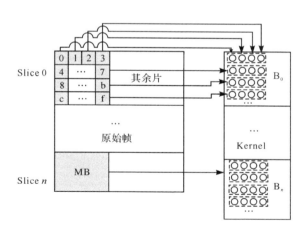

图 6.14　基于 CUDA 的多级并行帧内编码并行模型

3）开发不同模块之间的并行性

按照功能模块分类,帧内编码可以分为 5 个阶段:预测、整数变换、量化、反量化和逆变换。各个阶段的数据依赖集合不一样。表 6.3 给出了各个阶段的数据依赖集合和其最大并行度。这种由于数据依赖集合不同引起的并行度变化趋势类似于橄榄球。正是这一特性使得我们根据不同的模块设计不同的并行模型。为了适应模块之间并行度的变换，在 Kernel 配置时每个线程块按照所需最大线程数量配置，而在 Kernel 执行过程中，灵活控制线程的状态，在并行度低的阶段只激活少量线程，在并行度最大的时候激活所有的线程，图 6.15 给出了整个帧内编码可扩展 Kernel 组织方式。对于一个宏块的量化，该宏块包含的 256 个像素可以同时量化。因此，定义线程块包含 256 个线程，在帧内预测时每个线程块内只激活 16 个线程，每个线程对应一个子宏块；在整数变换编码阶段处于活跃的线程数增加到 64 个，每个线程处理一行或者一列的变换；在量化阶段，线程块内所有的线程激活，每个线程量化一个像素，并行度达到最大化。虽然线程数量的增加会增加指令数，但是并行度的增大在总体上提高了指令的吞吐率。实验结果表明根据不同模块的数据依赖集大小设计合适的并行模型可获得 3 倍左右的性能提升。

表 6.3　帧内编码不同阶段的数据依赖集特征

阶段	依赖性	数据依赖集大小	最大并行度
预测	强	一个 4×4 子宏块	16
整数变换	弱	4×4 子宏块中的一行/列像素	64
量化	无	一个像素	256
反量化	无	一个像素	256
逆变换	弱	4×4 子宏块中的一行/列像素	64

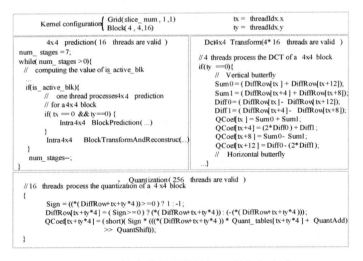

图 6.15　帧内编码可扩展 Kernel 组织方式

6.4.2　存储模型

帧内预测并行度并不高，每个线程块能够同时处理的最大数据量（1 个宏块）对于共享存储器的压力并不大。考虑到相邻宏块之间存在"生产者-消费者"之间的关系，为了减少全局存储器中相关数据的访问次数，采取一次读写多次处理的方式加载数据。每个线程块向对应的共享存储器中加载处理多个宏块需要的数据，Kernel 内部则以循环的方式对这些数据进行帧内预测编码。当此次读取的数据处理结束后将重建数据写回，然后再加载新的数据进行处理。通过这种方式将对全局存储器的读写转换为对共享存储器的读写，能有效减少对外层存储器的访问次数。相应的 Kernel 的组织应该为二重循环结构，即外层循环控制变量对应加载的次数，内层循环控制变量对应每次加载的数据需处理的次数。帧内预测编码的存储模型如图 6.16 所示，每个线程块每次从原始图像中读取一个条带（strip）的数据，Kernel 内部以宏块为单位对该条带进行处理，根据处理阶段不同，有效线程数不同且每个线程处理的数据粒度不同。

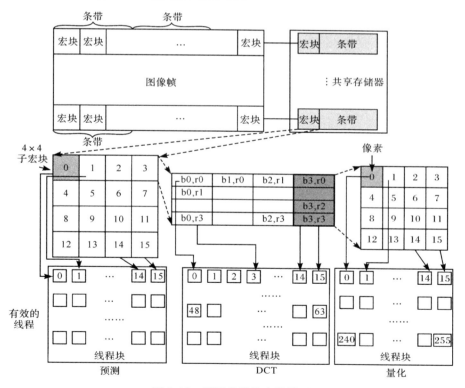

图 6.16　预测编码的存储模型

6.4.3 优化

通过使用 CUDA profiler 对 Kernel 的性能进行分析得知 GPU 的资源占用率相当低,这是导致基于 GPU 的帧内编码性能低下的主要原因之一。为了提高资源的占用率,对初始实现方式进行了优化,采用了 Kernel 合并的方式。图 6.17 给出了 Kernel 合并的示意图。将亮度和色度宏块的处理集成到同一个 Kernel 中实现,提高了 Kernel 的并行度。为了防止由于不同分量处理导致的分子过程,不同的线程块处理不同的分量。这样同一个线程块内部的路径一致。虽然通过不同的线程块 ID 选择不同的分量数据进行处理会引入分支操作,但是这种分子存在于不同的线程块之间,不会产生冲突。采用这种优化方式,不仅使得并行执行的线程块加倍,而且使得 Kernel 数据减半,Kernel 中的启动开销减少。

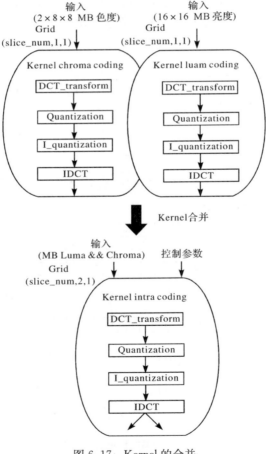

图 6.17 Kernel 的合并

6.4.4　小结

　　针对帧内预测强数据相关的问题，本节从 3 个方面对其进行了优化：①采用七阶段块并行算法开发宏块内部并行性；②采用多片的方式开发宏块之间的并行性；③采用可扩展并行的方式开发各个模块之间的并行性。通过这 3 个技术，虽然最大并行度没有得到很大提升，但是平均并行度已经获得很好的提高。平均并行度的提高主要得益于提高了算法的初始并行度。对几种技术进行测试，结果如表 6.4 所示。表 6.5 为本书实现的帧内编码与其他基于 GPU 实现方式比较得到的结果。从表中可以看出，本书实现的帧内编码不仅实现了整个编码流程，而且速度也比其他实现方式快。

表 6.4　帧内编码不同实现方式下的性能比较

不同算法	最大并行度	平均并行度	并行处理粒度	线程块大小	GPU SP 的占用率/%	执行时间/μs（一个 I 帧）
行波流水	136	64	4×4 子宏块	32	25	84887
七阶段块并行行波流水	272	100	4×4 子宏块	32	34	74358
片并行及行波流水	272	144	4×4 子宏块	32	45	50809
多重并行	272	210	4×4 子宏块	32	76	26260

注：行波流水，经典流水线并行技术，从左上到右下的顺序，按照水波阵面传播的方式对宏块进行并行处理；七阶段块并行行波流水，在采用行波流水的基础上，使用七阶段块并行开发宏块内部并行性；片并行及行波流水，将一个视频帧划分为多个独立的片，每个片并行执行，片内部采用行波流水的方式执行；多重并行，采用上述所有并行方式来开发帧内预测的并行性。

表 6.5　帧内预测编码与其他 GPU 实现的比较

实现方式	平　台	并行方式	选择参考数据类型	4×4 预测方式	16×16 预测方式	加速比
Chen[129]	GeForce 8800	行波流水	重建像素	有	无	3X
Pieters B[130]	GeForce 8800	宏块并行	原始像素	有	有	5.1X
本书方案	GTX 260+	多级并行	重建像素	有	有	20X

6.5　分量优先的 CAVLC

6.5.1　分量优先的 CAVLC 体系结构

　　为了在 GPU 上实现并行的 CAVLC，需要对 CAVLC 的各个部分重新进行组织,以克服串行编码方式的缺点。由于 CAVLC 是 H. 264 编码器的最后一个环节,它与前面部分不存在反馈回路。因此,可以假设在进行熵编码之前,本帧图像均已完成变换量化并且得到相应的残差系数。将熵编码分为 3 个阶段:两次扫描、分量优先的编码和滞后码流合成。其流程如图 6.18 所示,称为分量优先的CAVLC,可以为各阶段专门设计并行模型。

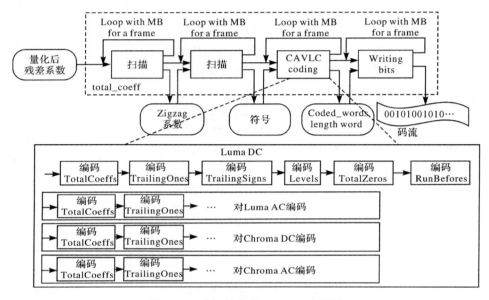

图 6.18　分量优先的 CAVLC 流程图

（1）两次扫描。通过两次扫描完成语法元素的统计,一次正向扫描和一次反向扫描。首先对编码后的系数进行正向扫描得到每个块包含的非零系数的个数（total_coeff）,并且以之字形的顺序将这些系数保存到全局存储器中。然后对之字形后的系数进行扫描以获得其他需要编码的语法元素,同时根据前一次扫描获得的 total_coeff 计算出当前块的 nC。这样做可以带来以下两个好处:①避免了每个块单独计算 nC 值时都去访问相邻块编码后系数;②通过巧妙的存回策略,减少了之字形处理过程。

（2）分量优先的编码。为了尽可能的减少分支操作带来的性能损失,在编码阶段,采用分量优先的方法代替宏块优先的方法。这种方式改变以往按照从Luma DC,Luma AC,Chroma DC,Chroma AC 的顺序对一个个宏块进行处理的模式,而是以分量为单位,按顺序对帧进行处理。例如,首先对一帧的 Luma DC进行处理,再对该帧的 Luam AC 分量进行处理,依次类推。这样做,可以有效地减少不必要的分支。

（3）滞后码流合成。将所有宏块熵编码后得到的二进制码流暂时保留到临时存储区,待本帧所有宏块的熵编码结果均可得知后再根据各个宏块码流的长度实现并行写。这样,各个系数符号的编码过程就可以并行执行。同时发现:虽然每个宏块的码流大小不同,但是每个宏块编码后对应的二进制码流的大小已经确定,可以根据各个块码流大小先计算各个宏块对应码流输出的位置,然后实现并行输出。最终不仅消除码流存储相关带来的约束,而且可以加速码流的输出过程。

6.5.2　基于 CUDA 的并行 CAVLC 实现

上述提到 CAVLC 的处理过程,每个块都要执行一遍,由于每帧包含块的数目多,所以计算量十分大。幸运的是,通过结构优化,各个模块对应的算法均是以块为单位设计的,很容易开发完全并行的 CAVLC。CUDA 程序的性能极大的依赖并行层次和数据组织方式(存储模型)以及待编码数据所具有的特性。因此,尽可能根据编码的数据集选择最优的并行配置方式,同时,尽可能多的使用共享存储器来减少对全局存储器的访问。在下面的讨论中,以 1080P(1920×1080 像素)大小的图像作为输入。

1. 扫描残差系数

通过两次扫描来计算每个块编码时需要的 nC 值以及各个块需要编码的语法元素。

1) 计算各个块对应的非零系数的个数

第一次扫描是对量化后系数的正向扫描以获得每个块对应的非零系数的个数。在该阶段,指定每个线程处理一个 $4×4$ 子宏块。考虑到每个块包含 16 个编码后的系数,设定一个线程块为 128 个线程。每 16 个相连的线程处理一个宏块,每个线程块处理 8 个宏块。为了增加线程块的数量,将色度分量对应的扫描也放在同一个 Kernel 内实现,但是同一个 warp 内的线程只处理一种分量对应的数据以避免分支产生,其实现过程如图 6.19 所示。由于每个线程访问的数据起始位置相隔 32B(16 个元素),所以若每个线程直接从全局存储器读取相应的数据到寄存器,则不满足合并访问的需求。虽然每次访问需要产生 124 次 64B 的数据传输过程,但是每次访问的有效数据却只有 4B。为了优化该问题,将共享存储作为一个缓冲使用。先将一个线程块中线程需要的所有系数按顺序加载到共享存储中,该过程每个线程读取的数据并不是自己最终使用的数据;然后每个线程根据线程 ID 利用共享存储器的 16 个 bank 访问自己对应的数据,相邻的 16 个线程分别通过不同的 bank 访问所需的数据。通过这种方式,吞吐率可以有效地提高而且寄存器压力也能得到缓解。所有从全局存储器读取的数据都是有效的,通过 16 次就能得到 512B 数据。另外,以之字形的顺序存回这些量化后的系数达到对这些系数之字形排序的过程,进一步减少了计算量。

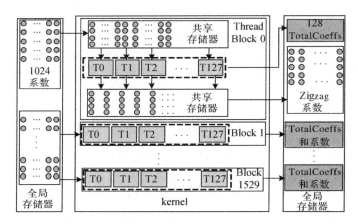

图 6.19　每个块非零系数个数计算的并行模型

2) 计算其他语法元素和 nC

nC 值的计算需要使用相邻左边块和上边块非零系数的数目。为了更好利用数据的局域,将一帧分为多个 4 宏块×2 宏块的区域,每个线程块负责一个区域中各个块对应的 nC 值的计算,如图 6.20 所示。将一个线程块需要的非零系数的个数值先加载到共享存储器上,每个线程再根据使用方式读取对应的非零系数个数值。一个子宏块对应的非零系数的个数既可以做 nA 也可做 nB,如图 6.20 中的黑色小方块。同时,对第一次扫描产生的之字形系数进行逆向扫描并获得其他需要编码的符号(TrailingOnes Signs,Levels,TotalZeros,RunBefores)。

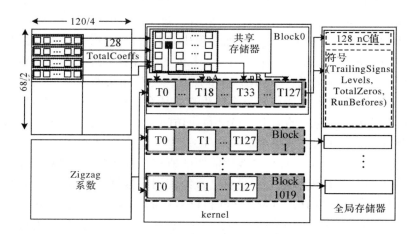

图 6.20　nC 值求解及其他元素的计算

2. 各个块对应系数的编码

各种分量的编码过程几乎一致，只是使用的查找表不一样。下面以亮度分量为例计算该部分在 CUDA 上的并行实现。由于编码过程是以块为单位进行的，所以需要做的就是根据 nC 值，查表对这些元素编码。该部分的处理过程比较简单，kernel 的配置方式与 nC 值求解类似。另外，将要用到的查找表放到共享存储器中以加速查表操作。由于编码后各个块对应的码流并不会马上输出，因此，每个块都必须有自己的临时空间保存对应码流。在我们的实现中，每个块对应的符号最多需要 26 个短字类型的单元存储，因此，需要为每个块声明 26 个字存储编码后的码流以及各个码流元素对应的有效长度。线程块的组织如图 6.21 所示。Coded-words 对应的小方块中，灰色区域代表编码后的有效码流数据，白色代表每个块剩余的空间。

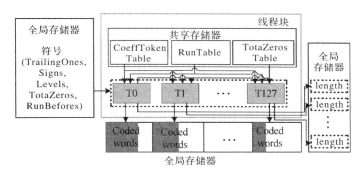

图 6.21　CAVLC 编码过程的线程块组织方式

3. 并行化的码流输出

首先对并行化输出的必要性进行分析，表 6.6 给出了 1080P 和 720P 格式下一个 I 帧 CAVLC 编码后码流并行化输出和串行化输出时性能参数对应情况。从表 6.6 中可以看出，不仅并行执行的时间要小于串行执行的时间，更关键的是，采用串行输出方式，GPU 与 CPU 之间的数据传输量远远大于采用并行输出方式传输的数据。原因是采用并行方式只需传输图 6.21 中 Coded-words 中的有效数据，而采用串行输出方式则需要将空白空间对应的无效数据和有效长度（length）对应的数据也传输给 CPU。即使 H.264 编码器的其他部分也可以获得很好的性能提升，但不采用并行的码流输出方式是不可能满足高清实时编码需求的。现分两步实现并行化的码流输出：①合并每个宏块对应的码流以及计算每个宏块码流的有效长度。在整帧码流中记录最终的输出位置以及移位位数和移位方式；②根据上一步计算的参数实现各个宏块数据的并行输出。

表 6.6　一个 I 帧串行与并行码流输出情况对比

参数	Blue_sky(1080P)			In_to_tree(720P)		
	串行	并行	加速比	串行	并行	加速比
执行时间/ms	29.8	2.53	11.78	15.6	1.35	11.56
传输时间/ms	23.4	0.39	60	10.1	0.28	36.1
总时间/ms	52.2	2.92	17	25.7	1.63	15.77
传输数据量/KB	23300.7	94.7	246	10279.8	51.4	200

1) 输出位置的求解

要实现并行的码流输出,一些参数是必需的,包括①当前宏块对应码流包含的整字节数,记为 n;②当前宏块对应码流剩余位数及其值,记为 m;③当前宏块对应码流需要移位的位数以及移位方式。

每个线程首先合并一个宏块包含的码流(head info,Luma DC,Luma AC,Chroma DC,Chroma AC)并计算该宏块合并后码流的长度。根据该长度,可以计算出每个宏块对应的码流的输出位置。为了加速计算过程,采用迭代计算的策略。如图 6.22 所示,每一次计算过程中有一半线程是有效线程并且每次计算过程中有效线程之间的间隔逐渐减小,每一次计算尽可能使用前一次迭代中其他线程的计算结果。

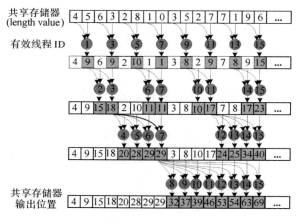

图 6.22　码流输出位置的计算方法(迭代计算)

2) 码流并行输出

采用的方式是每个线程处理对应宏块的数据。若有剩余位数不足一个字节则从下一宏块的第一个字节取数据补齐。在本实现中，对于每个合成的数据，采用左边字节左移和右边字节右移合成的方式获得。左移的位数是 $8m$，右移的位数为 $1m$。图 6.23 给出了码流并行输出的简单示例。线程 T0 第一次输出的数据为 MB0 的第一个有效字节，而线程 T1 第一次输出的为 MB1 的第一字节的后两位和第 2 字节的前 6 位的组合。T0 的最后一次输出则为 MB0 的最后两位和 MB1 的第一个有效字节的前 6 位的组合。虽然每个宏块对应的码流大小不同会导致线程的执行过程不同，但是高度并行性和少量数据传输，仍会使得整个码流输出获得有效加速。

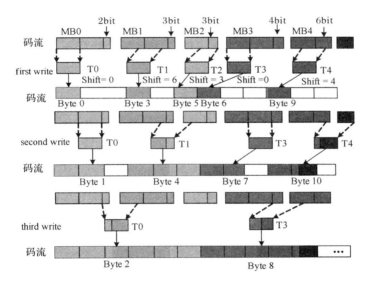

图 6.23　CAVLC 码流并行合成模型

6.5.3　小结

本节提出了一种新的并行 CAVLC 实现方法即分量优先的 CAVLC。通过将 CAVLC 分为 3 个子部分，解决了 CAVLC 中数据相关和变长编码对并行实现方法带来的挑战。通过上面的分析与实现可知，并行码流输出获得了十分显著的效果。在整个处理过程中，本实现方式的并行度都大大超过了 GPU 所能提供的计算资源。表 6.7 列出了亮度交流分量 CAVLC 编码阶段对应的 kernel 部分性能参数指标。从表中可以看出，最大并行度达到了 130560，最小的也有 8160。部分 kernel 对应的资源利用率达到了 100%，说明此实现很好的解决了 CAVLC 阶段非规则处理与大规模并行计算资源之间的矛盾。对于 kernel Cavlc_Bitpack_Block_Cu，其 GPU SP 的占用率最差，主要是因为码流合成阶段各个块对应的码流长度不一致造成的。

表 6.7   亮度交流分量 CAVLC 编码阶段对应的 Kernel 部分性能参数（1080P）

Kernel	最大并行度	处理粒度	线程块大小	执行时间(1 帧)/μs	GPU SP 占用率/%
Cavlc_Block_Context_Luma_AC	8160×16	4×4 子宏块	128	333.2	100
Cavlc_Texture_Symbols_Luma_AC	8160×16	4×4 子宏块	128	335.8	37.5
Cavlc_Texture_Codes	8160×16	4×4 子宏块	128	193.4	75
Cavlc_Bitpack_Block_Cu	8160×16	4×4 子宏块	128	704.3	25
Cavlc_Bitpack_MB_Cu	8160	宏块	120	197.3	75
Cavlc_Compute_Out_Position	8160	宏块	240	37.3	100
Cavlc_Parallel_Write	8160	宏块	240	62.6	50

6.6   方向优先的去块滤波

6.6.1   方向优先去块滤波结构

从第 5 章的分析可知，宏块边界的滤波存在很强的相关性。这是因为同一个宏块内部垂直边界按照从左到右的顺序进行滤波，而整个宏块的水平边必须等到垂直边滤波结束后才能开始；并且宏块之间的滤波也是从左到右，从上到下的顺序进行。并行性只存在于同一边界中 4 条边对应的 16 个像素，即并行度仅为 16。很显然，这样低的并行度不适合在 GPU 这种大规模并行的处理器上并行处理。经过分析发现滤波前后的像素值相差并不大，并且不同宏块之间的数据相关性也仅仅存在于最后一条边界在不同方向上的滤波过程，而且这种相关性程度依赖于滤波的强度。基于这样的分析，提出方向优先的去块滤波即按照先竖直后水平的方式对各个边界进行滤波。首先按照从左至右的方式对每一列宏块的竖直边界进行水平滤波，同一列的宏块可以并行处理；再按照从上到下的方式对每一行宏块的水平边界进行竖直滤波，同样，同一行宏块可以并行处理。图 6.24 给出了方向优先去块滤波的示意图，图中数字代表各条边界处理的顺序。本书提出的算法松弛了宏块之间数据相关性，对竖直边界滤波时，同一行的宏块之间才存在数据相关性；对水平边界滤波时，同一列的宏块之间才有数据相关。经过重新组织后的滤波过程并行度大大提高，对于竖直边的水平滤波，其并行度为 1088；而水平边的垂直滤波并行度为 1920。

在本算法中，更好的并行性并不是以牺牲图像质量为代价的。原因包含以下

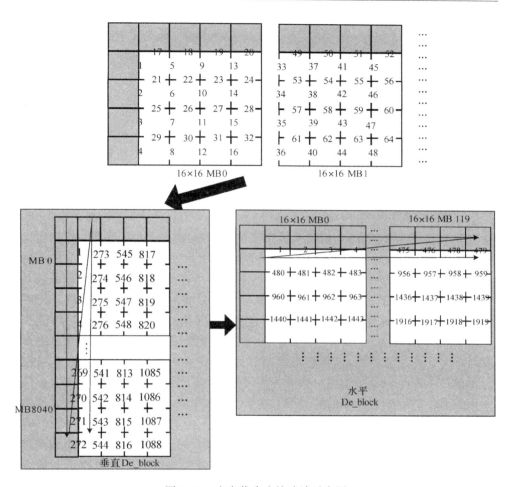

图 6.24　方向优先去块滤波示意图

两个方面。第一,方向优先的去块滤波保留了宏块内部不同边界之间的数据相关性,同一宏块内部右边边界的滤波仍然会使用其左边边界滤波后的结果。第二,宏块之间的相关性并没有完全去掉,而是依赖关系的改变。原来滤波方式下,当前宏块水平边竖直滤波结果会在下一宏块竖直边的水平滤波过程中被使用,如图 6.25(a)所示。而对于方向优先的滤波,当前宏块竖直边水平滤波的结果会被前一宏块的水平边的数值滤波使用,如图 6.25(b)所示。虽然竖直边滤波的效果相对于原来算法较差,但是水平边滤波的效果则更好,因此图像质量并没有明显降低。此外,对于个别测试序列,其 PSNR 值反而有所增加。

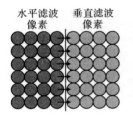
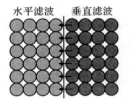

（a）宏块优先去块滤波   （b）方向优先去块滤波

图 6.25　数据依赖方式的转变

6.6.2　滤波顺序的调度

　　为了获得更高效的并行，对宏块内像素的滤波顺序进行重新划分。根据错误扩散有限原则[131-132]，在提出的方向优先去块滤波的基础上，将每个宏块的滤波划分成 4 个阶段。因为一帧图像的所有宏块不相干，所以对每个阶段的处理可以并行执行。并且每个阶段之间需要一个同步点。图 6.26 所示为对一个宏块滤波顺序调整的示意图。现用 4 种方式代表不同阶段的效果：白色代表初始像素；淡灰色代表先前滤波后像素；深灰色代表当前滤波后像素；圆圈代表像素滤波后的最终状态。对于一个宏块而言，只有宏块边界处（边界 0 或者边界 4）的像素才可能进行强滤波。宏块内部的边界只会进行正常滤波，即只影响边界两边最多两个像素。因此，图 6.26 中边界 2 的右边第二像素 j 的水平滤波用到的像素是未滤波像素（g，h，i）。所以，第一步是对所有宏块的像素 j～n 进行水平滤波，如图 6.26(a) 所示。第 2 步对像素 n～p 以及 a～i 进行水平滤波。第三步对水平边界 6 和 7 进行竖直滤波，使得从第 J 行到第 M 行的像素变成最终滤波结果。第四步对像素 N～P 和 A～I 进行竖直滤波，完成对一个宏块的滤波过程。此外，在进行第二步之前，需要进行一次同步，保证对当前边界 0 两边像素滤波前，前一宏块的边界 3 周围像素已经滤波结束。为了去掉这一同步过程，引入虚拟的宏块这一概念，它由前一宏块的像素列 j～p 以及当前宏块的像素列 a～i 组成。这样可以将前两步合成一步，每个线程处理一个虚拟宏块的一行像素的水平滤波，按照 j～p，a～i 的顺序。同样的，将前一宏块的像素 J～P 和当前宏块的像素 A～I 组成一个虚拟宏块以消除水平边界的竖直滤波时需要的同步处理。调整后的滤波顺序，使得所有宏块的滤波可以同时执行。对于 1080P 的视频而言，其并行度达到了 130560，且只需要一次同步。

6.6.3　小结

　　本节提出了一种新型去块滤波算法即方向优先去块滤波。该算法通过改变

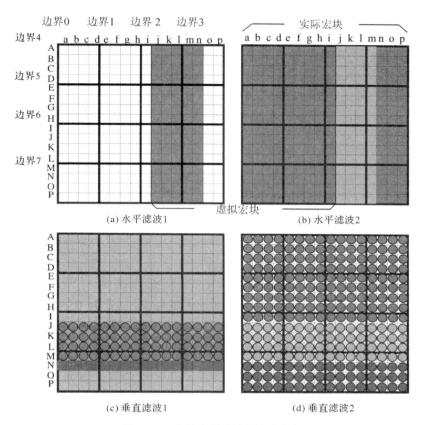

图 6.26　宏块内部滤波顺序的组织

原来宏块优先的滤波过程，松散了宏块之间的数据耦合性，使得同一个方向上的像素可以同时滤波。在误差扩散有限原则的基础上，改变了宏块内部滤波的顺序实现了大规模并行的去块滤波。虽然在图像质量上有所下降，但是获得的性能加速相当可观。本章提出的方向优先去块滤波算法使得一帧图像中所有宏块可以同时滤波，而且只需要一次同步即可完成所有的滤波过程。表 6.8 给出了此去块滤波 Kernel 对应的部分性能参数。从中可以看出，对于本书提出的去块滤波，基本上可以有效地利用 GPU 的计算资源。另外，在对去块滤波进行并行化时，同样可以采用帧内预测中介绍的 Kernel 合并策略来加速整个过程的实现。

　　同时，对方向优先去块滤波的性能进行了评估，表 6.9 给出了不同算法下测试序列的 PSNR 值以及相应的差值。从中可以看出，方向优先去块滤波算法测得的 PSNR 值与原算法测得的结果相差无几，有时甚至还有提高。但是，方向优先算法带来的并行效果却是十分显著的。图 6.27 给出了各个测试序列在 QP 为 30

时,不同去块滤波实现方式下平均每帧的执行时间。可以看出方向优先去块滤波算法是 CPU 实现的 25 倍以上,是宏块优先算法 GPU 实现结果(以宏块优先的方式在 GPU 上实现的去块滤波算法)的 200 倍以上。

表 6.8　方向优先去块滤波 Kernel 对应的部分性能参数

Kernel	最大行度	处理粒度	线程块大小	执行时间(一帧)/μs	GPU SP 利用率/%
Deblock_ver	8160×16	像素	256	536.8	87.5
Deblock_hor	8160×16	像素	256	591.4	80

表 6.9　PSNR 值　　　　　　　　　(单位:dB)

测试序列	QP=20			QP=26			QP=30		
	原算法	方向优先去块滤波算法	差值	原算法	方向优先去块滤波算法	差值	原算法	方向优先去块滤波算法	差值
Blue_sky	45.162	45.162	0.000	41.262	41.260	−0.002	39.002	38.987	−0.015
Pedestrain_area	44.218	44.240	0.022	41.903	41.892	−0.012	40.357	40.313	−0.043
River_bed	42.462	42.490	0.028	39.325	39.338	0.013	37.357	37.325	−0.032
Rush_hour	44.137	44.140	0.003	42.382	42.322	−0.060	41.138	41.033	−0.105
Station	43.412	43.420	0.008	41.072	41.048	−0.023	39.650	39.627	−0.023
Sunflower	44.967	44.940	−0.027	42.593	42.490	−0.103	41.002	40.832	−0.170

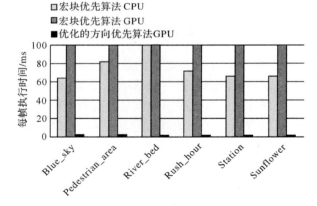

图 6.27　不同实现方式下的性能

6.7　实验结果与性能分析

在评测中使用了第 5 章中介绍的 6 个高清测试序列和 3 个 720P 格式的测试序列。在没有特别说明的情况下，本节均是对平均值进行讨论。对于 GPU 程序，使用相应的开发环境为 CUDA Toolkit 3.2 对其进行编译执行，同时 CUDA profiler 被用来对各种参数进行统计。

6.7.1　并行编码器的性能

首先，对提出的并行编码器所采用的方法（MRMW、多级并行帧内预测和方向去块滤波）进行了率失真（RD）性能的分析。图 6.28 给出了 720P（Ducks_take_off）和 1080P（Blue_sky）采用不同方法的 RD 性能曲线。图中 Seria App 为参考串行代码测试得到的结果；Para App 为本书基于 GPU 实现的完整的并行编码器的结果；其余三个分别是采用 MRMW 算法的并行帧间预测（Para Inter），采用多级并行方式实现的帧内预测（Para Intra）和方向优先的区块滤波（Para DB）算法得到的结果。例如，Para Inter 表示使用多分辨率多窗口帧间预测代替原有串行帧间预测算法，而其他部分保持不变的编码器。根据实验结果分析得出，本书提出的帧间预测算法（Para Inter）对 PSNR 和码率的影响并不大，相对于 720P 和 1080P 分辨率而言，PSNR 降低数值分别低于 0.16dB 和 0.25dB。相同码率情况下，Para Intra 方法对 PSNR 值得的影响在 0.1 之内，而去块率波在某种情况下能获得 PSNR 的提升。总体来说，本书提出的并行编码器在码率不变的情况下，相对于原始程序而言，在 720P 和 1080P 分辨率情况下 PSNR 下降分别在 0.18～0.31dB 和 0.19～0.38dB。

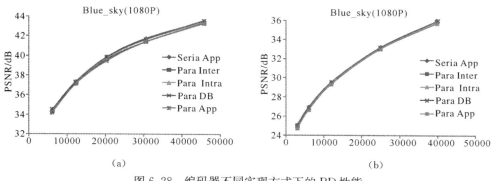

图 6.28　编码器不同实现方式下的 RD 性能

相对于图像质量方面的降低程度，本书提出的编码器相对于原始串行的编码器所获得的性能加速比则相当可观。实验结果表明，本书提出的并行编码器相对于原始 C 程序获得了最高超过 29 倍的整体加速；对于经过汇编优化后的 C 程序，也获得了 6～9 倍的性能加速。更加详细的情况可从图 6.29 获得。可以看出除了帧内编码模块以外，其余模块的加速比均在 25 倍以上。主要原因是帧内预测和重建环路之间的强数据相关导致并行度无法提高。作为最耗时的部分，ME 的加速比在 26～30 之间；而作为控制密集型组件，CAVLC 和去块滤波都获得了很高的性能。对测试序列 Rush_hour，CAVLC 获得了最高的 46 倍加速。

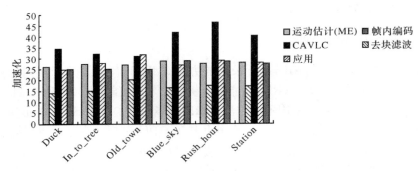

图 6.29　CUDA H.264 相对于原始 H.264 在各个模块和整体上的加速比

将本书提出的编码器与其他 GPU 实现或者其他并行实现的 H.264 编码器进行比较，详细结果如表 6.10 所示。从表中可以看出，这些并行方法都能对 H.264编码器进行加速。但是，由于缺乏合理的框架，大部分方法的输入输出无法有效的与其他模块兼容。更重要的是没有一个完整地实现了的 H.264 编码器，因此性能提升的幅度有限，也不能有效地指导程序员开发其他应用。表 6.10 中最后两列说明即使在 Kernel 获得极大加速的情况下，整个应用的加速效果也是受限的；最后两行是本书基于流模型在 GPU 上实现的 H.264 的性能，对于 1080P 视频帧而言，其实现方式可以达到实时编码的效果。

表 6.10　不同并行 H.264 编码器性能对比

实现方式	执行部分	平台	最大并行度	GPU 执行时间的比例/%	CPU-GPU 传输时间的比例/%	Kernel 的最大加速比	应用加速比	每秒执行的视频帧
Original x264	All main Parts	Intel E8200	1280	0	0	1	1	4.1
B Pieters[131]	DB_Filter	GTX 280	2943	1.2	6.2	19.5	1.05	4.32
M C Kung[33]	Intra_Prediction	GTX 260+	5625	5.1	11.3	2	1.11	4.53
Cheung[134]	Motion Est.	GTX 260+	11980	18.2	20.5	8.1	2.43	9.96

续表

实现方式	执行部分	平台	最大并行度	GPU 执行时间的比例/%	CPU-GPU 传输时间的比例/%	Kernel 的最大加速比	应用加速比	每秒执行的视频帧
S Ryoo[133]	30% main Parts	GeForce 8800	3936	2.6	4.5	20.2	1.47	6.04
本书方案	Full streaming	GTX 260+	27648	79.8	14.2	11/21/ 20/81	6.14	25.2
本书方案	Full streaming	Tesla c2050	27648	74.8	18.6	16/25/ 22/9	7.68	31.5

6.7.2　编码器特征分析

对编码器本身的特性进行分析，以评估本书提出的编码器是如何获得如此高的性能的。对本书提出的编码器包含 Kernel 的一些重要特征进行测试与分析，具体结果如表 6.11 所示。表中列出了各个 Kernel 最多可同时执行的线程数，该参数表明在给定时间内，GPU 硬件上同时执行的线程数量。该变量受限于算法能够提供的最大并行度，同时也受限于资源消耗情况。例如，在 Tesla C2050 中，每个 SM 上最多能够同时执行 1536 个线程。Ryoo[133] 认为该变量对性能影响不大，因为对于拥有成千上万个线程的 Kernel 而言，该最大值仅仅存在于一瞬间。但是对于本书的实现，该变量具有重要的意义，因为在我们的流模型中，Kernel 常常对由大量数据组成的长流进行操作。这就是说可能有大量的线程会同时执行并维持很长一段时间。从表 6.11 的最后一列可以看出，每周期执行的指令数（IPC）几乎与最大同时执行线程数呈线性关系，这也验证了我们的观点。

从表 6.11 中可以看出，对于计算密集型部分（如帧间预测的运动估计和编码等）能够同时执行的活跃线程数急剧增加。这说明 GPU 的多发射单元为数据级并行计算提供了丰富的资源。这意味着即使是对分辨率更高的图像进行运动估计和帧内预测算法也是可满足的。另外，表 6.11 还给出了 kernel 调用时寄存器资源时，共享存储器以及全局存储器的消耗情况。从中可以看出，数据在 CPU 和 GPU 之间的传输仍然是影响性能的重要因素。这一问题主要是由于 CPU-GPU 异构编程环境造成的。除了数据传输之外，整个处理过程中最耗时的部分是 Cavlc_Bitpack_Block_Cu。如果这两部分得不到有效的优化，那么很难在编码器的整体性能上有所突破。作为传统最耗时的部分，帧间预测 SAD 计算仅仅占据整个执行时间的 0.94%，表明该部分的并行算法获得了高效的性能加速。

表 6.11 编码器 Kernel 性能参数(输入为 300 帧 1080P 视频 Blue_sky)

Kernel	Kernel 执行次数	总执行时间 /μs	占总时间比例/%	每次执行时对全局存储器的访问次数	每个线程使用的共享存储器大小 /B	每个线程占用的寄存器数量/个	最大同时激活的线程数	IPC
Cavlc_Compute_Out_Position	300	11194.1	0.12	216	8.1	15	8156	51.3
Cavlc_Texture_Codes_Chroamdc	300	12855.1	0.13	1175	1.2	15	13560	56.9
Cavlc_Texture_Symbols_Chromadc	300	17133.1	0.18	1839	8	26	13440	70.2
Cavlc_Block_Context_Lumadc	300	18130.1	0.19	1487	0	17	4480	64.7
Cavlc_Parallel_Write	300	18781.0	0.19	1869	0.1	22	6800	67.9
Cavlc_Texture_Symbols_Lumadc	300	20246.1	0.21	3313	32	24	8960	47.1
Cavlc_Header_Codes	300	26722.9	0.28	1151	0	17	6240	234.9
Cavlc_Block_Context_Prevskipmb	285	40649.8	0.43	4326	0	9	298	30.4
Cavlc_Block_Context_Chromaac	300	45484.3	0.48	9338	0	31	14336	117
Memset32_Aligned1d	1830	57739.6	0.61	3245	0	3	21504	167.8
Cavlc_Texture_Symbols_Chromaac	300	57930.7	0.61	21590	32	23	8960	129.6
Cavlc_Bitpack_MB_Cu	300	59190.2	0.63	4441	0	20	6240	118.8
Deblock_Calcboundarystrength	300	64511.7	0.68	9145	0	19	14336	198.9
Pframe_Interresidualcoding_Chroma	300	73659.4	0.77	17984	42	32	7168	361.9
Iframe_Residualcoding_Chroam	15	64343.5	0.67	384035	40	32	4352	121.3
Cavlc_Texture_Codes	900	84060.6	0.88	10536	12.6	18	8960	206.4
Motioncompensatechroma	285	95393.1	1.00	24504	12.1	22	14336	412.8
Cavlc_Block_Context_Luma_AC	300	99984.3	1.05	22766	0	16	14336	152.1
Cavlc_Texture_Symbols_Luma_AC	300	100750.7	1.05	37520	32	23	14336	150.5

续表

Kernel	Kernel 执行次数	总执行时间/μs	占总时间比例/%	每次执行时对全局存储器的访问次数	每个线程使用的共享存储器大小/B	每个线程占用的寄存器数量/个	最大同时激活的线程数	IPC
Pframe_Intra_Residualcoding_Chroma	285	104831.8	1.09	17199	40	32	298	71.4
ME_Refine_Qpel	285	125668.2	1.32	7307	12.7	20.7	13326	345.9
Calccbp_And_Totalcoeff_Luma	300	140881.1	1.48	17577	36	26	10752	174.3
ME_SAD_merging	285	154892.4	1.53	5347	9	41	8064	269.7
Pframe_Inter_Resudialcoding_Luma	285	161236.7	1.70	41638	28.5	32	7168	312.6
Deblock_Hor	300	177422.2	1.86	64180	32.5	32	3584	110.9
Calccbp_And_Totalcoeff_Chroma	300	181544.8	1.90	17083	39.5	32	7168	141.4
Pframe_Intra_Resudialcoding_Luma	285	227397.0	2.35	44940	36	32	4352	84.2
ME_subSAD_computing	285	279897.5	2.94	16276	28.3	46.2	29681.5	770.5
ME_bestMV_selection	285	336424	3.53	65737	8.4	47	19040	347.1
Iframe_Residualcoding_Luma	15	393912.4	4.13	1132188	21.4	32	8703	242
Deblock_Ver	300	431030.4	4.52	70229	32.5	32	2176	126.1
Others	NA	677849.9	7.11	NA	NA	NA	NA	NA
Cavlc_Bitpack_Block_Cu	1500	1056513.0	11.06	6446	42.4	15	12544	116.1
				MemTransferSize (byte)				
Memcpygputohost	3555	1857861	19.48	4108095946				
Memcpyhosttogpu	8610	2278439	23.84	5236926624				

6.7.3　小结

　　使用传统标量体系结构的处理器(如 CPU)对高清视频进行 H.264 编码很难达到实时的性能。由于这些处理器的处理单元较少,例如,在 CPU 的设计过程中,大部分芯片面积被用于设计控制结构,所以这些单元在高可预知和密集型计算中很少使用。而大规模并行处理器 GPU,恰恰相反,其控制单元做得相对简单,却包含了上百个计算单元。虽然 GPU 十分适合于对视频处理等计算密集型应用进行处理,但是要在 GPU 上获得高效的计算效率仍然是一件很困难的事情,尤其是对于那些需要在 CPU 和 GPU 之间传输大量数据的应用。

　　通过对 H.264 的流化以及在 GPU 上的实现,我们认为一种基于模型的技术(如流化)是解决这类问题的行之有效的方法之一。在本章中,在流化的基础上,利用 CUDA 框架实现了一个完成的 H.264 编码器。在此实现过程中重点开发了各个模块的并行性,同时优化了存储器的使用。针对非规则处理 CAVLC 和去块滤波,提出了相应的优化算法。实验结果表明,本书实现的编码器不仅在 Kernel 级实现了有效的加速,在应用级也获得了高效的性能。对于 1080P 视频序列,使用了 Tesla C2050 GPU,此编码器可以获得实时编码的性能。

第7章 展望与未来的研究方向

视频技术的发展日新月异,虽然 H.264 视频编码还是目前应用的主流,但是目前已经有许多其他编码方式吸引了工业界和学术界的关注。我们认为不管视频技术如何发展,并行化技术仍然是解决视频编码复杂性问题的有效途径之一。本章对视频编码的发展方向和我们的后续研究做一展望。

7.1 视频编码发展趋势

视频编码技术已经成为数字视频广播、数字媒体存储和多媒体通信等应用的基础性、核心共性技术。随着硬件采集、显示能力的快速提高,高清乃至超高清视频、移动视频等视频应用变得越来越普及,有限的传输带宽相对于快速增长的视频数据而言,仍然面临着巨大的传输压力,对高效视频压缩技术的需求也依然十分迫切。

在国际标准化组织(ISO)下的 MPEG 工作组和国际电信联盟(ITU-T)下的 VCEG 工作组一直致力于高效的视频编码标准制定工作,极大地推动了视频编码技术的发展。自二者联合制定 H.264/MPEG-4 AVC 标准之后,又基于该标准陆续进行了面向可伸缩网络传输应用的 H.264 SVC(Scalable Video Coding)标准扩展,以及面向多视角应用的 H.264 MVC(Multiview Video Coding)标准扩展。H.264 SVC 标准扩展和 H.264 MVC 标准扩展,都实现了对 H.264 AVC 基本框架的兼容,有利于在工业界的应用推广。继这些标准活动之后,在进一步提高效率和探索下一代标准的制定方面,VCEG 在 H.264 的基础上提出进行 KTA(Kernel Technology Area)的技术研究,MPEG 则启动了 HVC(High Performance Video Coding)标准的制定工作,计划在未来几年内制订下一代的视频编码标准。在国内 AVS 工作组自 2002 年成立至今,已经成功地制定了一系列视音频编码标准,其中面向高清编码的 AVS1-P2 标准部分已经于 2006 年 3 月成为国家标准。近几年来,AVS 工作组又针对 AVS1-P2 进一步提高编码效率陆续开展了面向监控应用的 AVSS 标准的制定,以及面向移动应用的标准制定等方面的工作。目前,结合国际上标准制定的动态,AVS 工作组又启动了下一代视频编码标准的技术制定工作,称为 AVS2。

以上这些标准组织活动都是在传统编码框架下,通过进一步改进预测、变换或熵编码等编码模块来提高整体的编码效率,都是从传统的数字信号处理领域去进一步消除视频数据间存在的各类客观冗余,但这些编码工具多数是以较高的复杂度换取十分有限的性能提升。近几年来,结合人类视觉特性的视频编码表现了颇为突出的性能提升,得到研究人员越来越多的关注。探索结合人类视觉特性的新型编码框架成为最近的研究热点之一。此外,在分布式编码(Distributed Video Coding,DVC)等新兴的研究领域内,技术研究也有了很大的进展[13]。

7.1.1　基于内容的视频编码

传统的基于块的编码易于操作,但由于人为地把一幅图像划分成许多固定大小的块,所以当包含边界的块属于不同物体时,它们分别具有不同的运动,不能用同一个运动矢量表示该边界块的运动状态。如果强制划分成固定大小的块,这种边界块必然会产生高的预测误差和失真,严重影响压缩编码信号的质量。

于是产生了基于内容的编码技术,就是先把视频帧分成对应于不同物体的区域,然后对其编码。具体说来,就是对不同物体的形状、运动和纹理进行编码。在最简单情况下就是利用二维轮廓描述物体的形状,利用运动矢量描述其运动状态,而纹理则用颜色的波形进行描述。

当视频序列中的物体种类已知时,可采用基于知识或基于模型的编码。例如,对人的脸部,已开发了一些预定义的线框对脸的特征进行编码,这时编码效率很高,只需少数比特就能描述其特征。对于人脸的表情(如生气、高兴等),可能的行为可用语义编码,由于物体可能的行为数目非常小,所以可获得非常高的编码效率。

7.1.2　多视角视频编码

近年来,随着人们对多媒体服务要求的不断提高,传统单一视角的媒体内容所提供的简单视觉信息,已经不能满足人们对于真实场景立体视觉体验的需求,三维的多视点媒体技术应运而生。相对于传统的单路媒体信息,三维多媒体技术可以提供场景或者事物的不同角度、不同层面的信息,并通过合成技术生成全方位的立体媒体内容,重现自然场景的三维本质。同时,三维多媒体技术实现了与用户之间的交互性,使用户可以有机会从不同的角度对一个动作或者表情进行欣赏,从而主动参与到媒体活动中,而不仅是作为被动的消费者存在,以获得身临其境般的感觉。多视角视频是目前三维媒体处理技术的核心技术之一。

多视点视频[135-136]指的是由不同视点的多个摄像机从不同视角拍摄同一场景得到的一组视频信号,是一种有效的 3D 视频表示方法,能够更加生动地再现场景,提供立体感和交互功能。与单视点视频相比,多视点视频的数据量随着摄像机的数目增加而线性增加。巨大的数据量已成为制约其广泛应用的瓶颈,为此 ITU-T 和 MPEG 的联合视频组提出了多视点视频编码(MVC)的概念。MVC 主要致力于多视点视频的高效压缩编码,是未来视频通信领域中的一项关键技术,也是国际视频标准化组织正在研究的热点问题。目前,MVC 主要着眼在现有视频编码框架,并在此基础上添加新的编码技术以利于多视点视频的存储或传输。根据不同的视频编码框架,MVC 可分为基于小波的 MVC 方法和基于运动补偿加块变换的 MVC 方法。基于小波的 MVC 方法[137-138]是对现有小波视频编码框架的扩展,其突出优点是具有良好的可分级性。基于运动补偿加块变换的 MVC 方法是在现有运动补偿加块变换框架的基础上通过添加新技术以提高 MVC 的编码效率。现阶段,JVT 主要研究基于 H.264/AVC 的 MVC 方法[139],属于基于运动补偿加块变换的 MVC 方法的范畴。多视角视频技术需要精确描述真实的三维世界。根据立体视觉成像的原理,利用多个视点图像的空间几何关系以及图示线索知识生成深度信息是三维视频表示的重点研究内容。基于立体视觉机理,可以采用时域和视间预测相结合的编码框架,使视间各种信息的相关性都得到充分利用,同时对深度序列与彩色视频进行联合高效压缩,重构出最优的三维视频。多视角视频表示的一个关键问题是如何从相邻视点的视频数据中抽取相关信息做视间预测,支持高效灵活的多视点切换,使得在三维场景中通过自由选择视点而获得环视能力。与单视角视频相比,多视角视频从摄像机获取的数据量成倍增加,那么如何对其进行高效编码和压缩处理,降低存储空间和传输成本,是决定多视角视频技术发展前景的一个重要问题[140]。

7.1.3　分布式视频编码

相对于传统编码技术,分布式编码由于具有编码复杂度低的优点,很适合传感器网络、分布式监控等应用,目前受到来自学术界和工业界越来越多的关注。分布式编码的理论基础主要是 Slepian-Wolf 和 Wyner-Ziv 信息理论。Slepian-Wolf 理论证明了如果两个相关信源在编码端分别独立编码而在解码端联合解码,那么能够达到与联合编码相同的编码效率。Wyner 认为这一理论可以用信道编码的方式来实现。如果一个信源利用信道编码的方式进行编码,那么编码后可以只传纠错位,而在解码端借助边信息帮助解码,就可以逼近联合编码的率失真性能。与传统的混合编码技术类似,分布式视频编码技术致力于消除视频信息中存在的时域、空域、视间和统计冗余信息。在分布式视频编码技术中,视频帧分为 Wyner-Ziv 帧和 Key 帧。Wyner-Ziv 帧独立进行 Wyner-Ziv 编码,生成的码流传输到解码端,解码器利用生成的边信息来进行解码,信号之间的相关性由解码器来消除[141]。实际的分布式视频编码系统是由斯坦福大学和加州大学伯克利分校首先提出的[142-143]。近几年来,研究人员针对分布式编码中基于辅助信息的空时域冗余消除、信道码统计冗余消除等方面进行了深入广泛的研究[144-145]。此外,基于分布式编码思想的随后一些研究工作将分布式编码技术应用于传统的混合编码中,并取得了不错的效果。Guo 等[146]将分布式编码思想引入到多视频编码框架中,但是目前 DVC 的编码性能还较低,在一定程度上限制了其应用范围,还有待于进一步研究提高其编码效率。

此外,针对某一应用领域,视频编码研究的重要性也愈来愈突出,如面向智能监控的视频编码、面向传感器网络的分布式编码等,结合这些应用领域特性,改进相应的编码技术,不仅能提高编码效率,还能进一步丰富编码理论,因此具有十分重要的现实和理论意义。

7.2 三维视频编码流化并行研究

视频应用领域正面临着重大变革,即从传统的二维视频向三维视频发展。三维视频通过多视角的观看方式为用户带来一种自然的身临其境的感觉,这一特点从根本上改变了视频信息的获取、编解码、显示和观看方式[147]。近年来,三维视频逐渐应用于广播电视、互联网、移动视频、虚拟现实、教育和医疗、安保监控以及新一代通信——沉浸通信(immersive communication)等关键领域,并呈现高速增长的态势。2009 年 12 月上映的三维电影《阿凡达》,向人们展现了三维视频强大的吸引力;美国国家工程学院将增强虚拟现实列为 21 世纪 14 个重大挑战之一;2010 年 10 月,在对 75 个技术领域的 1800 余种技术进行评估后,Gartner 报告指出:在新兴技术的市场期待值曲线上,人们对三维视频技术的期望值已经逼近顶峰,三维视频应用前景非常广阔。

与二维视频不同,三维视频需要从不同视点的多个摄像机中获取视频图像。随着视频清晰度不断提高和摄像机数量的增加,其数据量将呈超线性增长。因为三维视频的海量数据使得数据传输和存储变得困难,所以必须进行编码。三维视频数据编码的高效性是三维视频应用成功与否的关键问题[148],因此三维视频编码成为关乎三维视频未来发展的核心技术之一。

然而,作为一门新兴的前沿技术,三维视频编码的并行化研究在充满机遇的同时也面临严峻挑战。

(1)海量视频数据的实时编码极具挑战。三维视频信息包含多个视点的视频数据,其中单视点的未经压缩数据流的码率超过 30Mbit/s(320×240@10fps),而 640×480@15fps,10 个视点的视频流码率达到 Gbit/s 量级。如果清晰度达到 1920×1080@30fps,那么 10 个视点的视频流码率将超 10Gbit/s 量级。与此同时,体育直播、舞台直播、视频通信等应用领域则越来越强调三维视频的实时交互特性。然而,视频编码计算复杂,实时高清编码对处理器的计算性能需求极高,仅单视点的实时标清 H. 264 编码性能需求就高达 3.6TIPS[16]。如此海量的数据和实时交互的需求势必给三维视频并行编码带来巨大考验。

（2）三维视频编码理论与并行计算平台矛盾凸显。视频编码利用视频图像的相关性对其中的冗余信息进行压缩。三维视频拍摄的是同一场景的多个视点的图像，视点间有着高相关性。因此除了传统二维视频编码中的利用时空冗余的预测编码方法外，三维视频编码还要利用视点间相关性进行压缩。但是，相关性在时间和空间两个维度将计算和访存紧密耦合，频繁的小数据量访存是以多重循环为主的编码算法的一个重要特征。在这种工作模式下，数据通信频繁，使得有效的核心计算占空比小，难以发挥并行计算平台性能，从而计算效率低下。同时，相关性的存在对处理顺序提出了苛刻的要求，形成优先约束，将编码过程限制在顺序执行模式内，严重阻碍了三维视频编码的并行化。

（3）串行程序框架难以并行计算。以 H.264 为代表的基于混合编码框架的视频编码标准在发展之初没有充分考虑并行计算，编码器通常采用串行实现方式，其串行程序框架存在很多不利于并行化的特征，例如，关键函数的调用层次深，核心循环处理的数据集合粒度小，全局变量的生命周期长，数据访问方式随机等。

（4）并行计算环境面临协同工作问题。一方面，三维视频处理平台通常由多种处理器融合而成，包括多核 CPU、GPU、流处理器、DSP 等当前先进的高性能通用可编程处理器，形成超级混合计算环境。超级混合计算环境中的处理核心具有不同的体系结构，称为异构核。而三维视频编码具有流数据访存量大、访存方式复杂、计算核心加载和启动频繁等特征，这给异构核间的协同工作造成很大压力。另一方面，三维视频编码的各个组成部分存在不同的并行特征（如多种并行粒度，分为像素、块、宏块、帧、图像组等），也适合于不同的并行方式（如程序员显式指定和编译器静态调度并行方式、线程调度的动态并行方式等）。不同的并行粒度和并行方式对超级混合计算环境中的处理核体系结构提出不同需求。因此，三维视频并行编码如何适应超级混合计算环境，异构核之间如何高效协同工作，仍是具有挑战性的问题。

综上所述，目前三维视频并行编码面临的主要困境是：海量数据压缩对并行编码性能要求高，三维视频编码理论与并行计算存在矛盾，编码程序串行框架阻碍并行化进程，多并行特征的三维编码模块与超级混合计算环境存在适应性问题。而三维视频编码如何高效并行化是一个迫切需要解决的问题。针这些问题，将以三维视频编码为核心，沿着三个方面展开：①自上而下，开展流化并行计算理论与计算模型研究，强调理论指导作用；②自下而上，对三维视频编码关键模块进行算法研究，提取真实应用的并行特征，逐步构建流化并行解决方案；③面向超级混合计算环境中典型处理器体系结构，完成并行三维视频编码模块的映射，获取实际性能，反馈给课题研究，形成"理论-应用-实验"的良性互动。图 7.1 给出了三维视频编码流化并行研究方案整体结构。

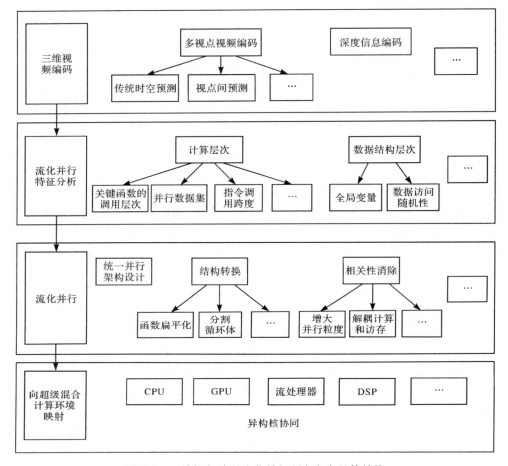

图 7.1　三维视频编码流化并行研究方案整体结构

7.3　面向媒体的并行计算

　　流计算本质上是一种将数据级并行开发到极致的计算模型。就目前而言,一个配置多核通用处理器加数据并行协处理器(如 GPU)的高性能计算系统随处常见,并行编程也越来越普遍。为了充分发挥这些系统的计算能力,应用开发人员要应付多种,有时甚至是不兼容的编程模型。共享存储的多处理器(shared memory multiprocessors)通常使用 OpenMP 或 Pthread 这类线程和锁语言,而 GPU 类的大规模加速器通常使用数据并行类语言(如 SteamC/KernelC、CUDA、OpenCL),机群中节点间通信通常用消息传递编程(如 MPI)。

随着 VLSI 技术的发展,未来微处理器将集成数百其至上千个同构或者异构核,那么未来并行编程模型将有些什么样的发展趋势,在本节进行一些前瞻性的讨论。

国际学术界的主流看法是编程模型应在效率专家(efficiency experts)和应用领域专家(application domain experts)之间做一个较好的工作划分[149]。

伯克利的学者期望应用领域专家使用应用框架或者用高产出的语言(如Python语言)来编程,而效率专家用 C++语言来编写库函数;伊利诺伊州立的学者期望应用领域专家使用并行 C++或者 C 的安全版本(如类型或存储等安全保证),而由效率专家编写的库函数被集成并且通过使用合适的契约式接口达到不破坏安全性的目的;斯坦福的学者的观点相对最为激进,他们基于一种 Scala 语言开发出一个框架,效率专家使用它来开发面向领域的语言(domain-specific language)给领域专家使用。

虽然三者在具体观点上存在一定的差别,但是他们都认为并行计算将是未来计算的必然趋势,同时这 3 个研究机构都采用一致的研究路线,按照"应用-并行软件-硬件"的顺序开展研究。我们也十分认同这样一种研究路线,首先我们不期望一种体系结构的硬件能满足各类应用的需求,同时各种应用表现出不同的计算和访存特性,必须对各类应用进行归类,设计对应的并行编程模型才能发挥硬件的计算能力。在未来的研究中,我们将从应用着手,通过并行化应用,归纳总结应用特征,将应用特征形式化后指导并行编程模型的研究,最后开展硬件的研究。

我们的应用仍然主要集中在媒体处理领域,因为媒体应用表现出极强的计算密集性和丰富并行性。随着分辨率的提高,媒体处理对计算能力的需求持续增加,大规模并行将是获得实时效果的唯一途径。另外,视频算法表现出极强的计算局域性,使得它非常适合并行处理[150]。这种局域性表现在时间和空间两个维度上。时间局域性表现为第 10 帧视频序列的内容对第 1000 帧的内容没有强烈的影响;空间局域性表现为某一帧中左边的物体不会对右边像素的值产生深远的影响。这种局域性使得可以将视频处理划分为小的,适合并行处理的弱相关的子片段(piece)。

(1) 编程模型。未来的高性能计算平台主要采用异构体系结构,而传统的Pthread、MPI、OpenMP 等并行编程方式在设计时并没有考虑系统异构的问题,并且通常面向较为专业的并行应用开发人员,因此难以满足新的需求。为了帮助程序员在异构平台上快速开发应用程序,研究人员已经开发出很多异构编程环境,如 MapReduce,CUDA,OpenCL,OpenACC 等。但是,这些编程环境都难以有效地利用硬件资源的计算能力,例如,基于 CUDA 的 GPU 程序的效率基本不会超过 50%。本书将并行编程分为两类即面向体系结构的并行编程和面向应用的并行编程。面向体系结构的并行方法是指程序员所见的编程要素与体系结构相关,编程环境提供底层硬件的虚拟机,该方法可理解为只提供使用并行部件的机制,而不提供如何使用的策略。典型的是 MPI,它是对并行多处理机的抽象。面向应用的并行编程是指程序员所见的编程要素与应用中的一些共有特征相符合,程序员不考虑底层体系结构特点,而专注于将应用通过特定的模式进行表达,典型的如 StreamIt 以及 Sequoia。本书认为要开发高效的并行编程环境,应该将体系结构和应用结合起来,在总结应用的特征的基础上,对目标体系结构进行抽象。我们认为未来的高效并行编程环境应该至少包含以下三个方面。

① 合理的抽象体系结构。异构并行系统相对复杂,需要一个抽象体系结构来简化程序员视图并帮助其理解整个系统。

② 灵活的底层支持机制。负责处理复杂多样的底层硬件,给上层软件一致、简单的界面与接口。

③ 恰当的高层并行编程模型。该高层编程模型必须能够充分的开发部件内和部件间的并行,简化程序员工作,相应的编译和运行时系统要能够进行高效的任务分配,提高系统利用率。而面向媒体处理的并行环境,应该在编译和运行时系统中针对媒体应用进行特殊的优化。

(2) 硬件体系结构。媒体应用的一个广泛应用领域即电子消费市场,功耗将是体系结构关注的一个十分重要的方面。通过设计软件管理的多级存储可以有效地降低功耗,同时以存储为核心,设计大量的独立的计算资源,不仅可以增加计算能力,而且这种简单的体系结构也可以带来功耗的降低。

参 考 文 献

[1] 毕厚杰. 新一代视频压缩编码标准——H. 264/AVC. 北京:人民邮电出版社,2005.

[2] 中国国家标准 GB/T 20090. 2—2006. 信息技术 先进音视频编码第 2 部分:视频. 2006.

[3] Gao W. AVS standard-Audio video coding standard workgroup of China//Proceedings of the 14th International Conference on Wireless and Optical Communications,2005:54-58.

[4] Fan L, Ma S, Wu F. Overview of AVS video standard//Proceedings of the IEEE International Conference on Multimedia and Expo,2004:423-426.

[5] Srinivasan S, Hsu P, Holcomb T, et al. Windows media video 9:overview and applications. Signal Processing:Image Communication,2004:851-872.

[6] Srinivasan S, Regunathan S L. An overview of VC-1//Proceedings of Visual Communications and Image Processing,2005,5960:720-728.

[7] ISO coding of moving pictures and audio. Overview of the MPEG-4 Standard (ISO/IEC/JTC1/SC29/WG11). 2001.

[8] Mannes G. The incredible shrinking videodisc. Video,1993(7):54-57.

[9] JVT. Draft ITU-T recommendation and final draft international standard of joint video specification (ITU-T Rec H. 264 | ISO/IEC 14496-10 AVC). 2003.

[10] Richardson I E G. H. 264 and MPEG-4 Video Compression - Video Coding For Next-Generation Multimedia. John Wiley & Sons,2003.

[11] Wiegand T, Sullivan G J, Bjontegaard G, et al. Overview of the H. 264/AVC video coding standard. IEEE Transactions on Circuits and Systems for Video Technology,2003,13(7):560-576.

[12] 高文,王强,马思伟. AVS 数字音视频编解码标准. 中兴通讯技术,2006,12(3):6-9.

[13] 中国计算机学会. 2008 中国计算机科学技术发展报告. 北京:机械工业出版社,2008.

[14] Kozyrakis C E, Patterson D A. A new direction for computer architecture research. IEEE Computer,1998,31(11):24-32.

[15] Chen T C, Lian C J, Chen L G. Hardware architecture design of an H. 264/AVC video codec//Proceedings of Asia and South Pacific Conference on Design Automation,2006:750-757.

[16] Chen T C, Chien S Y, Huang Y W, et al. Analysis and architecture design of an HDTV720p 30frames/s H. 264/AVC encoder. IEEE Transactions on Circuits and Systems for Video Technology,2006,16(6):673-688.

[17] Cheung C H, Po L M. A novel cross-diamond search algorithm for fast block motion estimation. IEEE Transactions on Circuits and Systems for Video Technology,2002,12(12):1168-1177.

[18] Chen Z, Zhou P, He Y. Fast integer pel and fractional pel motion estimation for JVT,JVT-F017//6th Meeting of JVT,Awaji,2002:5-13.

[19] Huang Y W, Hsieh B Y, Chen T C, et al. Analysis, fast flgorithm, and VLSI architecture

design for H. 264/AVC intra frame coder. IEEE Transcations on Circuits and Systems for Video Technology,2005,15(3):378-401.

[20] Chen J,Liu J R. A complete pipelined parallel CORDIC architecture for motion estimation. IEEE Transactions on Circuits and Systems II:Analog and Digital Signal Processing,1998, 45 (5):653-660.

[21] Hanami A,et al. A 165-GOPS motion estimation processor with adaptive dual-array architecture for high quality video-encoding applications//Proceedings of the IEEE 1998 Custom Integrated Circuits Conference,1998:169-172.

[22] Li S,Wei X H,Ikenaga T,et al. A VLSI architecture design of an edge based fast intra prediction mode decision algorithm for H. 264/AVC//Proceedings of the 17th ACM Great Lakes Symposium on VLSI,2007:20-24.

[23] Yoo J,Lee S,Cho K. Design of high-performance intra prediction circuit for H. 264 video decoder. Journal of Semiconductor Technology and Science,2009,9(4):187-191.

[24] Kim I K,Cha J J,Cho H J. A design of 2-D DCT/IDCT for real-time video applications // 1999 International Conference on VLSI and CAD,1999:557-559.

[25] Marino F,et al. A parallel implementation of the 2-D discrete wavelet transform without interprocessor communications. IEEE Transactions on Signal Processing,1999,47 (11): 3179-3184.

[26] Chang H C,et al. A VLSI architecture design of VLC encoder for high data rate video/image coding//Proceedings of the 1999 IEEE International Symposium on Circuits and Systems,1999,4:398-401.

[27] 荀长庆. 应用流化特征与方法研究[硕士学位论文]. 长沙:国防科学技术大学,2008.

[28] 李海燕. 基于流体系结构的 H. 264 视频压缩编码关键技术研究[博士学位论文]. 长沙:国防科学技术大学,2009.

[29] 孙华. H. 264 视频编码标准的分层设计与功能. 广播与电视技术,2004:31-33.

[30] 李宾,高平. H. 264 编码系统的特点及其应用前景. 数字电视与数字视频,2003,6:19-21.

[31] 王嵩,薛全,张颖,等. H. 264 视频编码新标准及性能分析. 数字电视与数字视频,2003,6:25-27.

[32] 魏巍,郭宝龙. 基于 H. 264 的 1/4 像素精度的快速搜索算法. 计算机应用研究,2009,5:1958-1960.

[33] Cheung N M,Au O C,Kung M C,et al. Highly parallel rate-distortion optimized intra-mode decision on multicore graphics processors. IEEE Transactions on Circuits and Systems for Video Technology. 2009,19(11):1692-1703.

[34] List P,Joch A,Lainema J,et al. Adaptive deblocking filter. IEEE Transactions on Circuits and Systems for Video Technology,2003,13(7):614-619.

[35] 田应洪. 基于 H. 264 基线规范的算法研究与实现[博士学位论文]. 上海:复旦大学,2007.

[36] Khailany B,Dally W J,et al. Imagine:media processing with streams// IEEE Micro,2001:35-46.

[37] Sankaralingam K, et al. Exploiting ILP, TLP, and DLP with the Polymorphous TRIPS architecture// ISCA2003, 2003: 422-433.

[38] Mai K, et al. Smart memories: a modular reconfigurable architecture//ISCA2000, 2000: 161-171.

[39] Gordon M, Karczmarek M, et al. StreamIt: high-level stream programming on raw. [2003-03-06]. http://cag-www. lcs. mit. edu/raw/starsearch. html.

[40] Mattson P. A programming system for the Imagine media processor. California: Stanford University, 2002.

[41] Scott R. Stream Processor Architecture. Boston: Kluwer Academic Publishers, 2001.

[42] 伍楠. 高效能流体系结构关键技术研究[博士学位论文]. 长沙: 国防科学技术大学, 2008.

[43] 杨乾明, 伍楠, 何义, 等. 流处理器 MASA-I 在 FPGA 上的实现. 计算机工程与科学, 2008, 30(3):114-118.

[44] 文梅, 伍楠, 张春元, 等. Imagine 流处理器. 微机发展, 2004, 14:9-11 .

[45] Dally W J, Hanrahan P, Erez M, et al. Merrimac: supercomputing with streams//SC03. Phoenix, Arizona, USA, 2003:15-21.

[46] Kahle J A, et al. Introduction to the Cell multiprocessor. IBM Journal of Research and Development, 2005, 49(4/5):589-604.

[47] Horn D R, Houston M, Hanrahan P. ClawHMMER: a streaming HMMer-search implementation//Proceedings of the ACM/IEEE SC 2005 Conference 05, 2005:11.

[48] 张舒, 褚艳利, 赵开勇, 等. GPU 高性能运算之 CUDA. 北京: 中国水利水电出版社, 2009.

[49] Mattson P, Communication scheduling//Proceedings of the Ninth International Conference on Architectural Support for Programming Languages and Operating Systems, 2000:82-92.

[50] Amarasinghe S, et al. Stream languages and programming models//PACT 2003, 2003.

[51] Buck I, Foley T, Horn D, et al. Brook for GPUs: stream computing on graphics hardware. ACM Transactions on Graphics, 2004, 23(3):777-786 .

[52] Lozano O M, Otsuka K. Simultaneous and fast 3D tracking of multiple faces in video by GPU-based stream processing//IEEE International Conference on Acoustics, Speech and Signal Processing, 2008:713-716.

[53] Wang B, Wu T J, Yan F, et al. Rank boost acceleration on both NVIDIA CUDA and ATI stream platforms//The 15th International Conference on Parallel and Distributed Systems, 2009:284-291.

[54] Yang C Q, Wu Q, Chen J, et al. GPU acceleration of high-speed collision molecular dynamics simulation//The Ninth IEEE International Conference on Computer and Information Technology, 2009:44-51.

[55] Pham D C, Aipperspach T, Boerstler T, et al. Overview of the architecture, circuit design, and physical implementation of a first-generation Cell processor. IEEE Journal of Solid-State Circuits, 2006, 41(1):179-196.

[56] Morita M, Machino T, Guo M Y, et al. Design and implementation of stream processing

system and library for CELL broadband engine processors//Proceedings of the 19th International Conference on Parallel and Distributed Computing and Systems,2009:212-217.

[57] Leadtek. Leadtek PxVC1100 MPEG-2/H. 264 Transcoding Card. [2009-10-15]. http://www. legitreviews. com/article/1134/1/.

[58] Gummaraju J,Rosenblum M. Stream programming on general-purpose processors// Proceedings of the 38th Annual IEEE/ACM International Symposium on Microarchitecture. Barcelona,Spain,2005:343-354.

[59] Wu N,Wen M,Wu W,et al. Streaming HD H. 264 encoder on programmable processors// Proceedings of the 17th ACM International Conference on Multimedia. Beijing, China, 2009:371-380.

[60] Owens J D. Computer graphics on a stream architecture. California: Stanford University, 2002.

[61] Erez M. Merrimac: high-performance and highly-efficient scientific computing with streams. California:Stanford University,2007.

[62] 荀长庆,文梅,伍楠,等. 流模型下 YGX2 的实现. 计算机科学,2006,33(7):353-357.

[63] Dally W J,Balfour J,Black-Shaffer D,et al. Efficient embedded computing. IEEE Computer,2008,7(8):27-32.

[64] Bond R. High Performance DoD DSP Applications//2003 Workshop on Streaming Systems.

[65] 晏小波. FT64 流处理技术:体系结构、编程语言、编译技术及编程方法[博士学位论文]. 长沙:国防科学技术大学,2007.

[66] Mohan T,Supinski B R,McKee,et al. Identifying and exploiting spatial regularity in data memory references// Proceedings of the 2003 ACM/IEEE Conference on Supercomputing, Phoenix,2003:49-51.

[67] Chilimbi T M. Efficient representations and abstractions for quantifying and exploiting data reference locality// PLDI'01 Proceedings of the ACM SIGPLAN 2001 Conference on Programming Language Design and Implementation,New York,2001:192-202.

[68] Micron Technology Inc. DDR2 SDRAM Data Sheet. [2004-09-25]. http://www. micron. com/ddr2.

[69] Rixner S,Dally W J,Kapasi U J,et al. Memory access scheduling// Proceedings of the 27th International Symposium on Computer Architecture,Vancouver,2000:128-138.

[70] Berkeley Design Technology,Inc. BDTI intro. [2008-05-23]. http://www. bdti. com.

[71] Arai Y,Agui T,Nakajima M. A fast DCT-SQ scheme for images. IEEE Transactions of the IEICE,1998,E-71(11):1095-1097.

[72] Sohn A. Motion compensation. [2009-10-24]. http://en. wikipedia. org/wiki/Motion_Compensation.

[73] Sohn A. Rate-distortion-optimization. [2008-09-13]. http://en. wikipedia. org/wiki/Rate-distortion-optimization.

［74］ Floyd-Steinberg Dithering. ［2009-09-10］. http://www. visgraf. impa. br/Courses/ip00/ proj/Dithering1/floyd_steinberg_dithering. html.

［75］ Sohn A. Huffuman Encoding. ［2009-05-07］. http://en. wikipedia. org/wiki/Huffuman_encoding.

［76］ Smith S M, Brady J M. SUSAN-A new approach to low level image processing. International Journal of Computer Vision,1997,23(1):45-78.

［77］ Vuduc R,Demmel J W,Yelick K A,et al. Performance optimizations and bounds for sparse matrix-vector multiply// ACM/IEEE Conference on Supercomputing,2002:26-30.

［78］ TI. TMS320C64x DSP library programmer's reference. Dallas City: Texas Instruments, 2003.

［79］ TI. TMS320C64 intro. ［2009-03-11］. http://focus. ti. com/docs/prod/folders/print/ tms320c6410. html.

［80］ Erez M,Ahn J H. Executing irregular scientific applications on stream architectures// Proceedings of the 21st ACM International Conference on Supercomputing,2007:93-104.

［81］ Kapasi U J,Dally W J,Rixner S. Efficient conditional operations for data-parallel architectures//Proceedings of the 33rd Annual International Symposium on Microarchitecture, 2001:159-170.

［82］ Jayasena N S. Memory hierarchy design for stream computing. California: Stanford University,2005.

［83］ The international JPEG and JBIG groups. JPEG intro. ［2008-03-13］. http://www. jpeg. org.

［84］ 管茂林. 面向 FT64 流处理器中高密度计算的 VLIW 编译优化技术［硕士学位论文］. 长沙:国防科学技术大学,2007.

［85］ Spi,SP16. ［2009-03 -21］. http://www. streamprocessors. com/streamprocessors/resources/resource/PBOO2-sp16. pdf.

［86］ JVT. JM8. 2,Reference software of H. 264. ［2009-04-23］. ftp://ftp. imtc-files. org.

［87］ Video LAN Organization. Reference software x264-060805. ［2009-05-03］. http://www. videolan. org/developers/x264. htm.

［88］ Browne S,Deane C,Ho G, et al. PAPI:A portable interface to hardware performance counters//Department of Defense HPCMP Users Group Conference,Monterrey,1999.

［89］ Schaelicke L,Davis Al,Mckee SA. Profiling I/O interrupts in modern architectures. Salt Lake City:University of Utah,2000.

［90］ Zilles C,Sohi G. A programmable co-processor for profiling//International Symposium on High Performance Computer Architecture (HPCA),Monterrey,2001:241-252.

［91］ Hennessy J,Patterson D. Computer Architecture:A Quantitative Approach. 2nd ed. Beijing:Mechanical Industry Press,1999.

［92］ Huang Y L,Shen Y C,Wu J L. Scalable computation for spatially scalable video coding using NVIDIA CUDA and multi-core CPU//ACM MultiMedia,Beijing,2009:361-370.

[93] Tiago A,Fonseca D,Liu Y X,et al. Open-loop prediction in H. 264/AVC for high defini-tion sequences// Blumenau,Brazil,2007:03-06.

[94] Wen M,Wu N. On-chip memory system optimization design for the FT64 scientific stream accelerator//IEEE Micro,Lake Como,2008:51-70.

[95] Stream Processors Inc. Storm-1 SP16-G220 Stream Processor Data Sheet. [2008-12-10]. http://www. streamprocessors. com.

[96] 郭宝龙,倪伟,闫允一. 通信中的视频信号处理. 北京:电子工业出版社,2007.

[97] 郑兆青,桑红石,沈绪榜. 块匹配运动估计 VLSI 结构研究与发展. 中国集成电路,2006, 15(10):25-32.

[98] 杨育红,徐烜,季晓勇. 快速运动估计 UMHexagonS 算法的探讨与改进. 计算机工程与应用,2006,42(11):52-54.

[99] 白茂生,田裕鹏,田晓冬. 基于 UMHexagonS 的快速帧间模式选择算法. 计算机应用, 2007,27(9):2150-2151.

[100] 古勇军,吴乐华,穆巍炜. 基于 DM642 的运动估计算法的研究与实现. 微计算机信息, 2008,24(8):203-204.

[101] Byeon M S,Shin Y M,Cho Y B. Hardware architecture for fast motion estimation in H. 264/AVC video coding. IEICE Transactions on Fundamentals of Electronics,Commu-nications and Computer Sciences,2006,E89-A(6):1744-1745.

[102] Rahman C A,Badawy W. UMHexagonS algorithm based motion estimation architecture for H. 264/AVC//Proceedings of Fifth International Workshop on System-on-Chip for Real-Time Applications,Banff,2005:207-210.

[103] Wen M,Wu N,Li H Y,et al. Multiple-morphs adaptive stream architecture. Journal of Computer Science and Technology,2005,20(5):635-646.

[104] Channa K B. Geometry skinning-using programmable vertex shaders and DirectX 8. 0. [2001-5-20]. http://www. flipcode. com/articles/article_dx8shaders. shtml.

[105] Kapasi U J. Conditional techniques for stream processing kernels. Stanford:Stanford Uni-versity,2004.

[106] Wen M,Zhang C Y,Wu N,et al. A parallel Reed-Solomon decoder on the Imagine stream processor//Second International Symposium on Parallel and Distributed Processing and Applications,Lecture Notes of Computer Science 3358,Hong Kong,2004:28-33.

[107] 张春元,文梅,伍楠,等. 二维拉格朗日欧拉结合法 YGX2 在流处理器 MASA 上的实现与评测. 国防科大学报,2006,(4):43-48.

[108] Wen M,Wu N,Xun C Q,et al. Analysis and performance results of a fluid dynamics appli-cation on MASA stream processor//Proceedings of ICIS2006,Honolulu,2006:350-354.

[109] 伍楠,吴伟,文梅,等. 梅森素数并行求解算法的流式实现. 计算机工程与科学,2007,29 (11):53-55.

[110] 陈志波. H. 264 运动估值与网络视频传输关键问题研究. 北京:清华大学,2002.

[111] The Best PLASMA TV. 720p vs 1080p. [2008-10-17]. http://www. thebestplasmatv.

com/guides/720p-vs-1080p.

[112] 吴伟. 基于流模型的高清 H. 264 编码器优化实现[硕士学位论文]. 长沙：国防科学技术大学，2009.

[113] Li H Y, Zhang C Y, Li L, et al. Transform coding on programmable stream processors. Journal of Supercomputing, 2008, 45(1)：66-87.

[114] Yi Y S, Song B C. A novel CAVLC architecture for H. 264 video encoding at high bit-rate//IEEE International Symposium on Circuits and Systems, Seattle, 2008：484-487.

[115] Chien C D, Lu K P, Shih Y H, et al. A high performance CAVLC encoder design for MPEG-4 AVC/H. 264 video coding applications//Proceedings of IEEE International Symposium on Circuits and Systems, Island of Kos, 2006：3838-3841.

[116] Han C S, Lee J H. Area efficient and high throughput CAVLC encoder for 1920×1080@ 30p H. 264/AVC//Digest of Technical Papers of International Conference on Consumer Electronics, Las Vegas, 2009：1-2.

[117] Xiao Z B, Baas B. A high-performance parallel CAVLC encoder on a fine-grained many-core system//IEEE International Conference on Computer Design, Lake Tahoe, 2008：248-254.

[118] Iverson V, Jeff M, Bob R. Real-time H. 264/AVC CODEC on Intel architectures//Proceedings of the 2004 International Conference on Image Processing, Singapore, 2004：757-760.

[119] Mizosoe H, Yoshida D, Nakamura T. A single chip H. 264/AVC HDTV Encoder/Decoder/Transcoder system LSI. IEEE Transactions on Consumer Electronics, 2007, 53(2)：630-635.

[120] Tourapis A M. H. 264/14496-10 AVC reference software manual//The 31st Meeting of Joint Video Team, London, 2009.

[121] Drakos N, Moore R. The double-stimulus continuous quality-scale method (DSCQS). [2005-04-14]. http：//www. irisa. fr/armor/lesmembres/Mohamed/Thesis/node147. html.

[122] Huynh-Thu Q, Ghanbari M. Scope of validity of PSNR in image/video quality assessment. Electronics Letters, 2008, 44(13)：800-801.

[123] NVIDIA. CUDA Compute Unified Device Architecture-Programming Guide Version 2. 0. 2008.

[124] NVIDIA. GeForce 8800. [2009-11-23]. http：//www. nvidia. cn/object/geforce_8800M_cn. html.

[125] GPGPU. [2010-01-12]. http：//www. gpgpu. org.

[126] Owens J D, Houston M, Luebke D, et al. GPU computing//Proceedings of the IEEE, 2008, 96(5)：879-899.

[127] 文梅. 流体系结构关键技术研究[博士学位论文]. 长沙：国防科学技术大学，2007.

[128] Munshi A. The OpenCL Specification, version 1. 0. Khronos OpenCL Working Group,

2009.

[129] Chen W N, Chen H M. H. 264/AVC motion estimation implmentation on compute unified Device Architecture (CUDA)//IEEE International Conference on Multimedia and Expo, Hannover, 2008: 697-700.

[130] Pietersa B, Pietersa D V, Pietersa W D, et al. Performance Evaluation of H. 264/AVC Decoding and Visualization using the GPU//Proceeding of SPIE on Applications of Digital Image Processing, 2007, 69606(1): 1-13.

[131] Pieters B, Hollemeersch C, Cock J D, et al. Parallel deblocking filtering in MPEG-4 AVC/ H. 264 on massively parallel architectures. IEEE Transactions on Circuits and Systems for Video Technology, 2011, 21(1): 96-100.

[132] Wang S W, Yang S S, Chen H M, et al. A multi-core architecture based parallel framework for H. 264/AVC deblocking filters. Signal Process Systems, 2009, 57(2): 195-211.

[133] Ryoo S, Rodrigues C I, Baghsorkhi S S, et al. Optimization principles and application performance evaluation of a multi-threaded GPU using CUDA//Proceedings of the 13th ACM SIGPLAN Symposium on Principles and Practice of Parallel Programming, Salt Lake City, USA, 2008: 73-82.

[134] Cheung N M, Fan X, Au O C, et al. Video coding on multi-core graphics processors. IEEE Signal Processing Magazine-Special Issue on Signal Processing on Platforms with Multiple Cores: Design and Applications, 2010, 27(2): 79-89.

[135] Ndjiki-Nya P, Makai B, Blattermann G, et al. Improved H. 264/AVC coding using texture analysis and synthesis//IEEE International Conference on Image Processing, Barcelona, Spain, 2003: 849-852.

[136] Hurst W, Meier K. Interfaces for timeline-based mobile video browsing//16th ACM International Conference on Multimedia, Vancouver, Canada, 2008: 849-852.

[137] Yang W X, Lu Y, Wu F. 4-D wavelet-based multiview video coding//IEEE Transactions on Circuits and Systems for Video Technology, 2006, 16(1): 1385-1396.

[138] Lasang P, Kumwilaisak W, Kaewpunya A. Multiview image coding via image feature matching and adaptive disparity compensated wavelet lifting technique. 2006 IEEE Region, 10 Conference(TENCON 2006), 2006.

[139] MPEG Video Subgroup. Introduction to multiview video coding. 2008.

[140] Ding L F, Tsung P K, Chien S Y, et al. Content-aware prediction algorithm with inter-view mode decision for multiview video coding. IEEE Transactions on Multimedia, 2008, 10(8): 1553-1564.

[141] Aaron A, Setton E, Girod B. Toward practical Wyner-Ziv coding of video//IEEE International Conference on Image Processing, Spain, 2003: 869-872.

[142] Girod B, Aaron A M, Rane S, et al. Distributed video coding//Proc IEEE Special Issue on Advances in Video Coding and Delivery, 2005, 93(1): 71-83.

[143] Puri R, Ramchandran K. PRISM: an uplink-friendly multimedia coding paradigm//IEEE

International Conference on Acoustics, Speech and Signal Processing, Hong Kong, China, 2003:856-869.

[144] Zhang Y, Zhao D, Ma S, et al. An auto-regressive model for improved low-delay distributed video coding//Proceedings of SPIE Conference on Visual Commun and Image Processing, San Jose, California, USA, 2009:18-22.

[145] Wu B, Ji X, Zhao D, Gao W. Spatial-aided low-delay Wyner-Ziv video Coding. EURASIP Journal on Image and Video Processing, 2009:1-11.

[146] Guo X, Lu Y, Wu F, et al. Wyner-Ziv-based multiview video coding. IEEE Transactions on Circuits and System for Video Technology, 2008,18(6):713-722.

[147] Richard S. Computer Vision: Algorithms and Applications. Berlin: Springer, 2011.

[148] Ahn J H, Dally W J, Khailany B, et al. Evaluating the Imagine stream architecture//Proceedings of the 31st Annual International Symposium on Computer Architecture, Munich, Germany, 2004:14-25.

[149] Catanzaro B, Fox A, Keutzer K, et al. Ubiquitous parallel computing from Berkeley, Illinois and Stanford. IEEE Micro, 2010, 30(2):41-55.

[150] Lin D, Huang X, Nguyen Q, et al. The parallelization of video processing. IEEE Signal Processing Magzine, 2009, 26(6):103-112.